遥感地学应用实验教程

刘美玲　明冬萍　编著

科学出版社

北　京

内 容 简 介

本实验教材以遥感信息分析方法为“经”，以遥感地学应用领域为“纬”，建立遥感地学分析与应用实验教学体系，共设计六篇17个实验。第一篇遥感地学信息提取基本方法，实验1～实验4为遥感影像分类常见方法，实验5和实验6为地物动态变化遥感监测和基于统计模型的地物物理量提取。第二篇土地覆盖与全球变化遥感，实验7和实验8分别为土地覆盖变化和植被物候变化遥感分析。第三篇植被与生态环境遥感，实验9～实验11涉及植被覆盖度遥感监测、土壤旱情遥感监测、农作物高光谱遥感分析。第四篇水体与水环境遥感，实验12和实验13为水域面积及水量遥感计算和水环境遥感监测。第五篇地质遥感，实验14和实验15分别为滑坡遥感识别和矿化蚀变信息提取。第六篇城市与人居环境遥感，实验16和实验17分别为城市热岛效应评估和城市不透水面提取。附录对软件使用和数据特征与获取进行了说明。

本书可作为高等院校地理科学、遥感科学与技术、地理信息科学等专业本科生和研究生的实验教材，也可供相关专业科研技术人员参考。

图书在版编目(CIP)数据

遥感地学应用实验教程/刘美玲，明冬萍编著. —北京：科学出版社，2018.3

ISBN 978-7-03-053908-3

Ⅰ. ①遥…　Ⅱ. ①刘…②明…　Ⅲ. ①地质遥感–应用–实验–教材　Ⅳ. ①P627-33

中国版本图书馆CIP数据核字(2017)第303772号

责任编辑：杨　红　程雷星/责任校对：何艳萍

责任印制：张　伟/封面设计：陈　敬

科学出版社 出版

北京东黄城根北街16号

邮政编码：100717

http://www.sciencep.com

北京九州迅驰传媒文化有限公司 印刷

科学出版社发行　各地新华书店经销

*

2018年3月第　一　版　开本：787×1092　1/16

2023年1月第五次印刷　印张：16

字数：410 000

定价：49.00元

(如有印装质量问题，我社负责调换)

前　言

遥感地学应用是运用遥感理论、方法和技术解决各类复杂地学问题的一门综合性学科，是遥感基本原理、图像分析技术和算法与地学规律的高度集成。

编写一本实用性、针对性强的实验教材，让学生在操作相关遥感软件的过程中，通过具体实验，全方位、多角度地理解遥感能做什么、如何做，并加深其对遥感理论与遥感信息分析方法的理解，是本书编写的初衷。

遥感地学应用领域众多，且在不同的应用领域，同时也因为地学分析对象的多样性及环境背景的复杂性，采用的方法也不尽相同。为了让学生掌握遥感信息分析的基本方法及其主要地学应用领域，本书分为遥感地学信息提取基本方法实验（第一篇）和遥感地学应用领域实验（第二~第六篇）两大部分。第一篇为遥感地学信息提取基本方法，包括遥感影像分类方法（统计模式识别、知识规则、智能计算和面向对象）、地物动态变化遥感监测和基于统计模型的地物物理量提取等实验。在应用篇中，包括遥感技术在土地覆盖与全球变化、植被与生态环境、水体与水环境、地质和城市与人居环境中的应用实验，重点选取了土地覆盖、植被物候、植被覆盖度、土壤旱情、农作物、水域面积及水量估算、水环境监测、滑坡识别、矿化蚀变信息提取、城市热岛效应评估和城市不透水面提取等问题作为实验素材。

本书共设计 17 个实验。主要特色是：实验过程设计完整，以便于读者更好地掌握实验方法和过程，巩固和拓展课堂所学内容。全书实验题材广泛，以应用问题为导向，难度适中，重点突出，并注重实验区域的差异化和遥感数据的多源性（多平台、多波段、多视场、多时相、多极化）。遥感地学应用实验以遥感软件的运用为主，编程开发应用为辅，在部分实验（如实验 5 和实验 8）中需要利用 ENVI 二次开发编程语言 IDL 编程，旨在提高学生应用遥感技术解决实际地学问题的能力和效率。

本书由中国地质大学（北京）刘美玲和明冬萍共同编写。中国地质大学（北京）刘湘南教授对本书的设计思路与实验大纲提出了宝贵意见；吴伶老师、丁超博士和周高祥博士对实验的技术步骤提出了一些建设性的意见；硕士研究生赵炳宇、张致江、刘梦雪、马雨佳和武传昱参与了本书部分实验操作步骤的编写，张致江对规范本书实验步骤做了大量工作；硕士研究生唐铁博和王宗阳对本书的实验进行了重复性测试，本科生田乃满、姚雪飞、徐录、武栋为本书提供了部分实验素材；中国地质大学（北京）地理信息科学专业 2014 级本科生为本书收集了一些实验数据，练习了所有的实验内容，并进行了错误订正；中国地质大学（北京）教务处为本书出版提供了经费支持；　在此一并表示衷心的感谢！

由于编者水平有限，书中不妥之处在所难免，敬请读者批评指正。

编　者

2017 年 8 月

实验教材使用说明

《遥感地学应用实验教程》适用于地理信息科学专业及相关专业的本科生高年级学生，对研究生也具有一定的参考价值。

本实验教材分为六篇，包括 17 个实验。每个实验包括实验要求、实验目标、实验软件、实验区域与数据、实验原理与分析、实验步骤、练习题、实验报告和思考题 9 个部分。其中，前五部分为读者介绍了实验所要解决的问题、如何运用遥感解决该问题，它们是实验前期准备阶段。“实验步骤”介绍了使用相关遥感软件完成实验内容的步骤。最后三个部分（练习题、实验报告和思考题）要求读者在完成实验内容的基础上，根据练习题要求自行练习操作，并完成实验报告和思考题。各实验内容保持相对独立，读者可视情况自由选择，每个实验建议课时见附表 1。

教材使用的软件较多，两个基础软件为 ENVI 5.2 和 ArcGIS 10.2，每一个实验所需要软件不完全一样（见附录实验软件部分）。在软件安装过程中注意软件安装所需要的系统平台要求，如 eCognition、Nest-4C 有计算机环境为 32 位和 64 位的安装版本。另外，不同版本的软件界面可能会与教材存在差异，在练习时应根据实际情况灵活处理。如果在 ENVI、ArcGIS 软件一些基本操作中遇到困难时，可以参阅“ENVI 遥感图像处理教程”和“ArcGIS 地理信息系统应用教程”，其他软件可以在网上查阅相关资料。

教材使用的数据类型多，容量大，在下载数据前可查看每个实验练习的数据容量（附表 1），根据实际需求分别下载练习数据。本书假定练习数据保存为 F:\EX，结果数据保存均为 F:\EX\Result，在练习时应按照实际路径操作。为避免出错，尽量使用英文路径进行数据和结果的存储。

关于教材中的实验报告电子版、相关实验数据、参考答案和附录材料（软件安装和数据说明），读者可通过登录 http://www.ecsponline.com 网站，检索本图书名称，在图书详情页“资源下载”栏目中获取，如有问题可发邮件到 dx@mail.sciencep.com 咨询。

在学习过程中读者遇到与本书有关的技术问题，可以发电子邮件到邮箱 liumlrsa@sina.com，或者访问百度网盘（http://pan.baidu.com/s/1i4WERXF），编者会尽快给予解答。

目　录

第一篇　遥感地学信息提取基本方法

实验 1　基于统计模式识别的遥感影像分类

1.1　实 验 要 求

将北京市密云区的土地利用类型分为 6 类：耕地、林地、裸地、建设用地、水域及水利设施用地和其他用地。根据实验数据，完成下列分析：

（1）运用监督分类的方法对区域 6 类地物进行遥感识别。

（2）运用非监督分类的方法对区域 6 类地物进行遥感识别。

1.2　实 验 目 标

（1）掌握遥感图像监督分类方法。

（2）掌握遥感图像非监督分类方法。

1.3　实 验 软 件

ENVI 5.2、ArcGIS 10.2。

1.4　实验区域与数据

1.4.1　实验数据

<Miyun_2006>：2006 年北京市密云区 Landsat 7 ETM+多光谱影像数据。

【Landuse_04】文件夹：2004 年北京市密云区土地利用类型数据。

【My_shp】文件夹：北京市密云区边界矢量数据。

1.4.2　实验区域

密云区位于北京市东北部，属燕山山地与华北平原交接地，是华北通往东北、内蒙古的重要门户。密云区西起 116°39′33″E，东至 117°30′25″E，东西长 69km；南起 40°13′7″N，北至 40°47′57″N，南北宽约 64km。东南至西北依次与本市的平谷、顺义、怀柔三区接壤，北部和东部分别与河北省的滦平、承德、兴隆三县毗邻。全县东、北、西三面群山环绕、峰峦起伏；中部是华北第一大水库密云水库，控制潮河、白河，总库容 43.8 亿 m^3，最大水面面积 188km^2，占全区土地面积近 10%；西南是洪积、冲积平原，其耕地分布广泛，以旱地、水浇地和菜地为主。密云区为暖温带季风型大陆性半湿润半干旱气候。冬季受西伯利亚、蒙古高压控制，夏季受大陆低压和太平洋高压影响，四季分明，干湿冷暖变化明显，年平均气温为10.8℃。图1.1为密云区区域示意图。

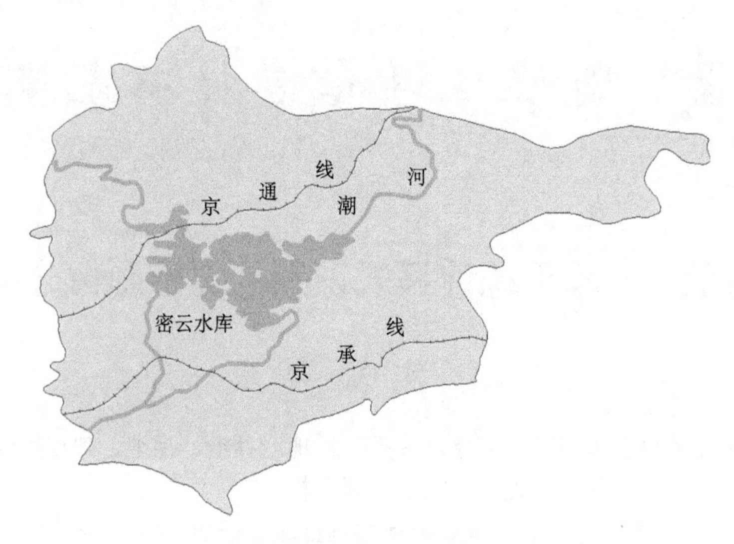

图1.1　实验区示意图

1.5　实验原理与分析

基于统计分析对遥感图像分类是目前应用较多，算法较为成熟的分类方法。统计模式识别主要是将一种模式正确地分成几种现有的模式类。统计模式识别的关键是提取待识别模式的一组统计特征值，然后按照一定准则进行决策，从而对遥感图像予以识别。

实验要求（1）和（2）分别是利用监督分类和非监督分类对遥感影像进行地物分类。监督分类和非监督分类两者的根本区别在于是否利用训练样地来获取先验的类别知识。非监督分类不需要更多的先验知识，根据地物的光谱特征进行分类；监督分类根据分类区地物影像特征的先验知识建立训练样地进行分类。本实验，在标准假彩色影像（4、3、2 波段合成）中，各类地物的影像特征如表1.1所示。监督分类算法包括最小距离法、马氏距离法、最大

表1.1　实验区域内各地物土地类型影像特征

类型	空间分布位置	形态	色调
耕地	主要分布在西南部	几何特征较为明显，田块均呈条带分布	淡红、粉红
林地	一般分布在山区	边界比较模糊，形状不规则	呈深红、红色调
水域及水利设施用地	密云水库	几何特征明显，有人工塑造痕迹	蓝色、深蓝
建设用地	主要分布在城镇及经济发达区周围或交通沿线，周围有浅蓝色水泥地面	几何特征明显，边界清晰	浅蓝色或灰色
裸地	零散分布	不规则状	白色，浅蓝色
其他用地	城镇村内部未被利用的土地	逐渐过渡，边界不清晰	米黄色、白色

似然法等。非监督分类算法主要包括迭代自组织数据分析技术（ISODATA）和 *K* 均值算法（*K*-Means）等。对分类之后的结果进行精度评价，可以采用混淆矩阵（误差矩阵）、总体分类精度和 Kappa 系数等方法。无论是监督分类还是非监督分类，分类后的结果都会产生一些面积很小的图斑，为了提高分类的精确度，有必要对这些小图斑进行剔除。主要的处理方法包括类别合并、聚块、筛除和主/次要分析。

1.6 实验步骤

1.6.1 监督分类

1. 定义训练样本

（1）在 ArcMap 中加载数据<2004 xianzhuang>，右击图层，点击【Properties】→【Symbology】→【Categories】→【Unique Values】，在【Value Field】下拉框中选择【Type】，点击【Add All Values】，点击【确定】，如图 1.2 所示 6 种地物类型在地图中显示。

Symbol	Value	Label
	<all other values>	<all other values>
	<Heading>	**Type**
	Bareland	Bareland
	Buildings	Buildings
	Farmland	Farmland
	Other Land	Other Land
	Water	Water
	Woodland	Woodland

图 1.2　符号化显示

（2）打开 ENVI 软件，在 ENVI 主菜单点击【File】→【Open Image File】，选择图像<Miyun_2006>，以波段 4、3、2 合成 RGB 显示在 Display 中。接下来在建立 ROI 的时候根据 ArcMap 中的土地类型进行对照。

@注意：在运用遥感影像进行地物分类时，ROI 的选取是根据影像的特征（色调、纹理、图案等）和野外调查，建立解译标志进行的。本实验为了降低难度，参考已有的土地类型，配合影像特征进行 ROI 选取。

（3）在 ENVI 主菜单点击【Basic Tools】→【Region of Interest】→【ROI Tool】，在【Window】选项中点选【Zoom】，在 Zoom 窗口绘制 ROI，如图 1.3 所示。

（4）在【ROI Tool】对话框中，点击【ROI_Type】，有 Polygon、Rectangle、Ellipse 等多种类型。例如，水体及水利设施用地的绘制，选择 Rectangle 类型，在 Zoom 窗口进行绘制，绘制好图形后点击右键确认，如图 1.4 所示。将绘制好的 ROI 更名为“水体及水利设施用地”，颜色改为 Blue，如图 1.5 所示。

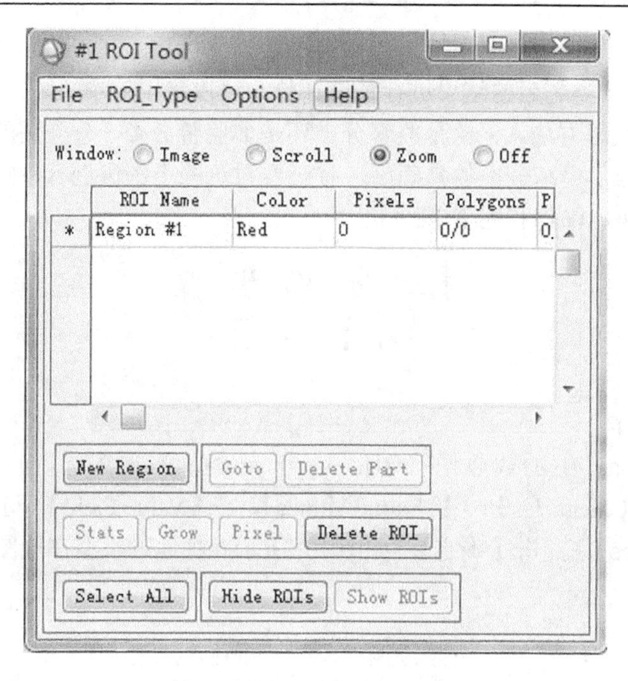

图 1.3　【ROI Tool】对话框

图 1.4　水体及水利设施建设用地 ROI

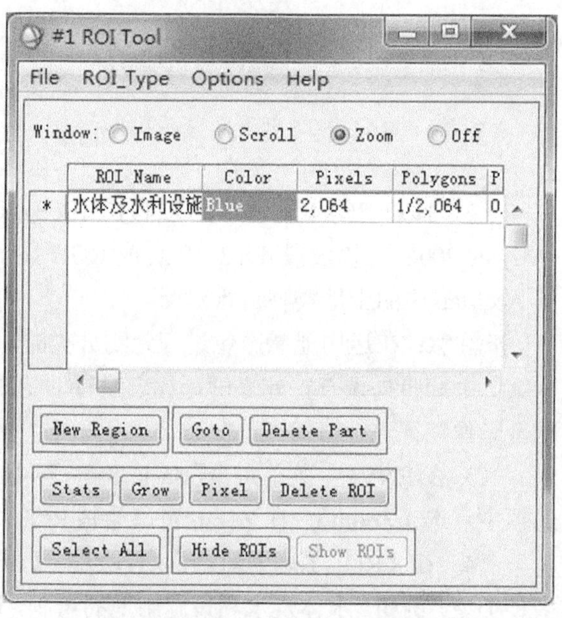

图 1.5　修改 ROI 名称和颜色

（5）绘制好第一个 ROI 后，点击【ROI Tool】对话框的【New Region】按钮，继续绘制其他类地物的 ROI。图 1.6 所示为所有地物的 ROI 绘制完成后的 ROI Tool。

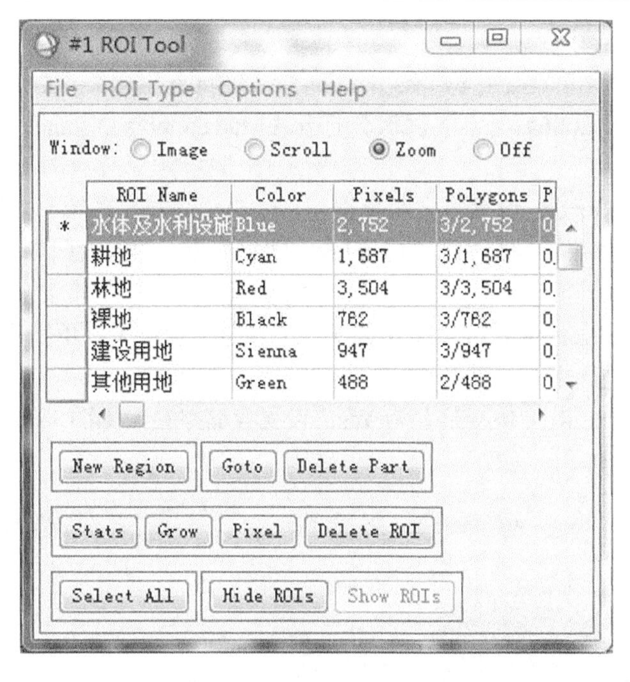

图 1.6　各类地物 ROI 信息

（6）在【ROI Tool】对话框中点击【File】→【Save ROIs】，在弹出的对话框中选择【Select All Items】，将 ROI 命名为<Miyun.roi>，保存 ROI 文件，如图 1.7 所示。

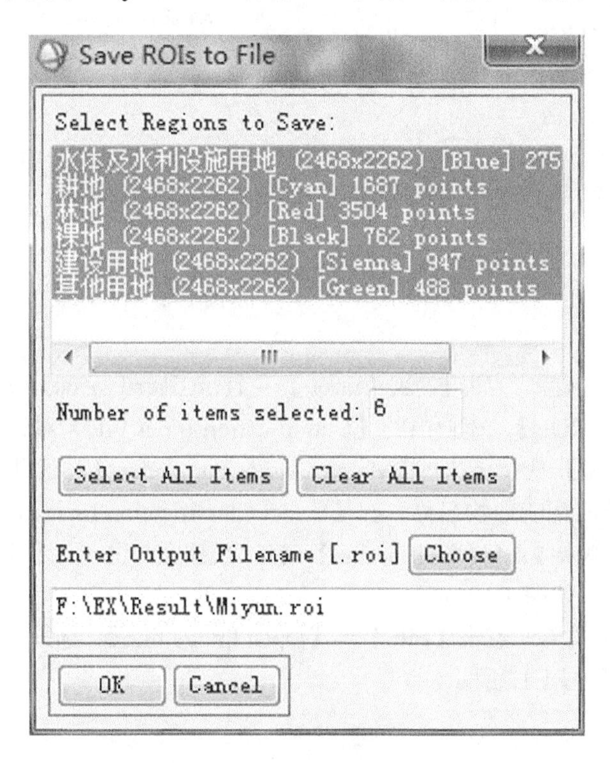

图 1.7　保存 ROI

2. 选择监督分类算法

（1）在 ENVI 主菜单，点击【Classification】→【Supervised】→【Mahalanobis Distance】，选择图像数据<Miyun_2006>，点击【OK】打开【Mahalanobis Distance Parameters】对话框，参数意义如下：

Set Max Distance Error：设置最大距离误差。以 DN 值方式输入一个值，距离大于该值的像元不被分入该类；如果不满足所有类别的最大距离误差，像元被归为未分类。有三种类型，这里选择【None】。

Preview：单击【Preview】可以在右边窗口中预览分类结果，单击【Change View】可以改变预览区域。

（2）设置【Output Rule Images】为 Yes，设置存储路径，如图 1.8 所示，单击【OK】执行分类。

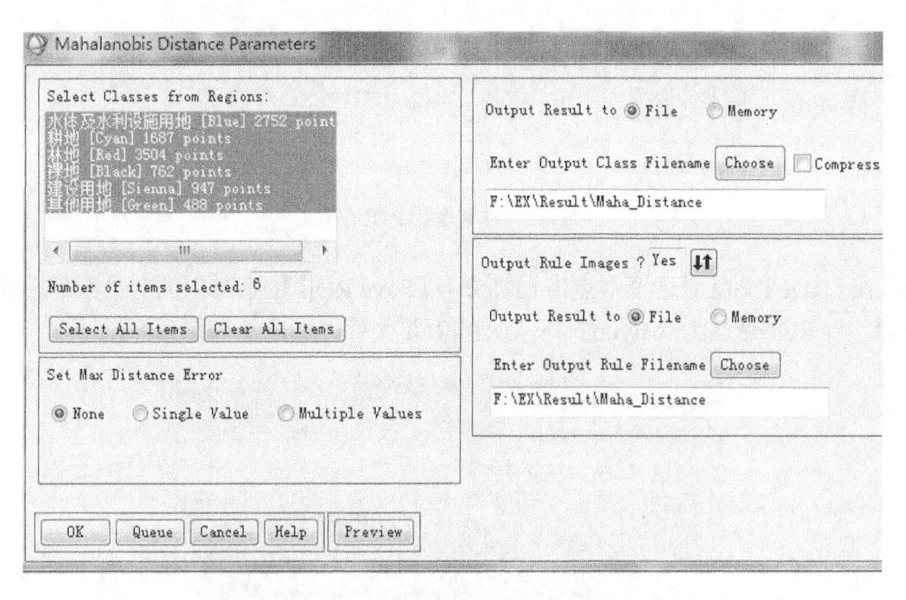

图 1.8　参数设置对话框

3. 评价分类结果

（1）打开 ENVI 主菜单，点击【Classification】→【Post Classification】→【Confusion Matrix】→【Using Ground Truth ROIs】。在弹出的【Classification Input File】对话框中选择上一步分类得到的图像，点击【OK】，在接下来的【Match Classes Parameters】对话框中，在【Select Ground Truth ROI】中选择要匹配的地物名称，在【Select Classification Image】中选择相同的地物名称，如图 1.9 所示。单击【Add Combination】，将感兴趣区与分类结果相匹配，单击【OK】，得到分类精度评价表，如图 1.10 所示。

（2）在 ENVI 主菜单，点击【File】→【Open Image File】，选择监督分类的结果图像，显示在 Display 中，如图 1.11 所示。

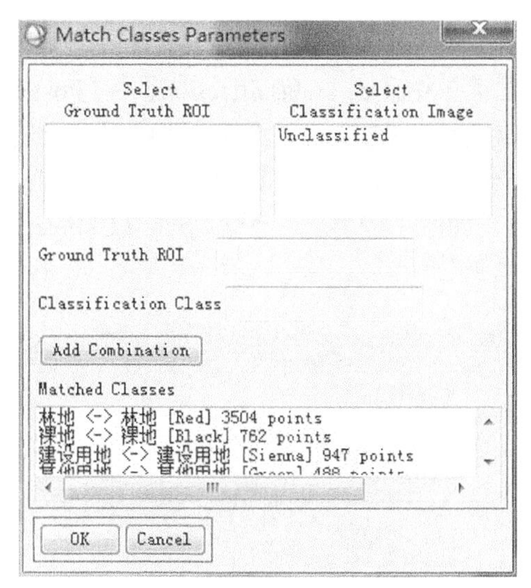

图 1.9　分类匹配设置窗口

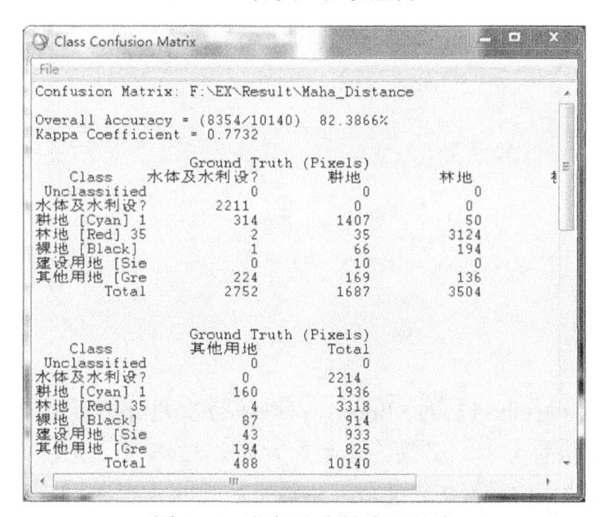

图 1.10　监督分类精度评价表

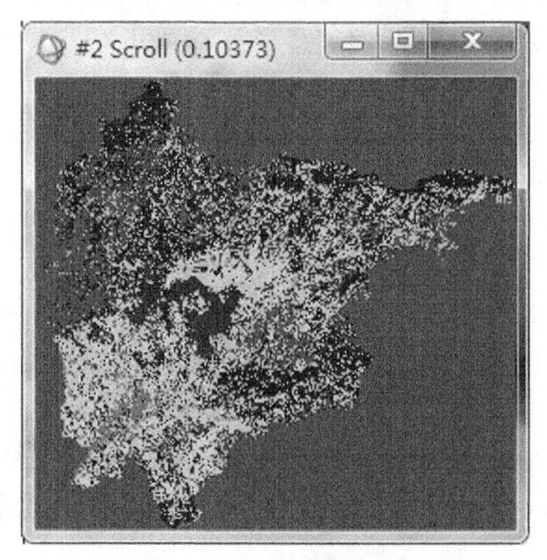

图 1.11　监督分类结果图

4. 分类后处理

（1）主/次要分析。在主菜单中点击【Classification】→【Post Classification】→【Majority/Minority Analysis】，在弹出对话框中选择上一步的分类结果，点击【OK】。

（2）在【Majority/Minority Parameters】面板中，点击【Select All Items】选中所有的类别，其他参数按照默认即可，如图 1.12 所示。然后点击【Choose】按钮设置输出路径，点击【OK】执行操作。

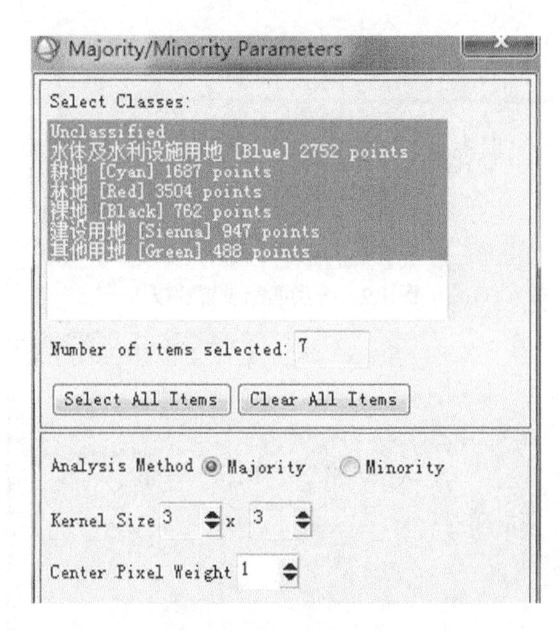

图 1.12　主/次要分析

如果选择【Analysis Method】为 Minority，则执行次要分析。

【Kernel Size】为核的大小，必须为奇数×奇数，核越大，则处理后结果越平滑。

中心像元权重（Center Pixel Weight）：在判定变换核中哪个类别占主体地位时，中心像元权重用于设定中心像元类别将被计算多少次。例如，如果输入的权重为 1，系统仅计算 1 次中心像元类别；如果输入 5，系统将计算 5 次中心像元类别。权重设置越大，中心像元分为其他类别的概率越小。

（3）聚类处理。在主菜单中点击【Classification】→【Post Classification】→【Clump Classes】，在弹出对话框中选择上一步得到的图像，点击【OK】。

（4）在【Clump Parameters】面板中，点击【Select All Items】选中所有的类别，其他参数按照默认即可，设置输出路径，点击【OK】执行操作（注：【Operator Size Rows】和【Cols】为数学形态学算子的核大小，必须为奇数，设置的值越大，效果越明显）。

（5）过滤处理。在主菜单中点击【Classification】→【Post Classification】→【Sieve Classes】，在弹出对话框中选择上一步得到的图像，点击【OK】。

（6）在【Sieve Parameters】面板中，点击【Select All Items】选中所有的类别，【Group Min Threshold】设置为 5，其他参数按照默认即可，设置输出路径，点击【OK】执行操作。

过滤阈值（Group Min Threshold）：一组中小于该数值的像元将从相应类别中删除，归为未分类（Unclassified）。

聚类领域大小（Number of Neighbors）：可选四连通域或八连通域，分别表示使用中心像元周围 4 个或 8 个像元进行统计。

5. 分类统计

@注意：为排除背景值被误统计，可利用北京市密云区边界矢量数据进行掩膜处理，参考实验 7 中的 7.6.3 节。

（1）在主菜单点击【Classification】→【Post Classification】→【Class Statistics】，在弹出对话框中选择分类后处理的图像，点击【OK】。

（2）在【Statistics Input File】面板中，选择原始影像，点击【OK】。

（3）在弹出的【Class Selection】面板中，点击【Select All Items】，统计所有分类的信息，点击【OK】。

（4）在【Compute Statistics Parameters】面板勾选【Basic Stats】和【Output to the Screen】，点击【OK】，图 1.13 所示为显示统计结果的窗口，从【Select Plot】下拉命令中选择图形绘制的对象，如基本统计信息、直方图等。从【Stats for】标签中选择分类结果中的类别，在列表中显示类别对应输入图像文件 DN 值统计信息，如协方差、相关系数、特征向量等信息。在列表中的第一段显示的为分类结果中各个类别的像元数、占百分比等统计信息。

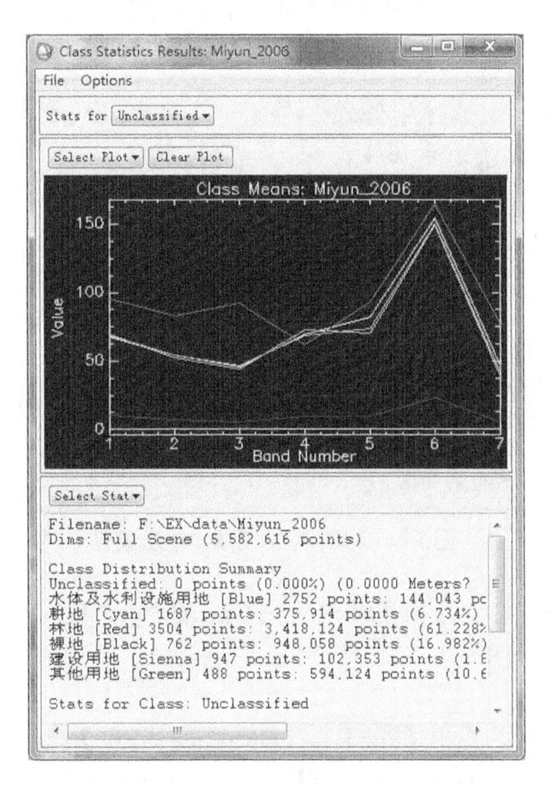

图 1.13　显示统计结果

1.6.2　非监督分类

1. 选择非监督分类方法

（1）在 ENVI 主菜单中，点击【Classification】→【Unsupervised】→【IsoData】，在【Classification Input File】对话框中，选择图像<Miyun_2006>。单击【OK】，打开【ISODATA Parameters】对话框，相关参数意义如下。

Number of Classes：一般输入最小数量不能小于最终分类数量，最大数量为最终分类数量的 2~3 倍。本实验设置 Min 为 6，Max 为 12。

Maximum Iterations：迭代次数越大，得到的结果越精确，运算时间也越长。本实验设置为 15。

Change Threshold：当每一类的变化像元数小于阈值时，结束迭代过程，这个值越小得到的结果越精确，运算量也越大。本实验设置为 5。

Minimum # Pixel in Class：键入形成一类所需的最小像元数。如果某类中的像元数小于最少像元数，该类被删除，其中的像元被归并到距离最近的类中。

Maximum Class Stdv：如果某一类的标准差比该阈值大，该类将被拆成两类。本实验设置为 1。

Minimum Class Distance：以像素值为单位，如果类均值之间的距离小于输入的最小值，则类别将被合并。本实验设置为 5。

Maximum # Merge Pairs：合并类别最大值。本实验设置为 2。

选择输出路径及文件名，单击【OK】，如图 1.14 所示，执行非监督分类。

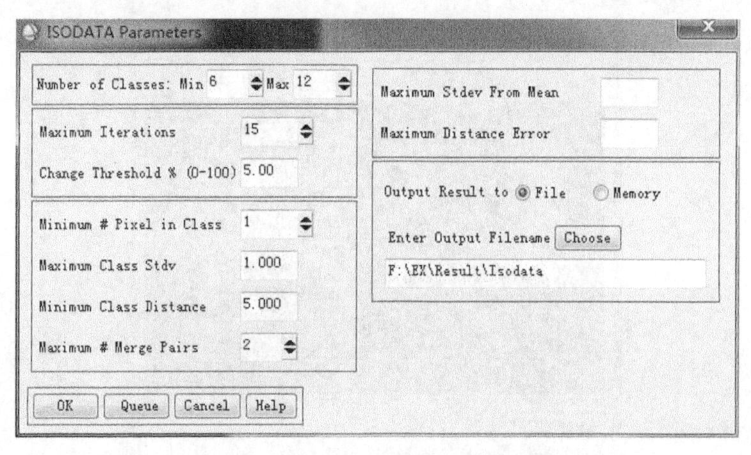

图 1.14　ISODATA 分类器参数设置

（2）在 ENVI 主菜单中，点击【File】→【Open Image File】，打开非监督分类图像，在 Display 中显示，如图 1.15 所示。

2. 类别定义

（1）在 ENVI 主菜单，点击【File】→【Open Image File】，打开分类后图像，在主图像窗口中，点击【Overlay】→【Classification】，在【Interactive Class Tool Input File】对话框选择非监督分类结果，单击【OK】。在弹出的【Interactive Class Tool】对话框中勾选类别前面的“On”选择框，将结果叠加显示在 Display 窗口。

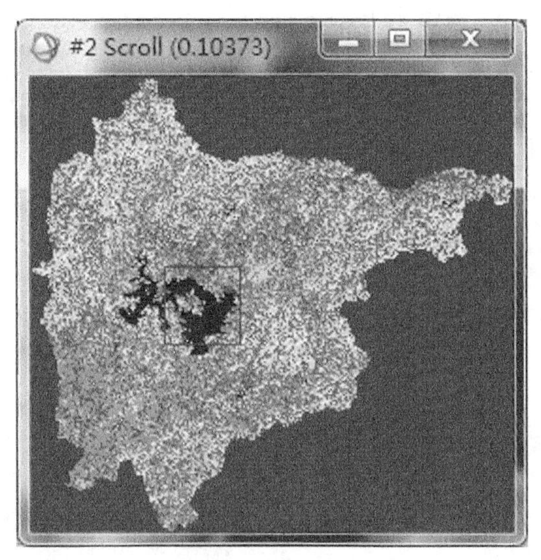

图 1.15　非监督分类结果

（2）点击【Options】→【Edit class colors/names】，调出【Class Color Map Editing】对话框，选择对应的类别，在【Class Name】中输入重新定义的类别名称，同时修改颜色。重复这一步骤，直到所有的类别名称和颜色修改完毕，得到如图 1.16 所示的结果。

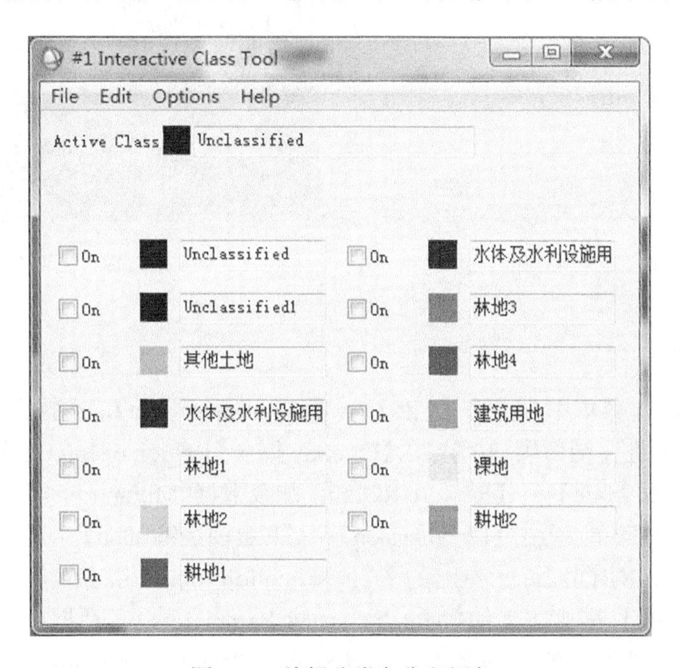

图 1.16　编辑分类名称和颜色

（3）在【Interactive Class Tool】对话框中，选择【File】→【Save Changes to File】，保存修改结果。

3. 合并子类

（1）在ENVI主菜单中，选择【Classification】→【Post Classification】→【Combine Classes】。在【Combine Classes Input File】对话框中选择定义好的分类结果。单击【OK】弹出【Combine Classes Parameters】对话框，从【Select Input Class】中选择合并的类别，从【Select Output Class】中选择并入的类别，单击【Add Combination】，把它们添加到合并方案中。图1.17是所有需要合并的类别添加完成后的结果。

（2）点击【OK】，在【Combine Classes Output】对话框的【Remove Empty Classes】项中选择Yes，移除空白类。

（3）选择输出合并结果路径及文件名，单击【OK】，执行合并，图1.18所示为合并后的结果。

图1.17　分类类别的合并

图1.18　类别合并

4. 评价分类结果

（1）在ENVI主菜单中，点击【File】→【Open Image File】，选择上一步得到的图像，在Display中显示。在主图像窗口，点击【Overlay】→【Region of Interest】，在弹出的【ROI Tool】对话框中点击【File】→【Restore ROIs】，加载数据<Miyun.roi>。

（2）在ENVI主菜单，点击【Classification】→【Post Classification】→【Confusion Matrix】→【Using Ground Truth ROIs】。在弹出的【Classification Input File】对话框中选择类别合并后的图像，点击【OK】，在接下来的【Match Classes Parameters】对话框中，在【Select Ground Truth ROI】中选择要匹配的地物名称，在【Select Classification Image】中选择相同的地物名称，如图1.19所示。单击【Add Combination】，将感兴趣区与分类结果相匹配，单击【OK】，得到分类精度评价表，如图1.20所示。分类后处理可参考监督分类的步骤，此处不再赘述。

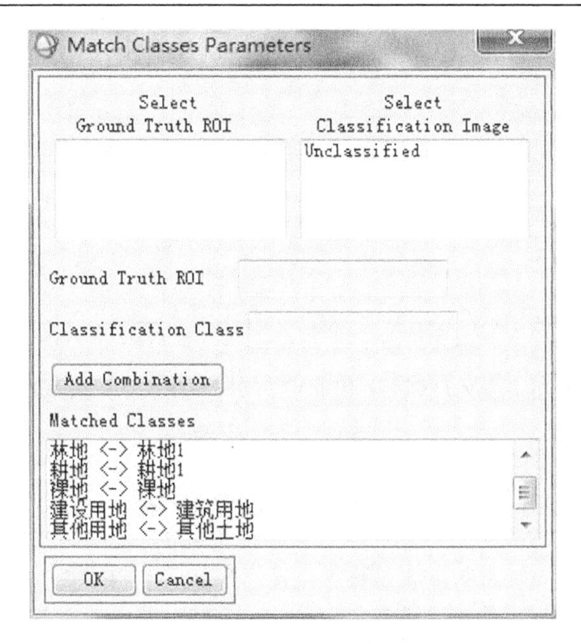

图 1.19　感兴趣区与分类结果匹配

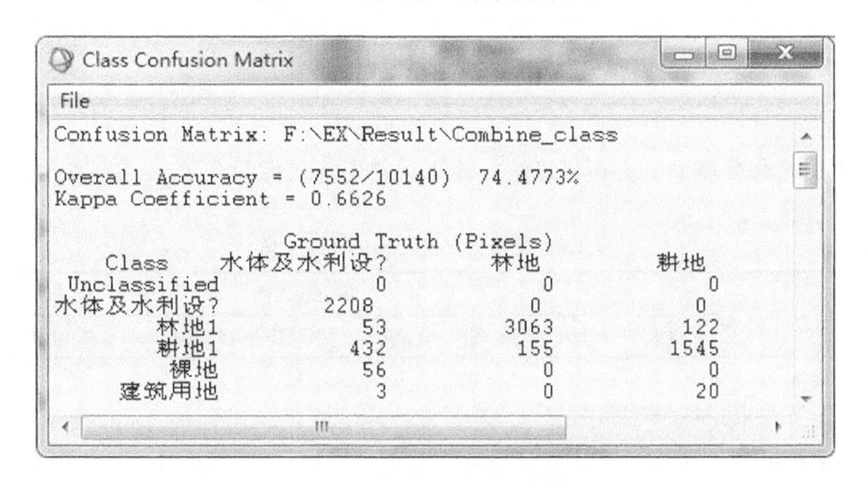

图 1.20　非监督分类精度评价表

1.7　练　习　题

（1）将地物分为 6 类，用非监督分类的 *K*-Means 方法对北京市密云县数据<Miyun_2006>进行分类，最大迭代次数设置为 20 次，分类数量设置为 12。

（2）将地物分为 6 类，用监督分类的最大似然法对北京市密云县数据<Miyun_2006>进行分类，似然度的阈值选择“None”，数据比例系数设为 255。

1.8　实 验 报 告

（1）根据监督分类的马氏距离算法和非监督分类的 ISODATA 算法对实验区域的影像进行地物分类，并结合密云县土地利用类型数据完成表 1.2。

表 1.2　不同分类方法地物类别统计

方法		耕地	林地	裸地	建设用地	水域及水利设施用地	其他用地
马氏距离法	百分比						
	面积（km^2）						
ISODATA 法	百分比						
	面积（km^2）						

（2）根据监督分类的最大似然算法和非监督分类的 *K*-Means 算法对实验区域的影像进行地物分类，完成表 1.3。

表 1.3　不同分类方法地物类别统计

方法		耕地	林地	裸地	建设用地	水域及水利设施用地	其他用地
最大似然算法	百分比						
	面积（km^2）						
K-Means 算法	百分比						
	面积（km^2）						

（3）根据监督分类的马氏距离算法，计算误差矩阵（像元个数），完成表 1.4。

表 1.4　监督分类法计算的误差矩阵

		被评价图像						
		耕地	林地	裸地	建设用地	水域及水利设施用地	其他用地	总和
参考图像	耕地							
	林地							
	裸地							
	建设用地							
	水域及水利设施用地							
	其他用地							
	总和							

（4）根据非监督分类的 *K*-Means 算法，计算误差矩阵（像元个数），完成表 1.5。

（5）根据监督分类的马氏距离算法和最大似然算法，非监督分类的 ISODATA 和 *K*-Means 算法对实验区域的影像进行地物分类，比较不同分类方法的分类精度，完成表 1.6。

表 1.5　非监督分类法计算的误差矩阵

		被评价图像						
		耕地	林地	裸地	建设用地	水域及水利设施用地	其他用地	总和
参考图像	耕地							
	林地							
	裸地							
	建设用地							
	水域及水利设施用地							
	其他用地							
	总和							

表 1.6　不同分类方法的结果对比

分类方法		总体分类精度	Kappa 系数
监督分类	马氏距离算法		
	最大似然算法		
非监督分类	ISODATA 算法		
	K-Means 算法		

1.9　思　考　题

（1）在绘制地物 ROI 的时候，要注意哪些因素？

（2）在执行监督分类和非监督分类时，影响分类精度的因素有哪些？

（3）如何对非监督分类的结果进行评价？

（4）监督分类和非监督分类操作过程有何主要区别？

（5）监督分类和非监督分类的优缺点有哪些？

实验 2　基于知识规则的遥感影像分类

2.1　实验要求

根据实验区域的遥感影像数据和 DEM 数据，将地物分为 6 类：water（水体）、farmland（耕地）、bareland（裸地）、woodland（林地）、bush（灌木）和 bulidings（建筑用地），完成下列分析：

（1）基于阈值法建立分类规则对西双版纳的地物进行决策树分类。

（2）统计分类后各地物的面积。

2.2　实验目标

（1）掌握基于知识规则的决策树遥感影像分类方法。

（2）了解融合遥感数据与非遥感数据进行地物分类的基本原理。

2.3　实验软件

ENVI 5.2、ArcGIS 10.2。

2.4　实验区域与数据

2.4.1　实验数据

【Xsbn】

<Xsbn>：2016 年 3 月西双版纳 Landsat 8 OLI 影像数据。

<Xsbn_Dem>：2016 年 3 月西双版纳 DEM 数据。

<Xsbn_Shp>：西双版纳矢量数据。

【Wz】

<Wz>：2017 年的梧州市 Landsat 8 OLI 影像数据。

<Wz_Dem>：2017 年的梧州市 DEM 数据。

<Wz_Shp>：梧州市矢量数据。

其中，遥感数据空间分辨率为 30m，DEM 数据空间分辨率为 28.7m。

2.4.2　实验区域

1. 西双版纳

西双版纳位于云南的最南端，介于 21°08′N～22°36′N，99°56′E～101°50′E，与老挝、缅甸山水相连，和泰国、越南近邻，土地面积近 2 万 km^2，国境线长达 966km。西双版纳地貌多为中低山和丘陵，海拔 800～1300m 的低山区占其总面积的 65.3%，构成该区地貌格局的主体；海拔 500～800m 的低丘区域占西双版纳面积的 19.4%；1300～2500m 的中山区占 10.6%；山间盆地与河谷区只占西双版纳的 4.7%。2016 年，西双版纳森林覆盖率为 80.79%，森林面积为 154.45 万 hm^2。年平均气温为 18～22℃，最冷月均温 8.8～15.6℃，≥10℃的活动积温为 5062～8000℃，海拔 800m 以下地区活动积温皆在 7500℃以上，长夏无冬，秋春相连且为期较短。

2. 梧州市

梧州市位于广西壮族自治区东部，是广西壮族自治区的东大门，地处 22°37′N～24°18′N，110°18′E～111°40′E。梧州全境东西距 115km，南北长 196km，总面积为 12588km^2。其中，市区面积为 1097.17km^2。梧州市地处浔江和桂江交汇处，两江交汇后称西江，由西向东贯穿市区，浔江、桂江、西江交汇梧州，俗称“三江水口”。桂江由西北流入西江。梧州的地形特点是四周高，中间低，中部苍梧县城至梧州市区一带西江两岸大部分地区为地势低的河谷阶地，海拔为 20～60m；其他大部分地区为丘陵地貌，海拔一般为 80～300m。丘陵地占总面积 80%以上，多丘陵起伏，群山连绵，极少平地，地势由南北向中部西江倾斜，以海拔 300m 以下丘陵、台地为主，梧州市区最高峰白云山，海拔 367m。全市森林面积为 81.18 万 hm^2，林木蓄积量 2256.36 万 m^3，全市森林覆盖率达 75.85%。梧州属亚热带季风气候区，北回归线横贯市区中部。梧州太阳辐射强，日照充足，热量丰富，气候温暖，雨量充沛，夏长冬短，无霜期长。夏半年多偏南风，高温、高湿、闷热多雨；冬半年多偏北风，低温、干燥、偏冷少雨。全市光热水资源较丰富，日照南多北少，温度南高北低，雨量南少北多。盛夏常有暴雨与干旱，春多见低温阴雨。平均气温为 20～22℃，年平均气温为 21.4℃。实验区范围如图 2.1 所示。

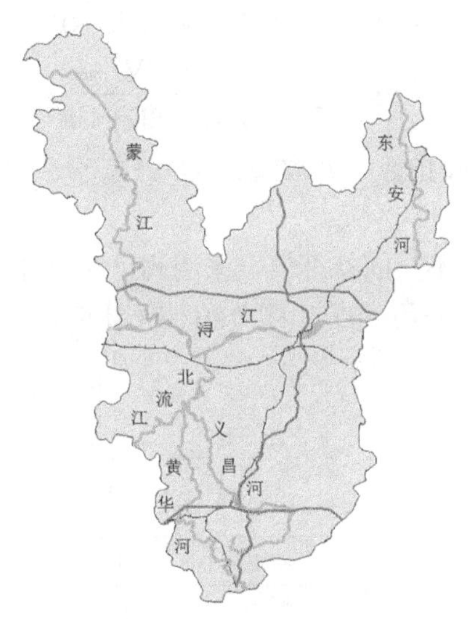

图 2.1　实验区示意图

2.5　实验原理与分析

自然界地物的复杂多样性使得人们很难用一个统一的分类模式来描述或进行区域景物的识别与分类。分层分类法能够说明它们的复杂关系，并根据分类树的结构逐级分层次地把所研究的目标一一区分、识别出来。分层分类是指模拟目视解译面对复杂影像的情况，进行多层次的分析判断，先把容易识别确定的地物目标提取出来，再针对彼此混淆的地物采用不同的判据进行区分，先易后难，由表及里，分层处理，逐步推进。分层分类法可以增强信息提取能力，提高分类精度和计算效率，并且在数据分析和解译方法上表现出更大的灵活性，能在很大程度上避免“异物同谱”的地物被划归为一类。同时通过分层分类法，可以先将一些易于识别的地物区分出来，为后面的信息提取创造纯净的环境，对不易于分类的地物进行分类时，可以节省分类时间；在每层处理时，目标明确，只针对一类目标进行提取，问题相对简单，提高了每一类目标的提取精度。

基于知识规则的分类是利用多源数据（遥感影像数据及其他空间数据），通过专家经验总结、简单的数学统计和归纳方法等，获得分类规则并进行遥感分类。专家知识决策树分类的步骤大体上可分为四步：知识（规则）定义、规则输入、决策树运行和分类后处理，难点是规则定义。

实验要求（1）和（2）建立分类规则对地物进行分类和各类地物面积统计。本实验采用NDVI（归一化植被指数）、NDBI（归一化建筑指数）、坡度和FVC（植被覆盖度）4个特征值，NDVI、NDBI和FVC的计算公式见式（2.1）~式（2.3）。

$$\mathrm{NDVI}=\frac{\mathrm{NIR}-\mathrm{Red}}{\mathrm{NIR}+\mathrm{Red}} \tag{2.1}$$

式中，Red和NIR分别对应Landsat 8 TM数据的Band 4和Band 5。

$$\mathrm{NDBI}=\frac{\mathrm{MIR}-\mathrm{NIR}}{\mathrm{MIR}+\mathrm{NIR}} \tag{2.2}$$

Landsat 8 SWIR1波段对应于MIR波段，故式中MIR和NIR分别对应于Band 6和Band 5。

$$\mathrm{FVC}=\frac{\mathrm{NDVI}-\mathrm{NDVI}_{\min}}{\mathrm{NDVI}_{\max}-\mathrm{NDVI}_{\min}} \tag{2.3}$$

式中，NDVI为所求像元的植被指数；$\mathrm{NDVI}_{\min}$、$\mathrm{NDVI}_{\max}$分别为实验区域内NDVI的最小值、最大值。

根据不同的分类对象选用不同的特征值，采用阈值法设计分类树进行分层提取。本实验分类树设计如图2.2所示，首先用NDVI区分植被（林地、耕地和灌木）和非植被（水体、

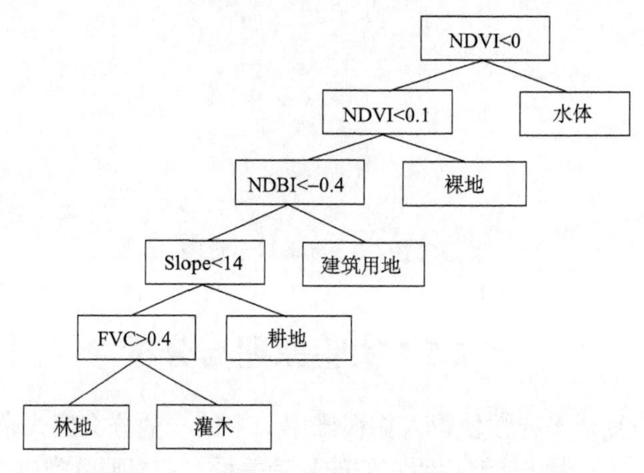

图2.2　西双版纳土地覆盖分层分类示意图

裸地），即 NDVI<0 为水体，0<NDVI<0.1 为裸地，NDVI>0.1 为植被或建筑用地；然后为了区分植被和建筑用地，引入 NDBI 指数，即 NDVI>0.1 且 NDBI<–0.4 为建筑用地，NDVI>0.1 且 NDBI>–0.4 为植被；利用坡度信息来区分耕地和林地、灌木等植被信息，当坡度<14°时为耕地，反之为林地、灌木。植被覆盖度大于 40%的林地是灌木，故利用 FVC 来区分林地和灌木，当 FVC>0.4 时为灌木，FVC<0.4 为林地。

2.6 实 验 步 骤

2.6.1 数据预处理

1. DEM 数据重采样

（1）在 ENVI 主菜单，点击【File】→【Open Image File】，加载<Wz_Dem>数据。

（2）在主菜单，点击【Basic Tools】→【Resize Data（Spatial/Spectral）】，选择 DEM 数据，打开重采样窗口，如图 2.3 所示。点击【Set Output Dims by Pixel Size】，在【Output X Pixel Size】和【Output Y Pixel Size】后输入 30，如图 2.4 所示，点击【OK】，设置输出路径。

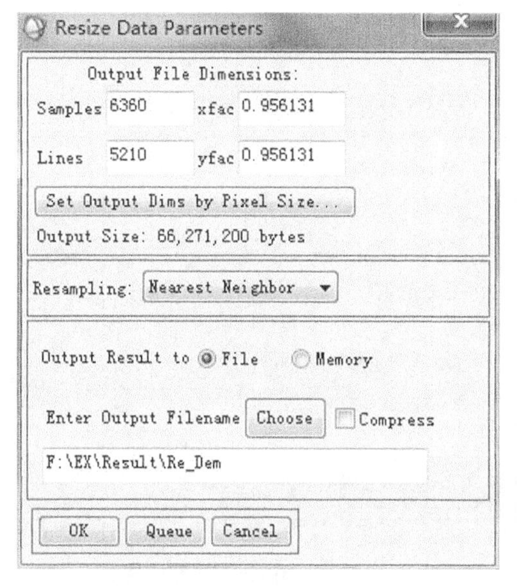

图 2.3　重采样窗口

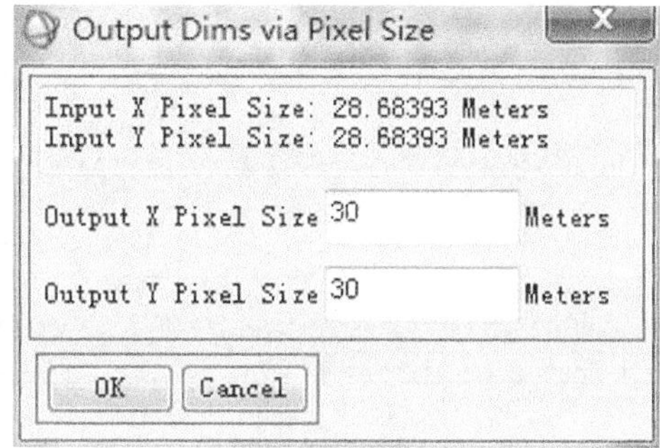

图 2.4　重置分辨率

2. 计算特征值

（1）在 ENVI 主菜单，点击【File】→【Open Image File】，加载<Xsbn>数据。

（2）根据式(2.1)计算 NDVI。在 ENVI 主菜单，点击【Transform】→【NDVI】，选择图像<Xsbn>，在弹出的 NDVI 计算窗口，【Input File Type】后选择“Landsat OLI”，【Red】输入 4，【Near IR】输入 5。设置存储路径，点击【OK】，如图 2.5 所示。

（3）根据式(2.2)计算 NDBI。在主菜单点击【Basic Tools】→【Band Math】，在输入栏中输入：(float(b1)–float(b2))/(float(b1)+float(b2))，点击【OK】，在弹出的窗口为 b1 和 b2 选择波段，其中 b1 选择第 6 波段，b2 选择第 5 波段。设置存储路径，点击【OK】。

（4）计算坡度。在主菜单点击【Topographic】→【Topographic Modeling】，在弹出的窗口选择重采样后的 DEM 数据，点击【OK】。在弹出的【Topo Model Parameters】窗口选择【Slope】选项，设置输出路径点击【OK】，如图 2.6 所示。

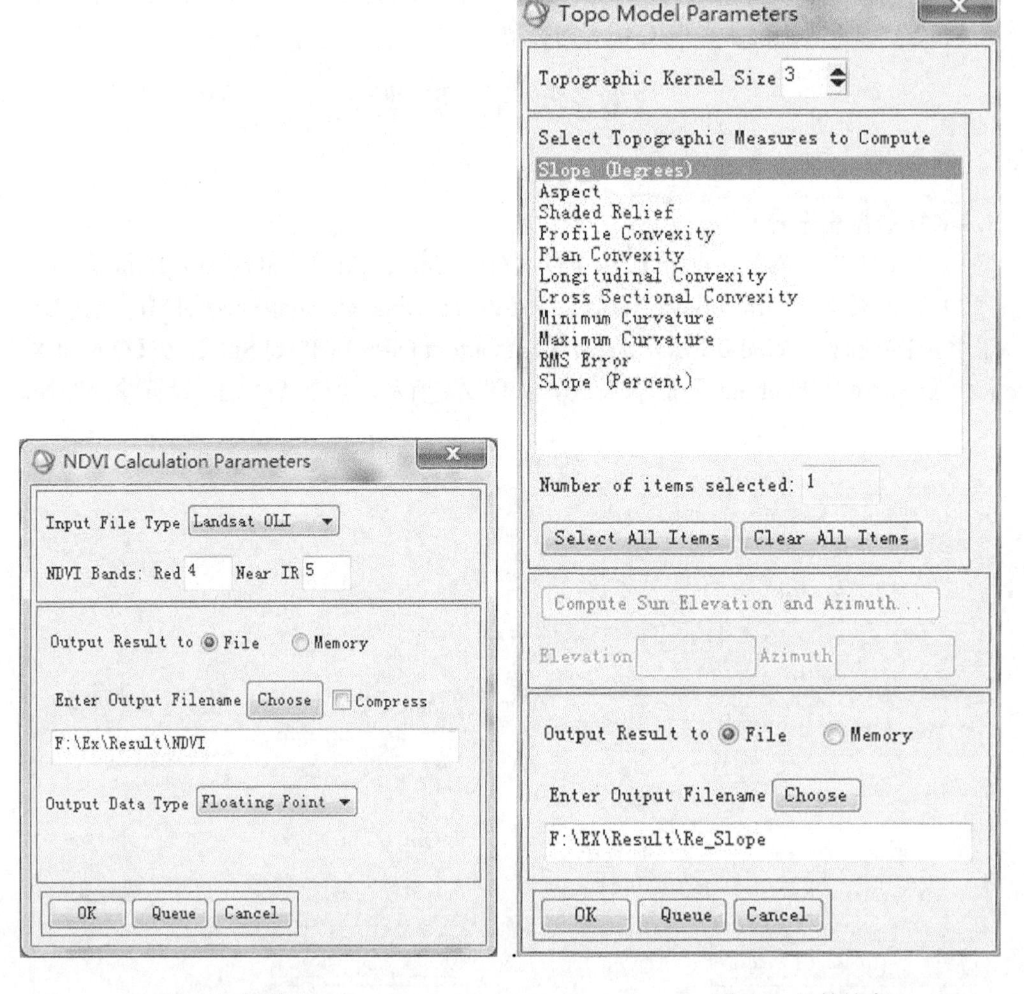

图 2.5　计算 NDVI　　　　图 2.6　计算坡度

（5）背景值设为 Nodata。在主菜单点击【Basic Tools】→【Band Math】，在输入栏中输入：((float(b1)/b1)×b1)，点击【OK】，为 b1 选择上一步得到的坡度，点击【OK】。

（6）根据式(2.3)计算 FVC（植被覆盖度）。

首先，建立影像的掩膜。在 ENVI 主菜单中，点击【File】→【Open Vector Files】，打开西双版纳的矢量文件，在弹出的窗口中设置 Projection 为 Geographic Lat/Lon，datum 为 WGS-84，Units 为 Degrees。设置输出路径后，点击【OK】，如图 2.7 所示。在 ENVI 主菜单中，点击【Basic Tools】→【Statistics】→【Compute Statistics】，在弹出的文件选择对话框中，选择计算后的 NDVI 数据，点击【Mask Options】→【Build Mask】，在弹出窗口中点击【Options】→【Import EVFs】，再选中导入的 shp 文件，点击【OK】。在弹出窗口中选择计算后的 NDVI 数据，点击【OK】。设置输出路径，点击【OK】，如图 2.8 所示。

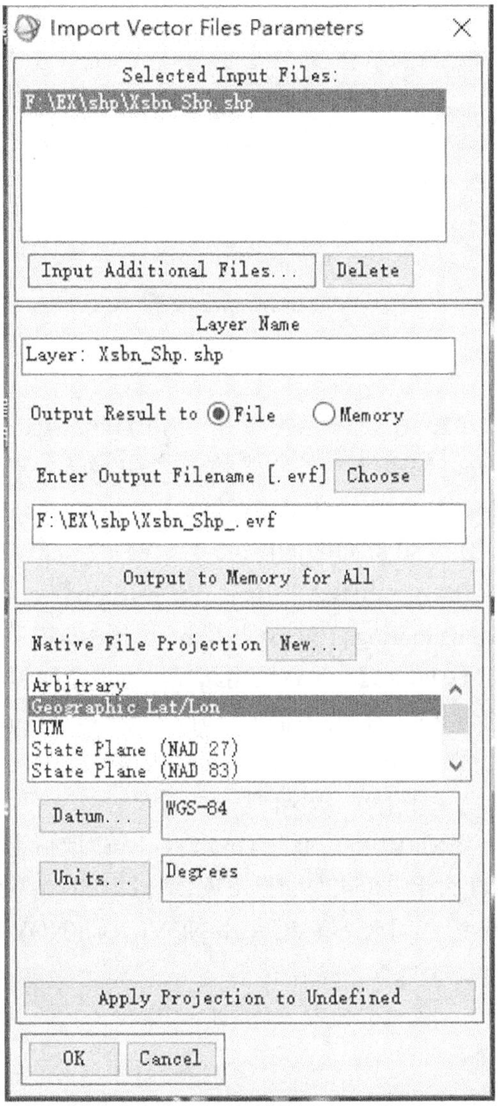

Import Vector Files Parameters
Selected Input Files:
F:\EX\shp\Xsbn_Shp.shp
Input Additional Files...
Delete
Layer Name
Layer: Xsbn_Shp.shp
Output Result to File Memory
Enter Output Filename [.evf] Choose
F:\EX\shp\Xsbn_Shp_.evf
Output to Memory for All
Native File Projection New...
Arbitrary
Geographic Lat/Lon
UTM
State Plane (NAD 27)
State Plane (NAD 83)
Datum... WGS-84
Units... Degrees
Apply Projection to Undefined
OK Cancel

图 2.7 导入 shp 文件

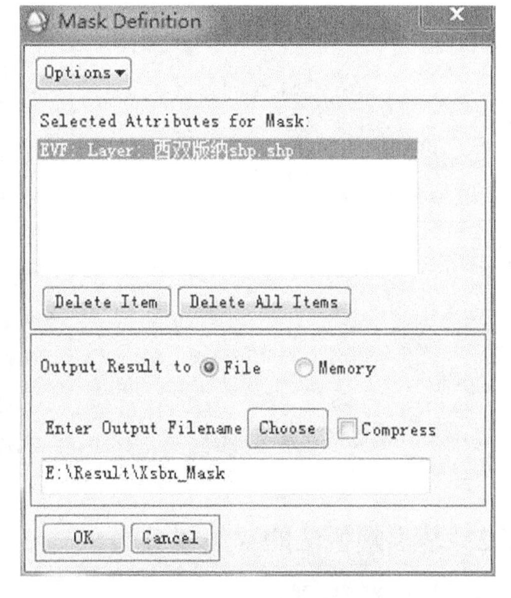

图 2.8 导出掩膜

在【Compute Statistics Input File】对话框中点击【OK】。在弹出的【Compute Statistics Parameters】对话框勾选【Histograms】，点击【OK】，得到 NDVI 统计结果，最后一列表示对应 NDVI 值的累积概率分布。本实验选取累积概率为 5%和 95%的 NDVI 值作为 $NDVI_{min}$ 和 $NDVI_{max}$（参考实验 9 的实验原理与分析）。如图 2.9 和图 2.10 所示，$NDVI_{min}$= 0.414164，$NDVI_{max}$=0.854309。

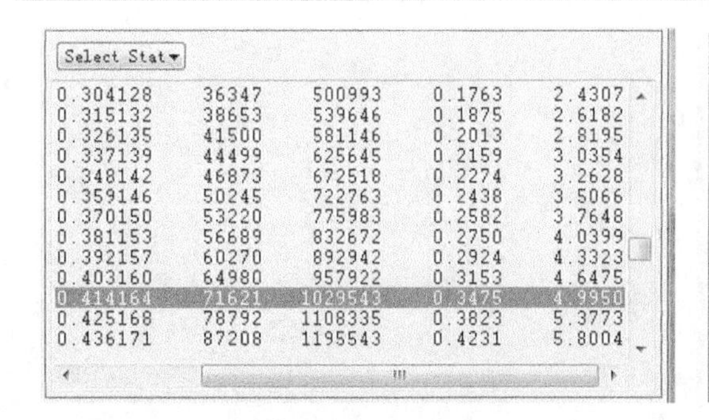
Select Stat

0.304128	36347	500993	0.1763	2.4307
0.315132	38653	539646	0.1875	2.6182
0.326135	41500	581146	0.2013	2.8195
0.337139	44499	625645	0.2159	3.0354
0.348142	46873	672518	0.2274	3.2628
0.359146	50245	722763	0.2438	3.5066
0.370150	53220	775983	0.2582	3.7648
0.381153	56689	832672	0.2750	4.0399
0.392157	60270	892942	0.2924	4.3323
0.403160	64980	957922	0.3153	4.6475
0.414164	71621	1029543	0.3475	4.9950
0.425168	78792	1108335	0.3823	5.3773
0.436171	87208	1195543	0.4231	5.8004

图 2.9　取 $NDVI_{min}$ 值

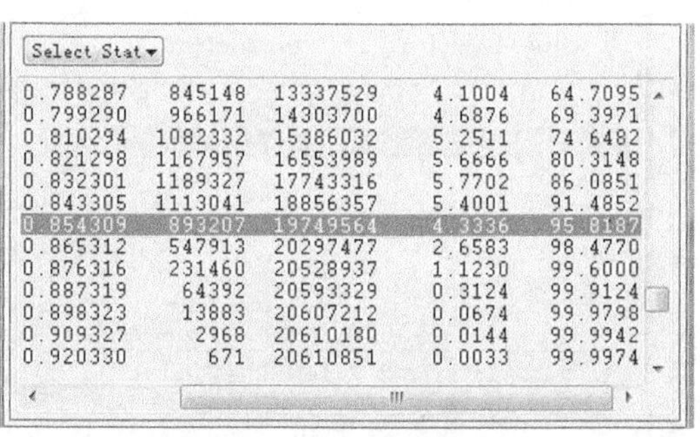
Select Stat

0.788287	845148	13337529	4.1004	64.7095
0.799290	966171	14303700	4.6876	69.3971
0.810294	1082332	15386032	5.2511	74.6482
0.821298	1167957	16553989	5.6666	80.3148
0.832301	1189327	17743316	5.7702	86.0851
0.843305	1113041	18856357	5.4001	91.4852
0.854309	893207	19749564	4.3336	95.8187
0.865312	547913	20297477	2.6583	98.4770
0.876316	231460	20528937	1.1230	99.6000
0.887319	64392	20593329	0.3124	99.9124
0.898323	13883	20607212	0.0674	99.9798
0.909327	2968	20610180	0.0144	99.9942
0.920330	671	20610851	0.0033	99.9974

图 2.10　取 $NDVI_{max}$ 值

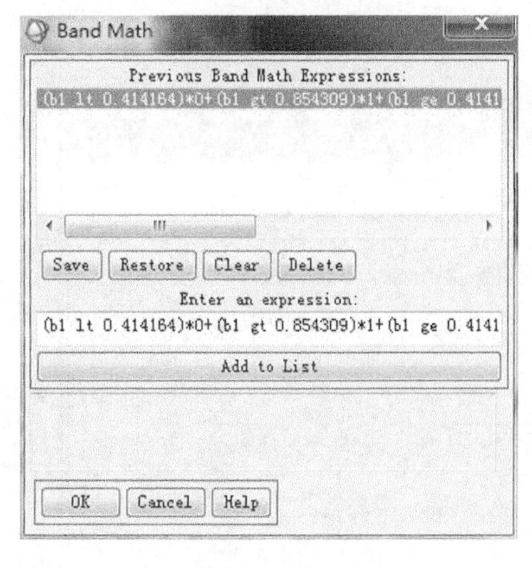

图 2.11　波段计算

（7）在 ENVI 主菜单中，点击【Basic Tools】→【Band Math】，在公式输入栏中输入：(b1 lt 0.414164)*0+(b1 gt 0.854309)*1+(b1 ge 0.414164 and b1 le 0.854309)*((b1–0.414164)/ (0.854309–0.414164))，如图 2.11 所示。在弹出的【Variables to Bands Pairings】对话框中，b1 选择 NDVI 图像。点击【Choose】，设置输出路径，点击【OK】。公式的含义：当括号内值为真时，返回 1，当括号内值为假时，返回 0。lt、gt、ge、le 分别表示小于、大于、大于等于、小于等于的含义。

当 NDVI 小于 0.414164 时，FVC 取值为 0；NDVI 大于 0.854309 时，FVC 取值为 1；当 NDVI 在两者之间时，$FVC=(b1-NDVI_{min})/(NDVI_{max}-NDVI_{min})$。

2.6.2　基于阈值法的决策树分类

1. 输入分类规则

（1）在主菜单点击【Classification】→【Decision Tree】→【Build New Decision Tree】，决策树面板上默认显示了一个节点。

（2）区分水体与非水体。单击【Node1】，在弹出的窗口中输入【Name】：NDVI<0，在【Expression】中输入：b1 lt 0，即 b1<0 为水体（图 2.12），点击【OK】。在弹出的【Variable/File Pairings】窗口中为 b1 选择多源数据集中的 NDVI 波段，如图 2.13 所示。

（3）识别裸地。在【Decision Tree】面板中右击【Class0】，选择【Add Children】，单击节点标识符，打开节点属性窗口，输入规则，在【Name】中输入：NDVI<0.1，在【Expression】中输入：b1 lt 0.1，即 b1<0.1 为裸地。如图 2.14 所示，点击【OK】。

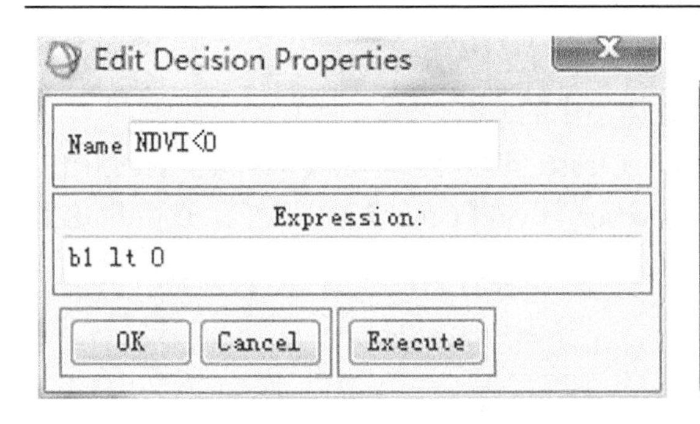

图 2.12　区分水体与非水体

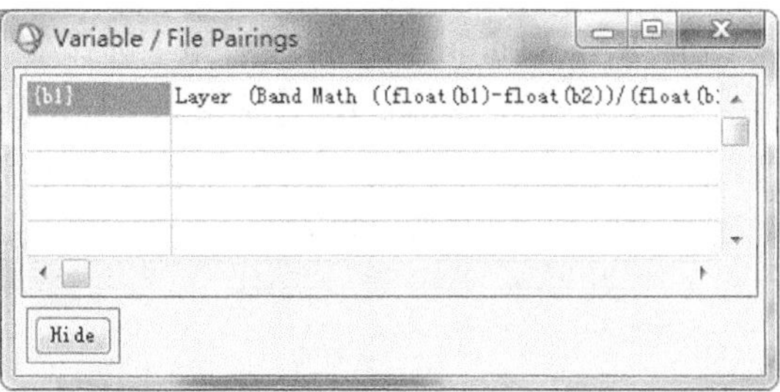

图 2.13　指定数据源

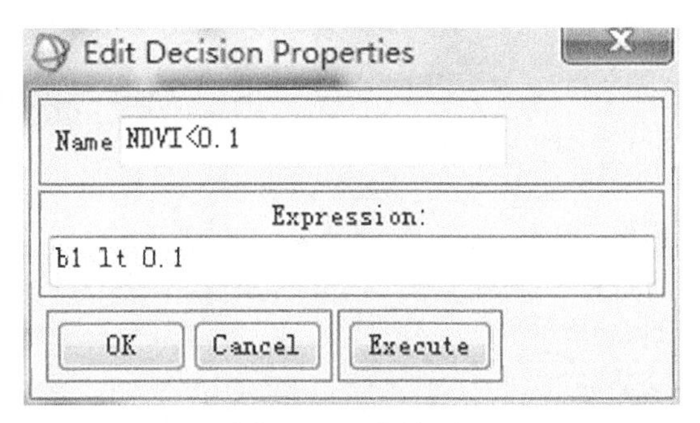

图 2.14　识别裸地

（4）识别建筑用地。在【Decision Tree】面板中右击【Class2】，选择【Add Children】，单击节点标识符，打开节点属性窗口，输入规则，在【Name】中输入：NDBI<–0.4，在【Expression】中输入：b2 lt –0.4，即 b2<–0.4 为建筑用地。如图 2.15 所示，点击【OK】。在弹出的【Variable/File Pairings】窗口中为 b2 选择多源数据集中的 NDBI 波段。

（5）区分耕地和林地、灌木。在【Decision Tree】面板中右击【Class2】，选择【Add Children】，单击节点标识符，打开节点属性窗口，输入规则，在【Name】中输入：Slope<14，在【Expression】中输入：b3 lt 14，即 b3<14 的为耕地。如图 2.16 所示，点击【OK】。在弹出的【Variable/File Pairings】窗口中为 b3 选择多源数据集中的 Slope 波段。

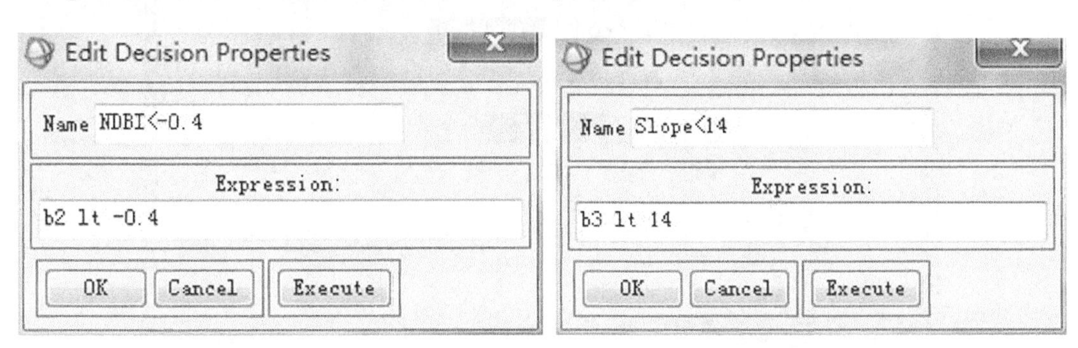

图 2.15　识别建筑用地　　　　图 2.16　识别耕地

（6）区分林地和灌木。在【Decision Tree】面板中右击【Class2】，选择【Add Children】，单击节点标识符，打开节点属性窗口，输入规则，在【Name】中输入：FVC>0.4，在【Expression】

中输入：b4 gt 0.4，即 b4>0.4 为灌木，否则为林地。如图 2.17 所示，点击【OK】。在弹出的【Variable/File Pairings】窗口中为 b4 选择多源数据集中的 FVC 波段。

（7）在【Decision Tree】面板中修改 Class1~Class6 的名称，单击【Class1】，在弹出的【Edit Class Properties】窗口中，修改【Name】为 water，点击【Color】修改颜色，点击【OK】，如图 2.18 所示。用同样的方法修改其他类别，图 2.19 所示为修改完成后的决策树。

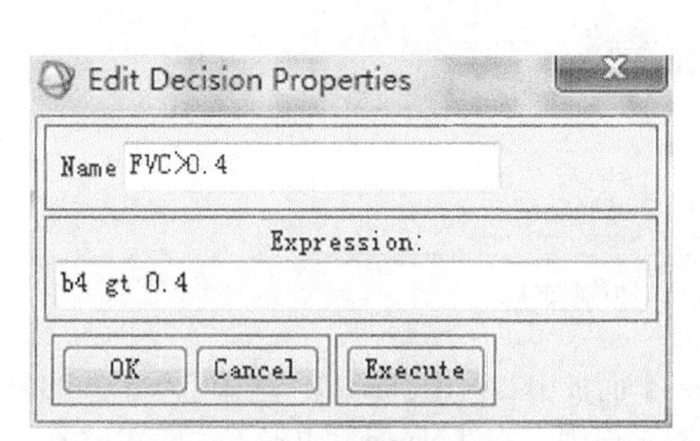

图 2.17　区分林地和灌木

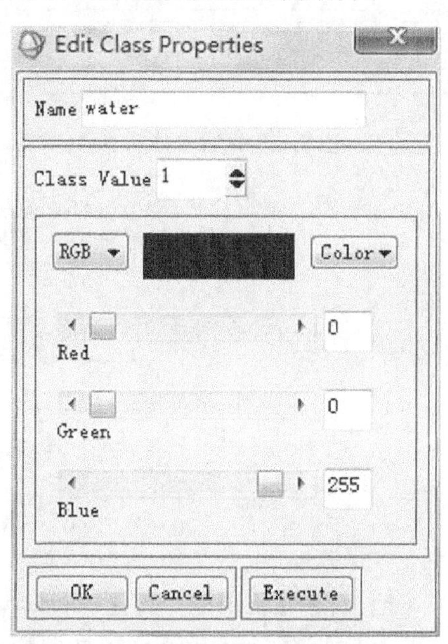

图 2.18　编辑类别属性

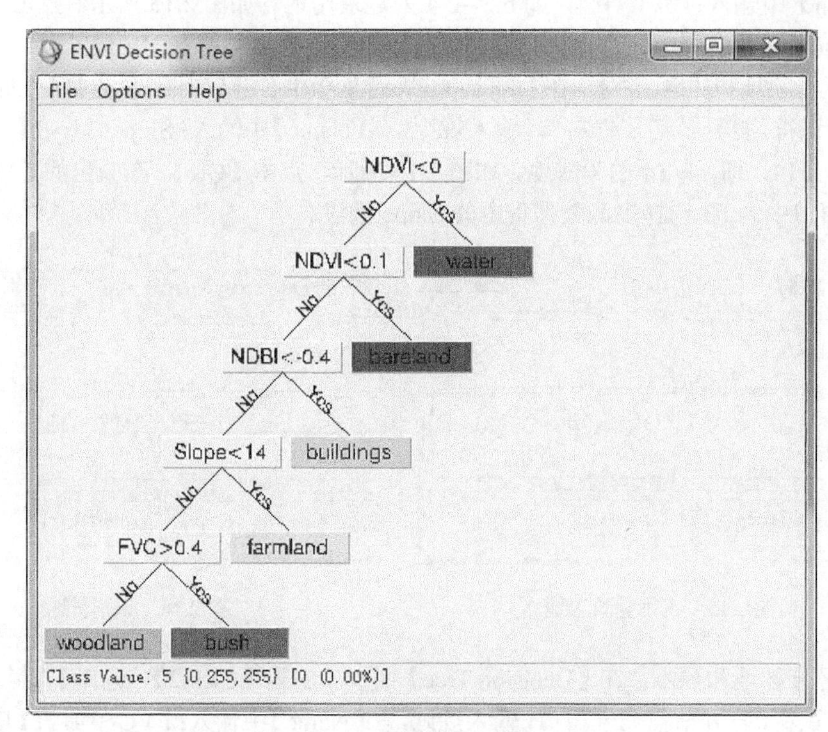

图 2.19　规则输入结果

2. 执行决策树

（1）在【Decision Tree】面板中点击【Options】→【Execute】。在弹出的【Decision Tree Execution Parameters】对话框中,设置输出路径，点击【OK】。图 2.20 所示为决策树执行完成后的结果。

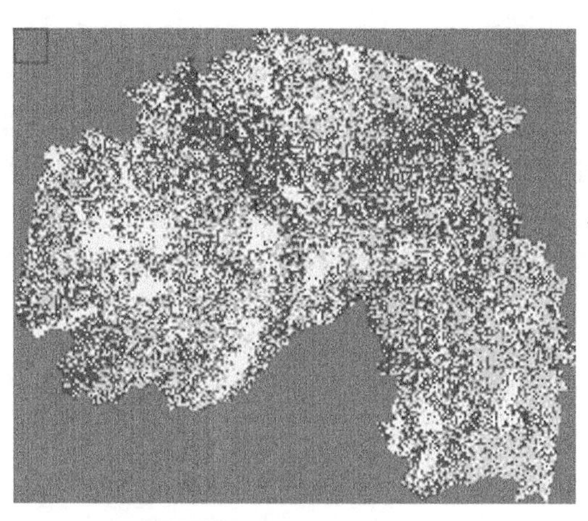

图 2.20　决策树运行结果

（2）在【Decision Tree】面板的空白处右击，选择【Zoom In】，如图 2.21 所示，可以看到每一个类别有相应的统计结果（以像素和百分比表示），如果修改了某一节点或者类别的属性，可以左键单击节点或者末端类别图标。单击【Execute】，重新运行修改部分的决策树。

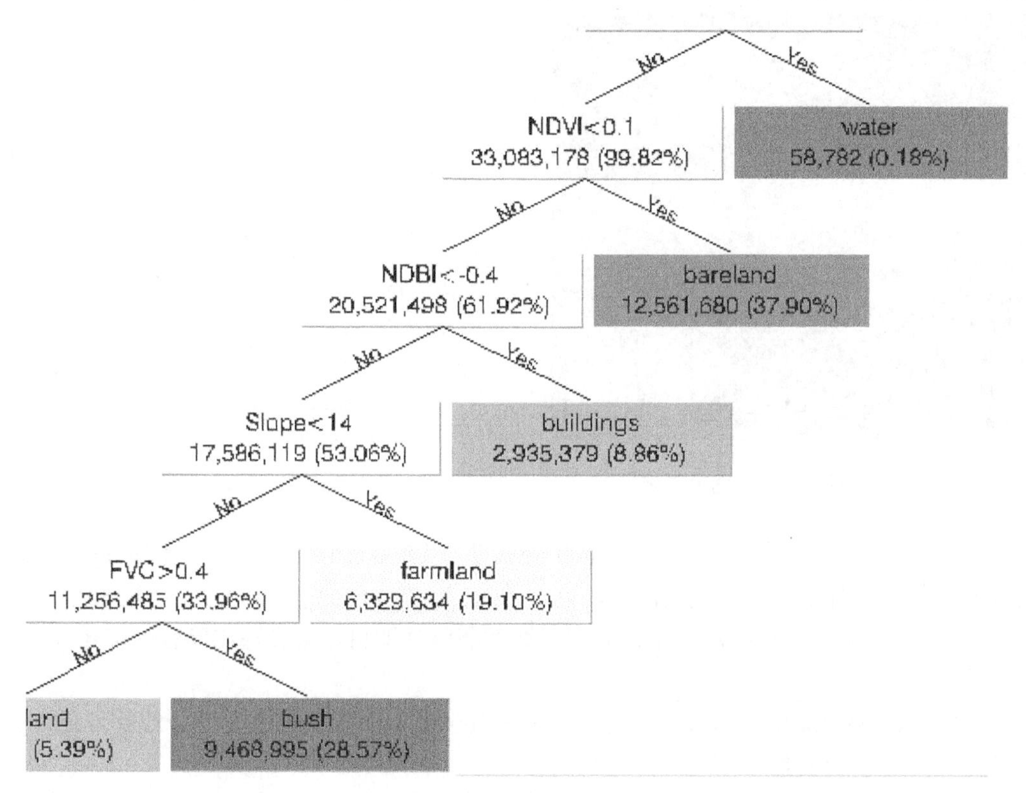

图 2.21　统计结果

3. 分类后处理

（1）去除分类结果中原属于背景的部分。首先加载分类结果。在窗口中点击【Overlay】→【Region of Interest】，在弹出的【ROI Tool】窗口中点击【File】→【Subset Data via ROIs】，在【Select Input File to Subset via ROI】窗口中选择上一步的分类结果，在弹出的【Spatial Subset via ROI Parameters】窗口中选择 shp，并将【Mask pixels output of ROI】设置为“Yes”，设置输出路径，点击【OK】。图 2.22 为将背景去除后的分类结果。

（2）主/次要分析。在主菜单中点击【Classification】→【Post Classification】→【Majority/Minority Analysis】，在弹出对话框中选择上一步的分类结果，点击【OK】。在【Majority/Minority Parameters】面板中，点击【Select All Items】选中所有的类别，其他参数按照默认即可，如图 2.23 所示。然后点击【Choose】按钮设置输出路径，点击【OK】执行操作。

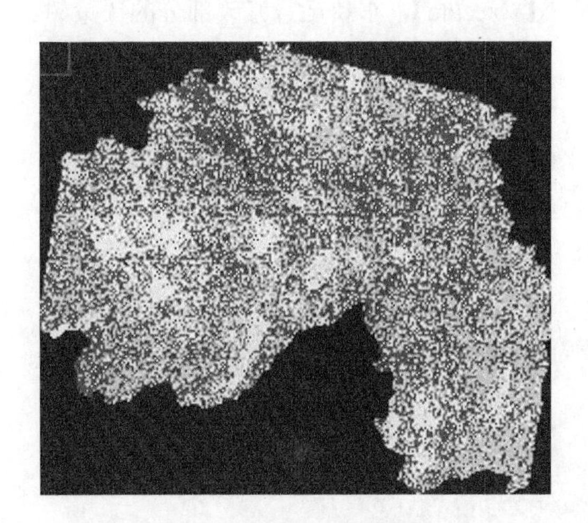

图 2.22　将背景去除后的分类结果

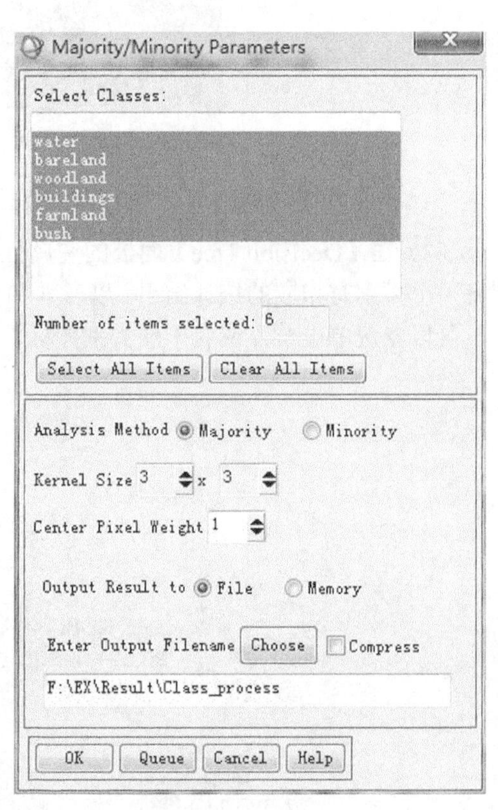

图 2.23　主/次要分析

（3）聚类处理。在主菜单中点击【Classification】→【Post Classification】→【Clump Classes】，在弹出对话框中选择上一步得到的图像，点击【OK】。在【Clump Parameters】面板中，点击【Select All Items】选中所有的类别，其他参数按照默认即可，设置输出路径，点击【OK】执行操作。

@注意：【Operator Size Rows】和【Cols】为数学形态学算子的核大小，必须为奇数，设置的值越大，效果越明显。

（4）过滤处理。在主菜单中点击【Classification】→【Post Classification】→【Sieve Classes】，

在弹出对话框中选择上一步得到的图像，点击【OK】。在【Sieve Parameters】面板中，点击【Select All Items】选中所有的类别，【Group Min Threshold】设置为 5，其他参数按照默认即可，设置输出路径，点击【OK】执行操作。

（5）图 2.24 所示为未处理过的图像（b）与分类后处理过的图像（a）部分区域对比，可以看到一些细小的斑块聚合成大的斑块，分类效果更好。

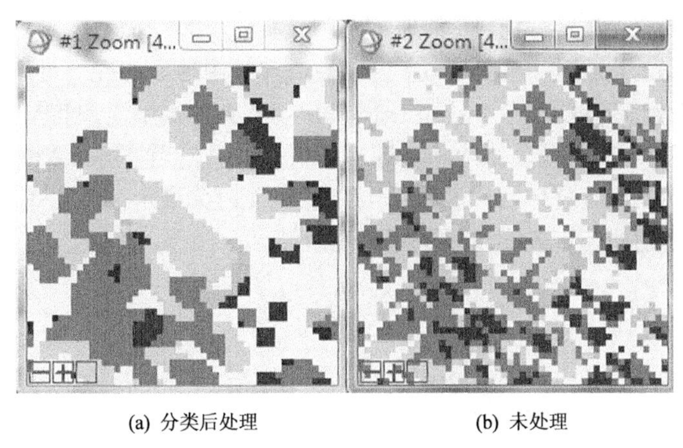

(a) 分类后处理　　(b) 未处理

图 2.24　分类后处理和未处理图像对比

4. 分类统计

（1）在主菜单中点击【Classification】→【Post Classification】→【Class Statistics】，弹出对话框中选择分类后处理的图像，点击【OK】。

（2）在【Statistics Input File】面板中，选择图像<Xsbn>，点击【Select Mask Band】，选择 mask 图像，点击【OK】→【OK】。

（3）在弹出的【Class Selection】面板中，点击【Select All Items】，统计所有分类的信息，点击【OK】。

（4）在【Compute Statistics Parameters】面板勾选【Basic Stats】和【Output to the Screen】，点击【OK】，图 2.25 所示为显示统计结果的窗口，从【Select Plot】下拉命令中选择图形绘制的对象，如基本统计信息、直方图等。从【Stats for】标签中选择分类结果中类别，在列表中显示类别对应输入图像文件 DN 值统计信息，如协方差、相关系数、特征向量等。在列表中的第一段显示的为分类结果中各个类别的像元数、占百分比等统计信息。

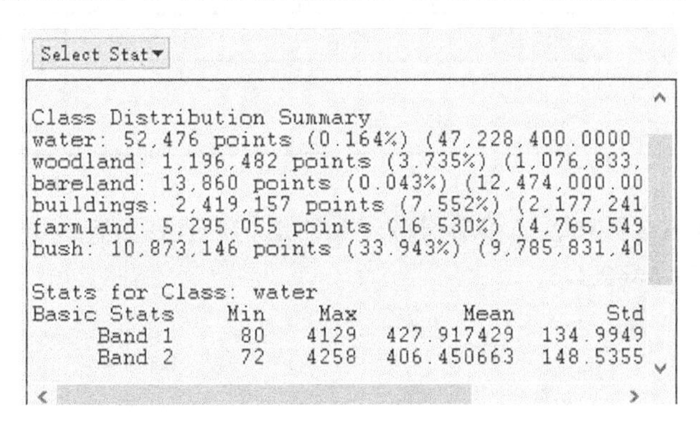

图 2.25　统计结果

2.7 练　习　题

（1）根据 2017 年梧州市 Landsat 8 数据<Wz>和 DEM 数据<Wz_Dem>，将地物分为 6 类：water（水体）、farmland（耕地）、bareland（裸地）、woodland（林地）、bush（灌木）、bulidings（建筑用地），基于阈值法进行决策树分类，并进行精度评价。

提示：首先，用 NDVI 区分植被（林地、耕地和灌木）和非植被（水体、裸地），即 NDVI<0 为水体，0<NDVI<0.1 为裸地，NDVI>0.1 为植被或建筑用地。其次，为了区分植被和建筑用地，增加 NDBI 指数，即 NDVI>0.1 且–0.1<NDBI<–0.4 为建筑用地，NDVI>0.1 且 NDBI>–0.4 为植被。然后，利用坡度来区分耕地和林灌木等植被信息，当坡度<22°时为耕地，反之为林地、灌木。利用 FVC 来区分林地和灌木，当 FVC>0.4 时为灌木，FVC<0.4 时为林地。

（2）对分类后的梧州市各类地物进行面积统计。

2.8 实 验 报 告

（1）练习练习题（1），完成表 2.1。

表 2.1　误差矩阵

		被评价图像						
		水体	建筑用地	裸地	耕地	林地	灌木	总和
参考图像	水体							
	建筑用地							
	裸地							
	耕地							
	林地							
	灌木							
	总和							

（2）练习练习题（2），完成表 2.2。

表 2.2　梧州市地物面积统计

类别	水体	建筑用地	裸地	耕地	林地	灌木
面积（km^2）						
百分比（%）						

（3）基于阈值法对西双版纳和梧州市分类的地物进行决策树分类，对比西双版纳和梧州市的分类精度，完成表 2.3。

表 2.3　西双版纳和梧州市地物分类精度

区域	总体精度（%）	Kappa 系数
西双版纳		
梧州市		

（4）分别制作 2016 年西双版纳和 2017 年梧州市地物分类结果专题图。

2.9　思　考　题

（1）本实验在利用 DEM 数据计算坡度后，坡度的背景值变为 0，如何将其设为 Nodata?

（2）本实验将坡度作为分类规则之一，在西双版纳地区坡度阈值设为 14°，是如何确定的?

（3）本实验是如何根据特征值来设立分类规则的?

（4）基于知识规则的遥感影像分类，知识覆盖了哪些层面?

（5）如何排除背景值被当做地物的某一类进行分类?

实验 3　基于智能计算的遥感影像分类

3.1 实 验 要 求

已知某海域受到油溢污染，根据遥感数据，完成下列分析：

（1）提取遥感影像中海洋溢油的纹理特征参数。

（2）融合纹理特征与光谱特征采用人工神经网络的方法提取海洋溢油信息。

（3）融合纹理特征与光谱特征采用支持向量机的方法提取海洋溢油信息。

（4）计算某海域溢油的面积。

3.2 实 验 目 标

（1）掌握基于光谱特征和纹理特征进行地物分类的原理与方法。

（2）掌握基于智能算法的遥感影像地物分类方法。

3.3 实 验 软 件

ENVI 5.2。

3.4 实验区域与数据

3.4.1　实验数据

<bharea>：2011 年 6 月 13 日渤海海域某地的 HJ-1A CCD 遥感影像数据。

3.4.2　实验区域

实验区位于渤海南部海域的蓬莱 19-3 油田（图 3.1）。在山东省龙口海岸以北约 80km，距塘沽渤海油田基地 220km，构造面积 50km^2，属于特大型整装油田。蓬莱 19-3 油田是中国海洋石油总公司与美国康菲石油中国公司在渤海海域合作勘探发现的油田，整个油田共有 7 个生产平台，一条 FPSO（渤海蓬勃号），256 口井（包括生产井 193 口、注水井 57 口、岩屑回注井 6 口）。目前日产原油能力在 15 万桶左右，年产量 840 万 t，约占渤海原油产量的 1/5。

实验区的地理位置关键，航运条件复杂，船舶溢油事故常有发生，属于溢油污染的高危海域。2011 年 6 月 4 日蓬莱 19-3 油田发生溢油事故。该海域若发生溢油，受航道、航行速度等限制，救援船舶有时难以及时到达事故现场并采取有效的补救措施，倾入海面的油类随着急流而扩散开来，从而造成沿岸水域财产损失及海洋生态环境的破坏。

图 3.1　实验区示意图

3.5　实验原理与分析

纹理被认为是一种反映图像中同质现象的视觉特征，体现了物体表面共有的内在属性。纹理特征包含了物体表面结构组织排列的重要信息及它们与周围环境的关系，是应用广泛的一种非光谱特征。遥感影像的纹理信息有助于推进影像的自动化解译，纹理与光谱特征的结合有利于影像分类精度的提高，从而可以使人们更好地从遥感数据中提取各种有用的专题信息。纹理特征的提取方法主要有两类，即空间自相关函数方法和灰度共生矩阵方法。灰度共生矩阵描述了统计空间上具有某种位置关系的两像元间从某一灰度过渡到另一灰度的概率。该方法对图像中所有像素进行统计，以便描述其灰度的分布。通过研究灰度的空间相关特性来描述纹理，是目前最常见、应用最广泛、效果最好的一种纹理统计方法。ENVI 软件提供了 8 种灰度共生矩阵特征的计算方法，分别为均值、方差、对比度、熵、相关性、差异性、同质性和角二阶矩。

由于海洋溢油图像具有两个主要特点：一是海洋溢油在风、浪、流的作用下，具有动态的特性，所以溢油图像没有固定的形状；二是海水的对比度较小，溢油图像上油和水的边界不是很清楚，具有一定的模糊性。而智能算法如支持向量机、人工神经网络等具有自组织、自学习、自适应和联想能力，通过对样本反复训练，能辨别各类样本的特征，克服传统分类方法误差大、效率低的缺点，所以能用来对海上溢油特征进行提取。

实验要求（1）是模型参数的准备阶段，实验要求（2）和（3）分别是利用支持向量机（support vector machine，SVM）分类和人工神经网络（artificial neural network，ANN）分类对海洋溢油信息进行提取，实验要求（4）是海洋溢油面积的计算。SVM 是一种建立在统计学习理论基础上的机器学习方法。SVM 可以自动寻找那些对分类有较大区分能力的支持向量，由此构造出分类器，可以将类与类之间的间隔最大化，因而有较好的推广性和较高的分类准确率。ANN 是对人脑神经系统的结构和功能的模拟，是一种简化的人脑数学模型；它不需要任何关于统计分布的先验知识，不需要预定义分类中各个数据源的先验权值，可以处理不规则的复杂数据且易与辅助信息结合。与传统分类方法相比，ANN 分类方法一般可获得更高精度的分类结果。

3.6 实 验 步 骤

3.6.1 纹理特征的提取

1. 主成分分析

（1）点击【File】→【Open Image File】，选择图像<bharea>，以 Band 3、2、1 合成 RGB 在主窗口显示。

（2）打开 ENVI 软件，在 ENVI 主菜单点击【Transforms】→【Principal Components】→【Forward PC Rotation】→【Compute New Statistics and Rotate】。在【Principal Components Input File】对话框中，选择图像<bharea>，单击【OK】。

（3）在【Forward PC Parameters】面板中，使用箭头切换按钮，将【Select Subset from Eigenvalues】设置为 Yes。选择输出路径和文件名，输出类型为【Floating Point】，如图 3.2 所示，单击【OK】执行分析。

（4）如图 3.3 所示，第一主成分所占的比例最大，所以本实验选取第一主成分做下一步分析，点击【OK】。

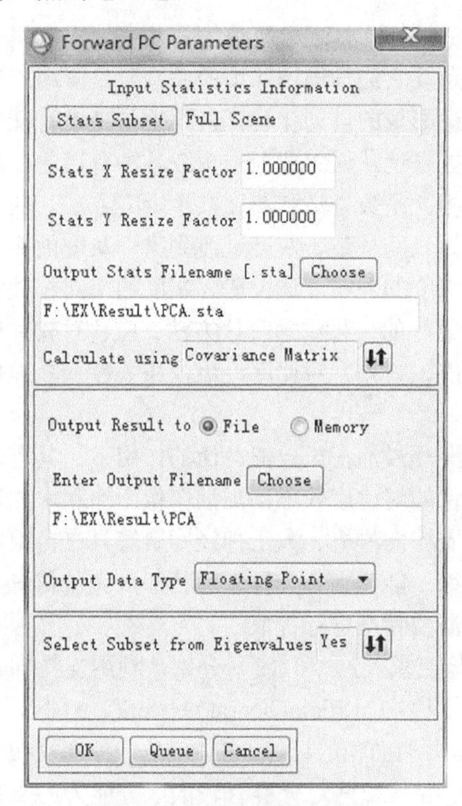

图 3.2　主成分分析对话框

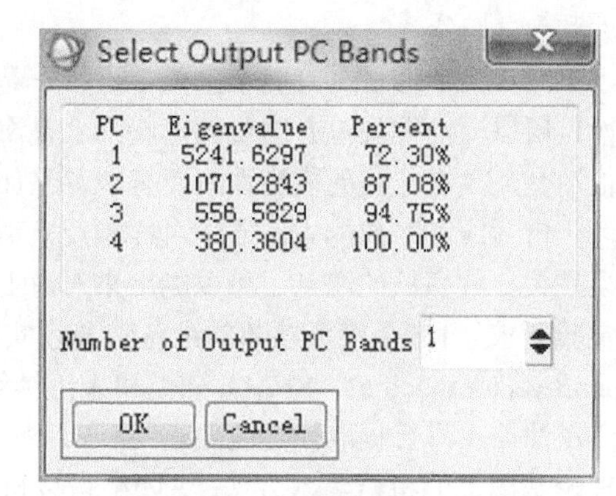

图 3.3　各成分所占比例

2. 提取纹理特征

（1）查阅相关文献资料可知纹理特征参数中的熵（Entropy）、方差（Variance）和差异性（Dissimilarity）有利于油膜与海水的区分，所以本实验选取熵、方差和差异性进行下一步分析。

（2）在 ENVI 主菜单点击【Filter】→【Texture】→【Co-occurrence Measure】，选择经过主成分分析后的图像，在弹出的【Co-occurrence Texture Parameters】对话框中勾选纹理特征熵（Entropy）、方差（Variance）、差异性（Dissimilarity），窗口大小设置为 13×13，结果命名为<Texture>，如图 3.4 所示。

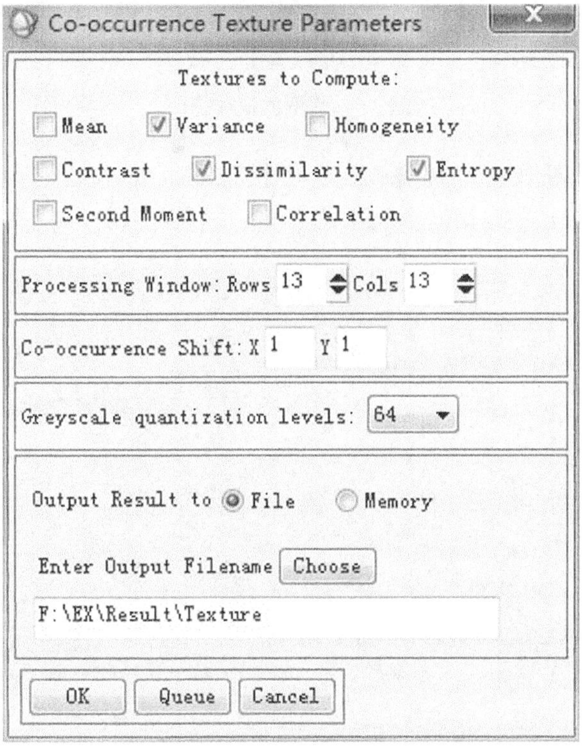

图 3.4　【Co-occurrence Texture Parameters】对话框

Mean：均值反映纹理的规则程度，纹理杂乱无章、难以描述的值较小；规律性强、易于描述的值较大。

Variance：方差反映像元值与均值偏差的度量，当图像中灰度变化较大时方差较大。

Homogeneity：协同性是图像局部灰度均匀性的度量，局部灰度均匀，取值较大。

Contrast：对比度反映图像中局部灰度变化总量。对比度越大，图像的视觉效果越清晰。

Dissimilarity：相异性与对比度类似，对比度越高，相异性越高。

Entropy：信息熵表征图像中纹理的复杂程度，纹理越复杂熵值越大，反之则越小。

Second Moment：二阶矩也叫能量，是图像灰度分布均匀性的度量。当 GLCM 中元素分布较集中于主对角线附近时说明局部区域内图像灰度分布较均匀。

Correlation：相关性反映某种灰度值沿某方向的延伸长度，延伸的越长则相关性越大。

（3）将提取的三个纹理特征显示在主图像窗口，如图 3.5 所示。

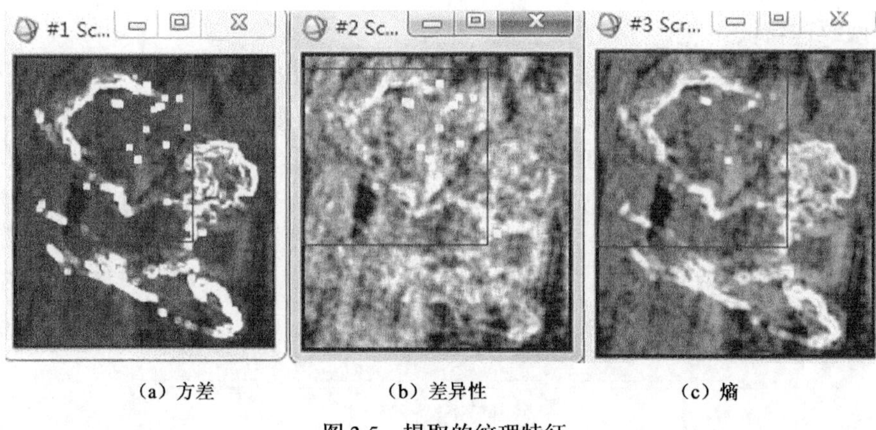

（a）方差　　（b）差异性　　（c）熵

图 3.5　提取的纹理特征

（4）将纹理特征与影像光谱特征融合，生成叠加图像。在 ENVI 主菜单点击【Basic Tools】→【Layer Stacking】，在弹出的对话框中选择好输入文件和输出路径，点击【OK】，如图 3.6 所示。

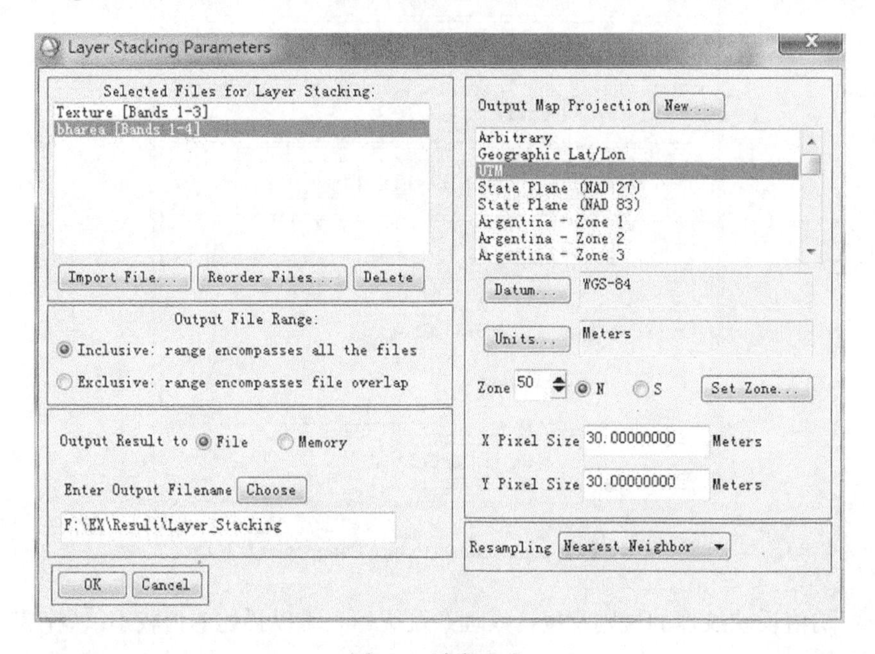

图 3.6　波段合成

3.6.2　油膜信息的提取

1. 训练样本和测试样本的选择

（1）训练样本的选择：加载上一步得到的图像，以 Band 4、3、2 合成 RGB 显示在 Display 中。本实验选取海水、油膜中心、油膜边缘三类样本，油膜中心指的是目视观测到的比较厚的油膜区域，油膜边缘指的是油和水混合了的区域。

（2）在主图像窗口，点击【Overlay】→【Region of Interest】，打开【ROI Tool】对话框，在【Window】选项中点选【Zoom】，在 Zoom 窗口绘制 ROI，如图 3.7 所示。

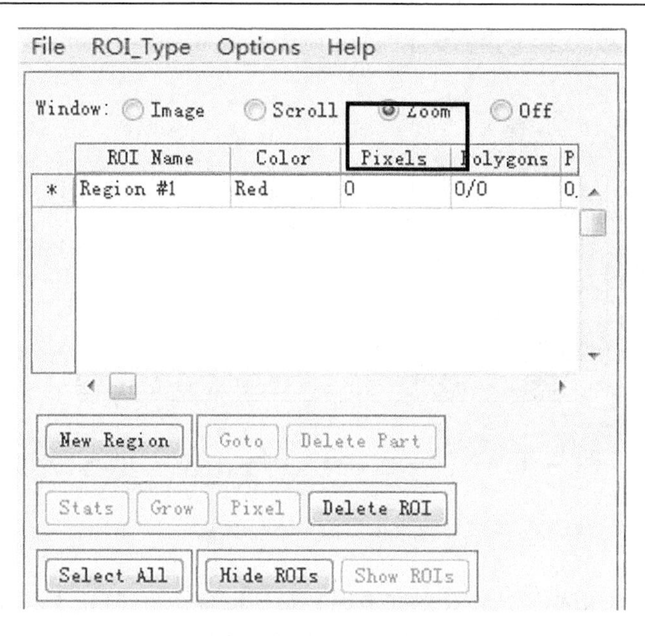

图 3.7　【ROI Tool】对话框

（3）在【ROI Tool】对话框中，点击【ROI_Type】，勾选【Ellipse】，以椭圆绘制海水 ROI，绘制完后点击右键确认，并修改颜色和名称，如图 3.8 所示。

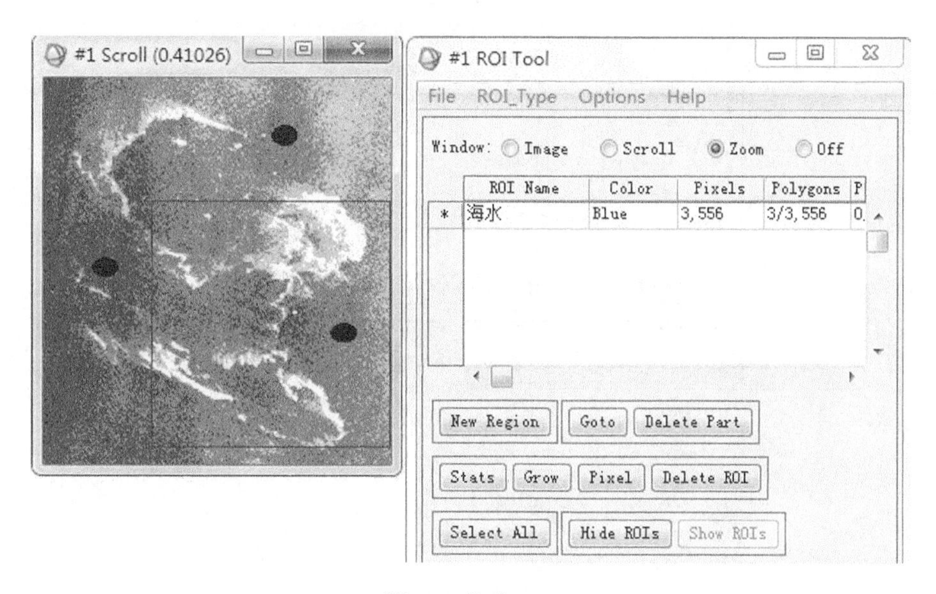

图 3.8　海水 ROI

（4）点击【New Region】，按上述方法绘制油膜中心 ROI 和油膜边缘 ROI，图 3.9 所示为所有 ROI 绘制完成后的情况。

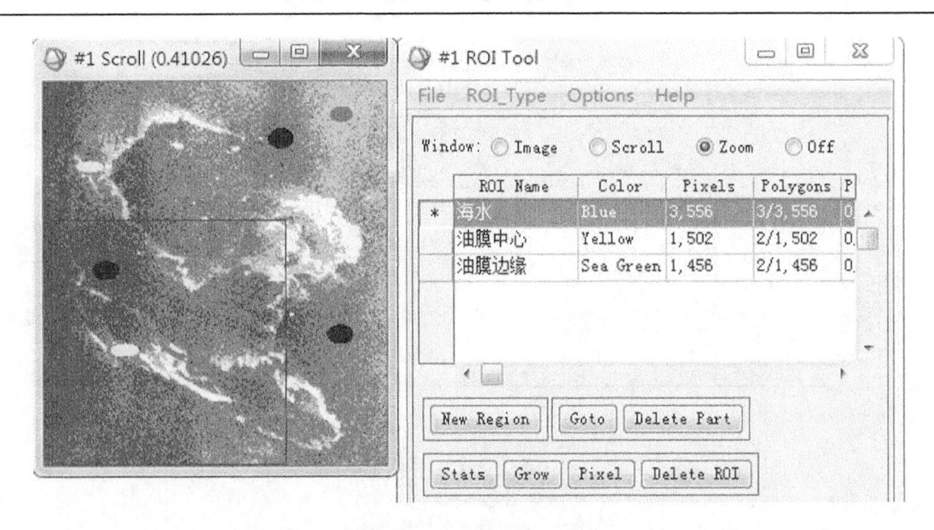

图 3.9　ROI 绘制完成

（5）绘制完所有 ROI 后，在【ROI Tool】对话框中点击【File】→【Save ROIs】，在弹出的对话框中，点击【Select All Items】，设置存储路径，如图 3.10 所示。

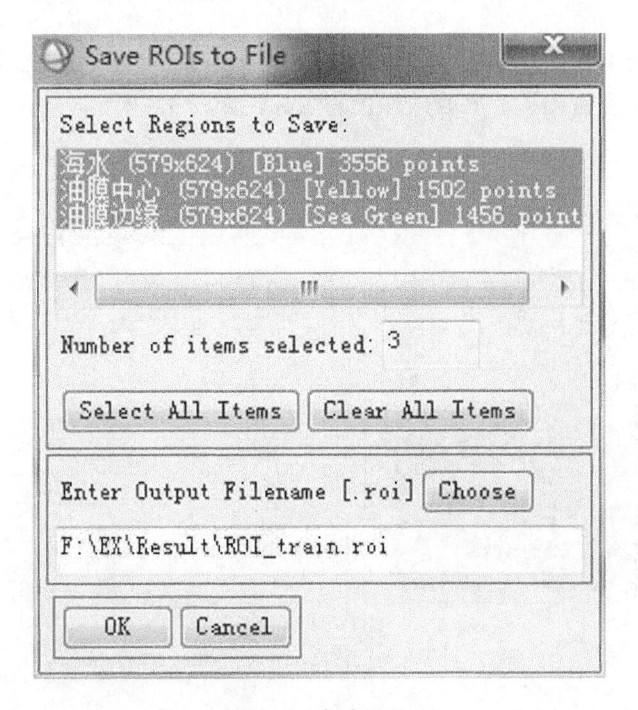

图 3.10　保存 ROI

（6）样本精度的评估。在 ROI 面板中，点击【Options】→【Compute ROI Separability】，在弹出的对话框中选择波段合成的图像，点击【OK】，在【ROI Separability Calculation】对话框中选择【Select All Items】，点击【OK】，得到如图 3.11 所示的训练样本分离精度结果评定表。

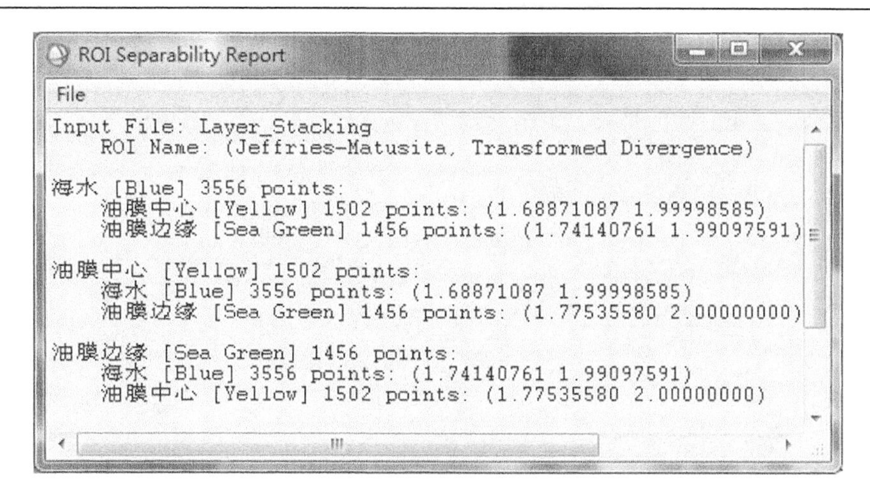

图 3.11　训练样本分离精度结果评定表

Jeffries-Matusita（Jeffries-Matusita 距离）和 Transformed Divergence（转换分离度）这两个参数表示样本之间的可分离性，值在 0~2.0，大于 1.9 说明样本之间可分离性好；大于 1.4 小于 1.8 属于合格样本；小于 1.4 需要重新选择样本；小于 1，考虑将两类样本合成一类样本。由图可知，这三个样本可分离性均合格，所以可作为训练样本。

（7）用同样的方法，再次选择海水、油膜中心、油膜边缘三类样本作为测试样本，测试样本的分离精度要求需达到 1.8，如图 3.12 所示，分离精度均大于 1.9，所以可作为测试样本。

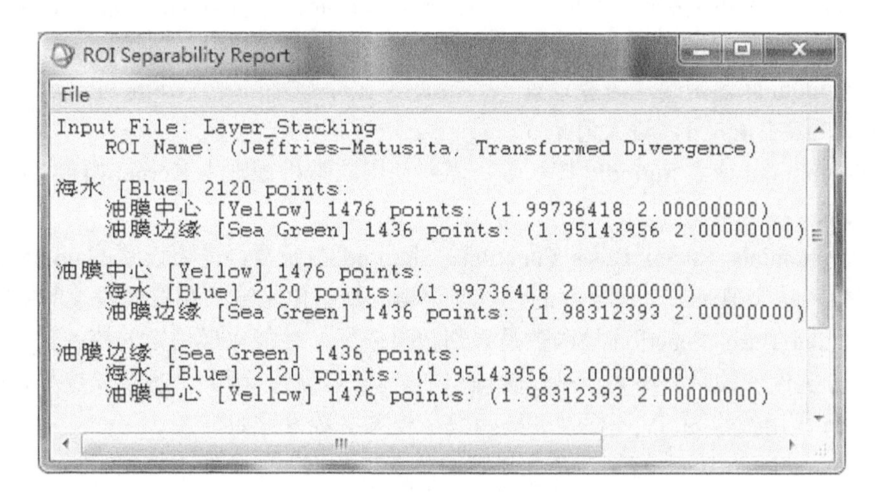

图 3.12　试验样本分离精度表

2. 基于光谱信息与纹理信息的支持向量机分类

（1）在主图像窗口加载融合后的图像，点击【Overlay】→【Region of Interest】，在弹出的【ROI Tool】对话框中点击【File】→【Restore ROIs】，加载训练样本到图像中。

（2）在 ENVI 主菜单点击【Classification】→【Supervised】→【Support Vector Machine】，在弹出的【Classification Input File】对话框中，选择融合图像，单击【OK】，打开【Support Vector

Machine Classification Parameters】对话框，如图 3.13 所示。

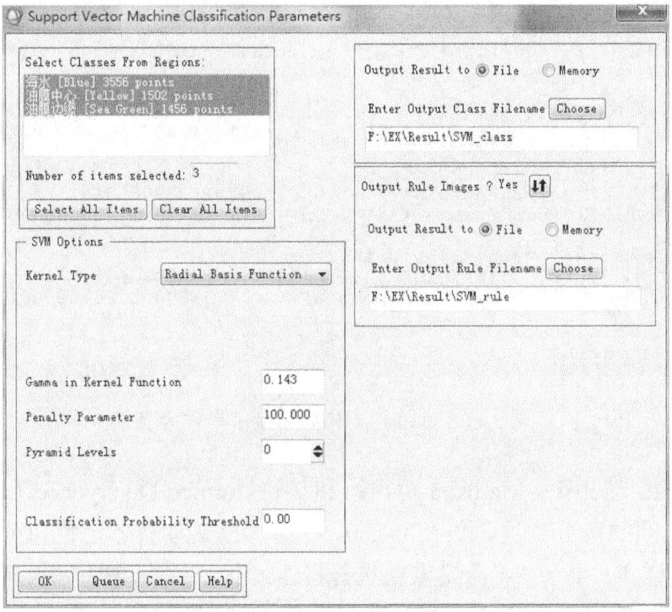

图 3.13　SVM 分类参数设置

（3）在 SVM 参数设置面板中的各参数意义如下。

Kernel Type（核函数类型）下拉列表里选项有 Linear、Polynomial、Radial Basis Function 及 Sigmoid。

选择 Polynomial 核函数，需要设置一个核心多项式（Degree of Kernel Polynomial）的次数用于 SVM，最小值是 1，最大值是 6。

选择 Polynomial 或者 Sigmoid 核函数，需要使用向量机规则为 Kernel 指定“the Bias”，默认值为 1。

选择 Polynomial、Radial Basis Function、Sigmoid 核函数，需要设置 Gamma in Kernel Function 参数。这个值是一个大于零的浮点型数据。默认值是输入图像波段数的倒数。

（4）Radial Basis Function 核函数是识别效果最好，性能也最稳定的核函数，而且样本的大小对它分类性能的影响不大，是比较理想的分类核函数。因此，本实验选择使用 Radial Basis Function 核函数作为 SVM 模型的核函数。相关参数设置如下。

Penalty Parameter：这个值是一个大于零的浮点型数据。这个参数控制了样本错误与分类刚性延伸之间的平衡， 默认值是 100。

Pyramid Levels：设置分级处理等级，用于 SVM 训练和分类处理过程。如果这个值为 0，将以原始分辨率处理，最大值随着图像的大小而改变。

Pyramid Reclassification Threshold（0~1）：当 Pyramid Levels 值大于 0 的时候需要设置这个重分类阈值。

Classification Probability Threshold：为分类设置概率域值，如果一个像素计算得到所有的规则概率小于该值，该像素将不被分类，范围是 0~1，默认是 0。

（5）点击【Select All Items】，选中所有地物；设置分类结果的存储路径及文件名，置【Output Rule Images】为【Yes】，设置规则图像的存储路径及文件名。单击【OK】执行分类。分类结果如图 3.14 所示。

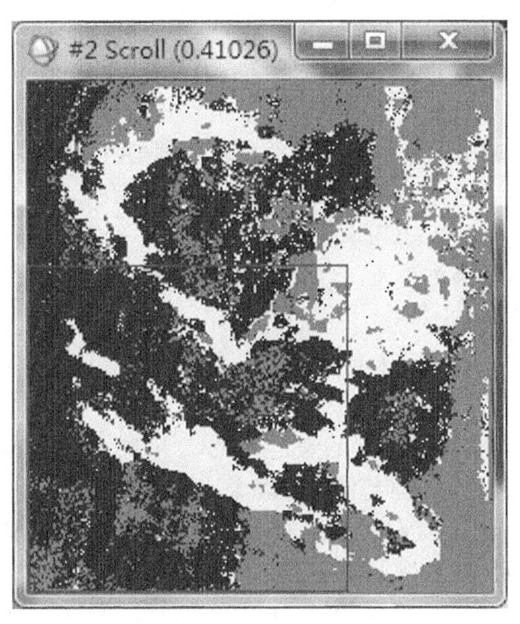

图 3.14　SVM 分类结果图

（6）在 ENVI 主菜单点击【Classification】→【Post Classification】→【Confusion Matrix】→【Using Ground Truth ROIs】，选择分类后的图像，在弹出的【Match Classes Parameters】窗口选择测试样本和训练样本进行匹配，点击【OK】，得到分类精度评价表（图 3.15），总体分类精度为 79.5707%，Kappa 系数为 0.6848。

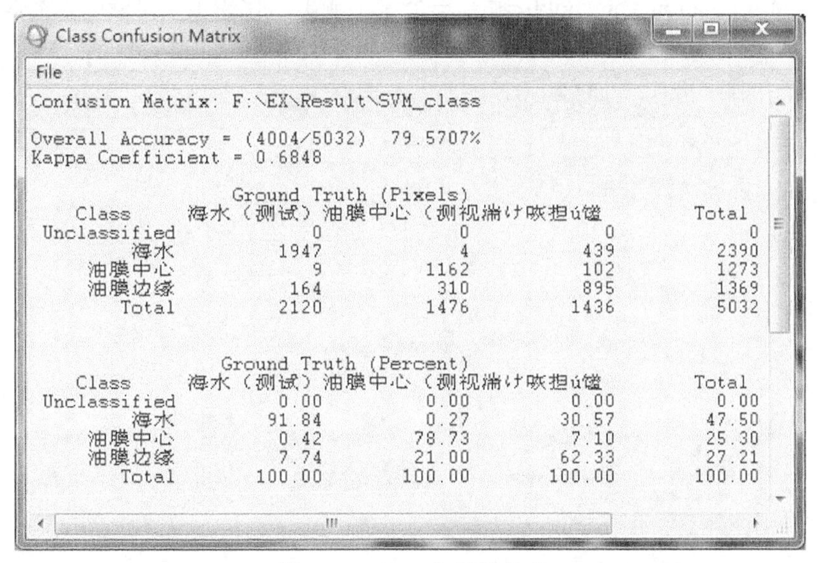

Class Confusion Matrix

File

Confusion Matrix: F:\EX\Result\SVM_class

Overall Accuracy = (4004/5032) 79.5707%

Kappa Coefficient = 0.6848

Ground Truth (Pixels)

Class	海水（测试）	油膜中心（测视湍ｔ	暌担ú镗	Total
Unclassified	0	0	0	0
海水	1947	4	439	2390
油膜中心	9	1162	102	1273
油膜边缘	164	310	895	1369
Total	2120	1476	1436	5032

Ground Truth (Percent)

Class	海水（测试）	油膜中心（测视湍ｔ	暌担ú镗	Total
Unclassified	0.00	0.00	0.00	0.00
海水	91.84	0.27	30.57	47.50
油膜中心	0.42	78.73	7.10	25.30
油膜边缘	7.74	21.00	62.33	27.21
Total	100.00	100.00	100.00	100.00

图 3.15　SVM 分类精度表

3. 基于光谱信息与纹理信息的人工神经网络分类

（1）在 ENVI 主菜单中，单击【Classification】→【Supervised】→【Neural Net】，在文件输入对话框中选择融合后的图像，单击【OK】，打开【Neural Net Parameters】对话框，如图 3.16 所示，相关参数意义如下。

Activation：选择活化函数。对数（Logistic）和双曲线（Hyperbolic）。本实验选择 Logistic，因为对数函数的效果更佳。

Training Threshold Contribution：输入训练贡献阈值(0~1)。该参数决定了与活化节点级别相关的内部权重的贡献量。它用于调节节点内部权重的变化。训练算法交互式地调整节点间的权重和节点阈值，从而使输出层和响应误差达到最小。将该参数设置为 0 不会调整节点的内部权重。适当调整节点的内部权重可以生成一幅较好的分类图像，但是如果设置的权重太大，对分类结果也会产生不良影响。

Training Rate：设置权重调节速度（0~1）。参数值越大则使训练速度越快，但也会增加摆动或者使训练结果不收敛。

Training Momentum：输入一个 0~1 的值。该值大于 0 时，在【Training Rate】文本框中键入较大值不会引起摆动。该值越大，训练的步幅越大。该参数的作用是促使权重沿当前方向改变。

Training RMS Exit Criteria：指定 RMS 误差为何值时，训练应该停止。RMS 误差值在训练过程中将显示在图表中，当该值小于输入值时，即使没有达到迭代次数，训练也会停止，然后开始进行分类。

Number of Hidden Layers：键入所用隐藏层的数量。要进行线性分类，键入值为 0。没有隐藏层，不同的输入区域必须与一个单独的超平面线性分离。要进行非线性分类，输入值应该大于或等于 1，当输入的区域并非线性分离或需要两个超平面才能区分类别时，必须拥有至少一个隐藏层。两个隐藏层用于区分输入空间，空间中的不同要素不邻近也不相连。

Number of Training Iterations：输入用于训练的迭代次数。

Min Output Activation Threshold：输入一个最小输出活化阈值。如果被分类像元的活化值小于该阈值，在输出的分类中，该像元将被归入未分类中。

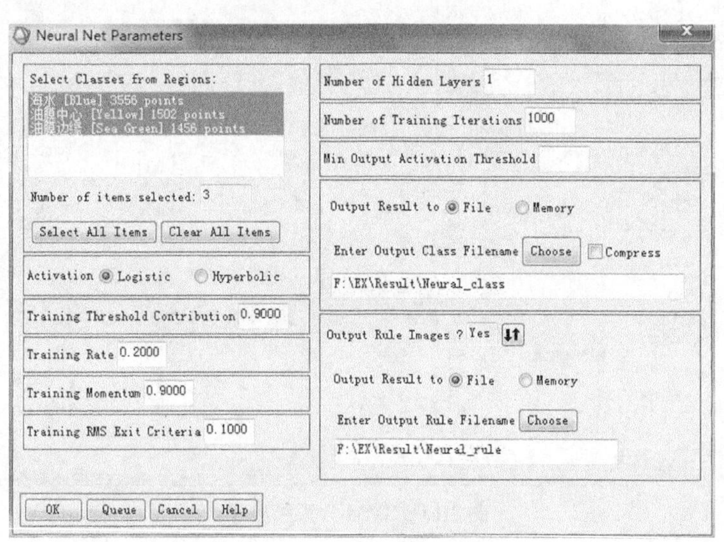

图 3.16　Neural Net 分类参数设置

（2）单击【Select All Items】，选择全部的训练样本，其余参数采用默认值进行神经网络分类，设置分类结果的存储路径和规则图像的存储路径，单击【OK】执行分类。

（3）执行完分类得到 RMS Plot 图，如图 3.17 所示，如果分类正确进行，误差应该逐渐减小，并达到一个稳定的较低值，从图 3.17 可以看出，随着 Iteration 的增加 Training RMS 的值基本维持在 0~0.1，即在一个相对稳定的状态，说明分类效果较好。

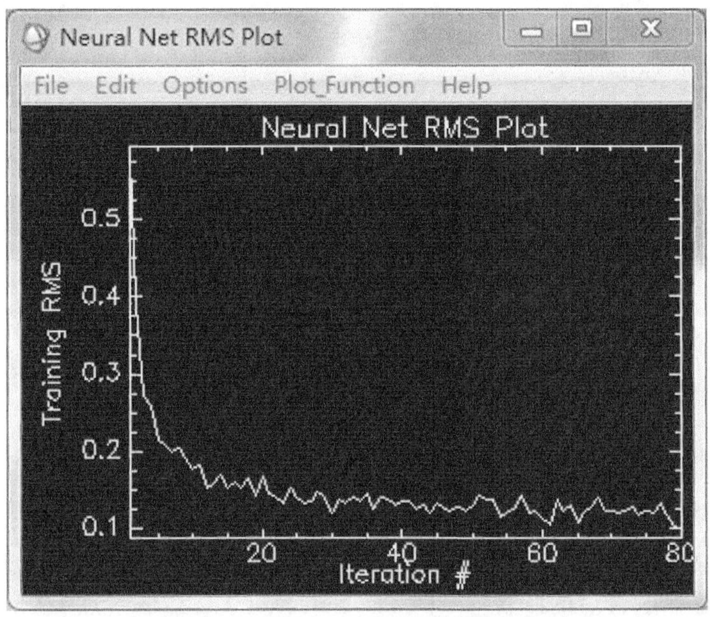

图 3.17　【Neural Net RMS Plot】窗口

（4）将得到的分类结果图 Neural_class 显示在主图像窗口，如图 3.18 所示，同时将人工神经网络分类的结果精度评价表打开，如图 3.19 所示。

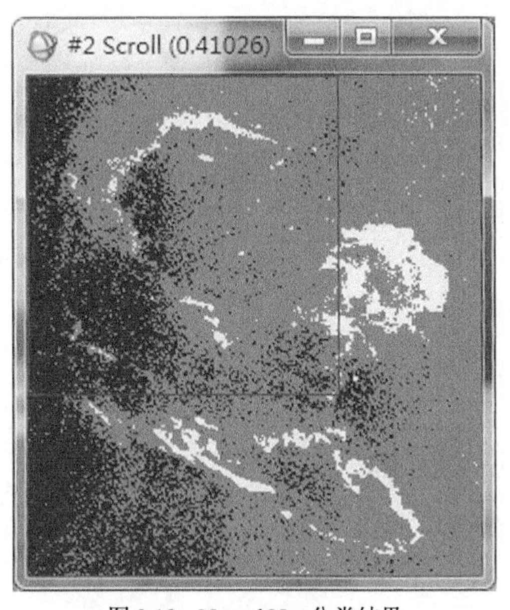

图 3.18　Neural Net 分类结果

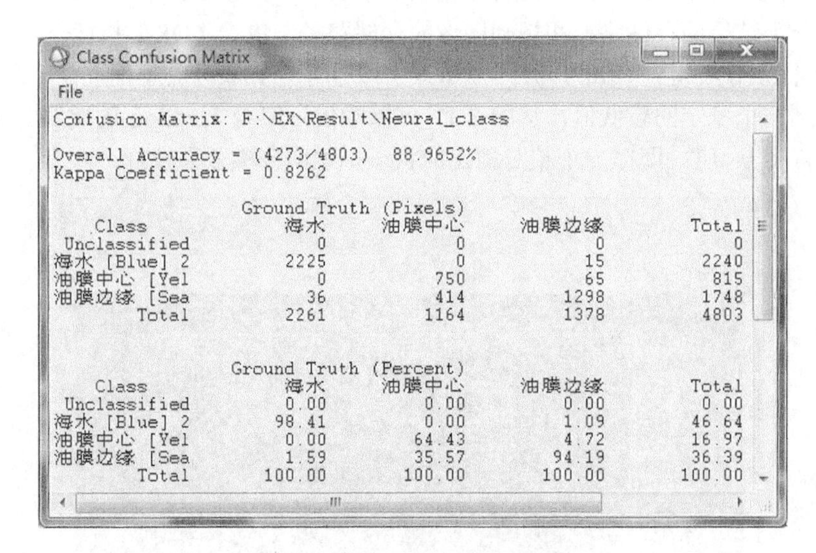

Class Confusion Matrix

File

Confusion Matrix: F:\EX\Result\Neural_class

Overall Accuracy = (4273/4803) 88.9652%

Kappa Coefficient = 0.8262

Class	Ground Truth (Pixels) 海水	油膜中心	油膜边缘	Total
Unclassified	0	0	0	0
海水 [Blue] 2	2225	0	15	2240
油膜中心 [Yel	0	750	65	815
油膜边缘 [Sea	36	414	1298	1748
Total	2261	1164	1378	4803

Class	Ground Truth (Percent) 海水	油膜中心	油膜边缘	Total
Unclassified	0.00	0.00	0.00	0.00
海水 [Blue] 2	98.41	0.00	1.09	46.64
油膜中心 [Yel	0.00	64.43	4.72	16.97
油膜边缘 [Sea	1.59	35.57	94.19	36.39
Total	100.00	100.00	100.00	100.00

图 3.19　Neural Net 分类精度表

3.6.3　溢油面积统计

（1）在 ENVI 主菜单中点击【Classification】→【Post Classification】→【Class Statistics】，在弹出的对话框中选择支持向量机分类后的图像，在接下来的【Statistics Input File】对话框中选择融合后的图像，在【Class Selection】对话框中点击【Select All Items】，如图 3.20 所示。点击【OK】，在弹出的【Compute Statistics Parameters】对话框中选中【Histograms】，点击【OK】，得到支持向量机分类的类别统计结果，可以看到各个类别所占的比例和面积，如图 3.21 所示。

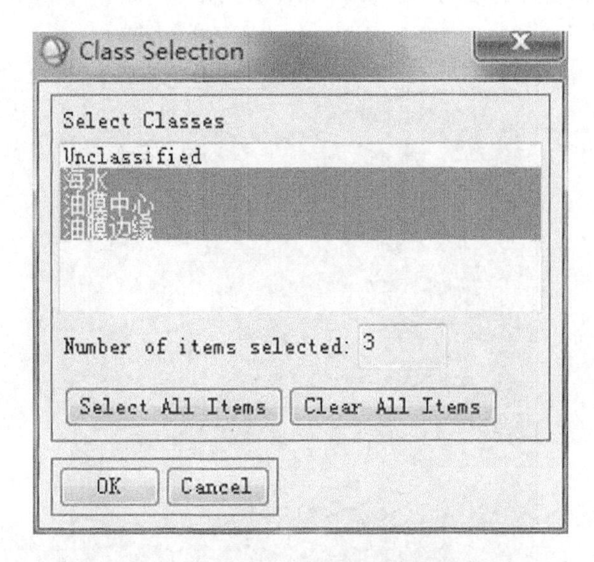

图 3.20　【Class Selection】对话框

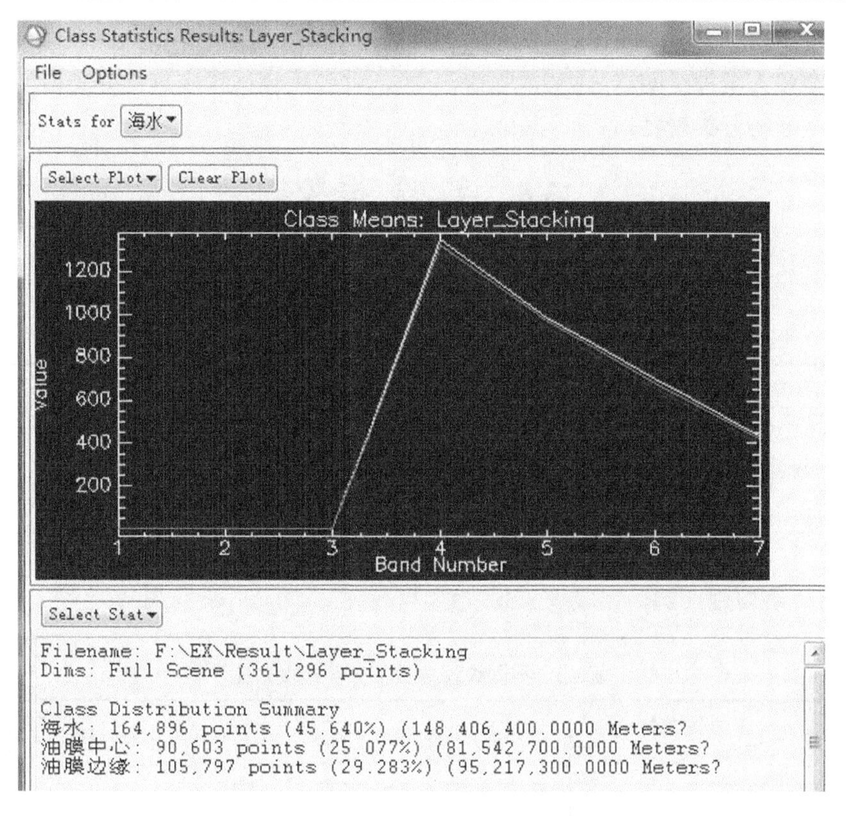

图 3.21　SVM 分类的溢油面积统计

（2）重复上述步骤，可以得到人工神经网络分类的类别统计结果。

（3）两种方法得到的分类精度和溢油面积的对比如表 3.1 所示。

表 3.1　分类精度和溢油面积对比

分类	Kappa 系数	分类精度（%）	溢油面积（m^2）
支持向量机分类	0.6848	79.5707	176760000
人工神经网络分类	0.8262	88.9652	242550000

3.7　练　习　题

（1）根据图像数据<bharea>，利用支持向量机分类方法，选取海水、油膜中心和油膜边缘三类训练样本，并利用测试样本进行分类精度的评价，比较仅依靠光谱信息的支持向量机分类和基于光谱和纹理信息的支持向量机分类的精度。

（2）根据图像数据<bharea>，窗口大小设置为 13×13，选取方差（Variance）、对比度（Contrast）和二阶矩（Second Moment）三个纹理参数，融合光谱信息和纹理信息，用支持向量机和人工神经网络进行分类，并与实验步骤中选取的熵（Entropy）、方差（Variance）、差异性（Dissimilarity）三个纹理参数进行结果对比。

（3）根据图像数据<bharea>，选取熵（Entropy）、方差（Variance）、差异性（Dissimilarity）

三个纹理参数，窗口大小分别设置为9×9、11×11和13×13，融合光谱信息和纹理信息，用支持向量机分类和人工神经网络分类方法进行分类，并使用测试样本进行分类精度评价，比较不同窗口大小下的分类精度。

3.8 实验报告

（1）练习练习题（1），完成表3.2。

表3.2　不同分类方法精度对比

分类方法	总体分类精度	Kappa 系数
仅依靠光谱信息的支持向量机分类		
融合光谱和纹理信息的支持向量机分类		
融合光谱和纹理信息的人工神经网络分类		

（2）练习练习题（2），完成表3.3。

表3.3　不同纹理参数下分类精度对比

纹理参数 / 分类方法	方差、对比度、二阶矩	熵、方差、差异性
支持向量机分类		
人工神经网络分类		

（3）练习练习题（3），完成表3.4。

表3.4　不同窗口大小分类精度对比

窗口大小 / 分类方法	9×9	11×11	13×13
支持向量机分类			
人工神经网络分类			

（4）对比仅依靠光谱信息的支持向量机分类和基于光谱与纹理信息的支持向量机分类的结果。

3.9 思考题

（1）本实验在提取纹理特征参数时，窗口大小有哪些选择？有何区别？

（2）基于灰度共生矩阵纹理特征参数中，对于方向θ是如何选择的？

（3）相比传统的分类方法，本实验融合纹理特征和光谱特征进行分类有什么优势？

（4）支持向量机分类方法的优点和缺点有哪些？

（5）人工神经网络分类方法的优点和缺点有哪些？

实验 4　面向对象的遥感影像分类

4.1　实 验 要 求

根据 2002 年北京市朝阳区奥运公园规划区 IKONOS 影像，用面向对象分类方法将实验区域的地物分为水体、植被和建筑用地三类，完成下列分析：

（1）确定影像最佳分割尺度。

（2）筛选合适的分类特征参数。

（3）将实验区域分成水体、植被和建筑用地，并对分类后各地物类型进行面积统计。

4.2　实 验 目 标

（1）掌握面向对象的遥感影像分类原理。

（2）理解分割尺度与分类精度的关系。

4.3　实 验 软 件

eCognition（下载网址：http://www.rscloudmart.com/application/120085.htm）、ArcGIS 10.2。

4.4　实验区域与数据

4.4.1　实验数据

<Aygy>：2002 年北京市朝阳区奥运公园规划区 IKONOS 多光谱影像，空间分辨率为 4m。

4.4.2　实验区域

奥运公园规划区（现为奥林匹克森林公园）位于北京市朝阳区北五环林萃路，东至安立路，西至林萃路，北至清河，南至科荟路。公园占地 680hm^2，绿化面积 478 hm^2，水域面积 67.7hm^2。公园森林资源丰富，以乔灌木为主，绿化覆盖率 95.61%。以五环路为界，公园分为南、北两园，南园占地 380hm^2，北园占地 300hm^2。实验区示意如图 4.1 所示。

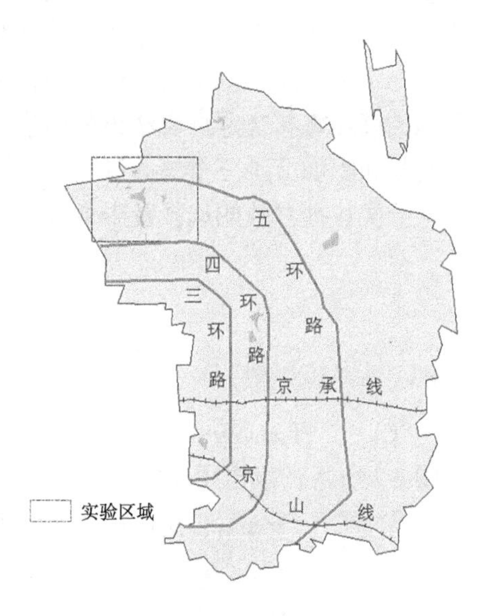

图 4.1　实验区示意图

奥林匹克森林公园属温带大陆性半湿润季风气候，四季分明，降水集中。春季干燥多风，昼夜温差较大；夏季炎热多雨；秋季晴朗少雨，冷暖适宜，光照充足；冬季寒冷干燥，多风少雪。年平均气温 10~12℃，7 月最热，平均气温 27.5℃，年平均降水量 600mm。

4.5 实验原理与分析

高空间分辨率遥感影像因其能够清晰、准确地表达地物的边界、形状、纹理、内部结构和空间关系等特征，在许多领域应用越来越广泛。然而随着影像分辨率的大幅度提高，影像中同一地物内部的光谱差异性将显著增大，基于传统的像元分类方法，不再能有效地提取出影像中的空间结构信息，同时分类结果还可能会出现“椒盐现象”，从而导致大量无效破碎图斑产生，最终导致分类精度不高。而面向对象分类技术是针对高分辨率影像的这一特点发展起来的，是一种智能化的影像分析方法。

与传统的基于像元的分类方法相比，面向对象分类方法具有多个优点，主要体现在：①以分割对象作为解译的基本单元，能够充分利用影像的多种信息，更接近人类的认知和解译规律。对于高分辨率影像而言，不仅光谱特征更加明显，地物的内部结构、表面纹理和空间布局也更加清晰。②面向对象的影像分析属于高层次的遥感影像解译。遥感影像的分析，原本就是要偏重于对影像语义的分析，其本质就是对影像中有意义的单元对象及其之间的相互关系进行分析，面向对象分类中的分割对象或者分割图斑，正是这种有意义的单元。③建立多层次的分割体系，结合地类的最佳分割尺度进行信息提取。传统的分类方法，只能在同一个尺度上对所有影像目标进行整体结算；面向对象的分类方法，可以结合不同地类的光谱特征和空间分布，形成不同层次的分割体系，即分割尺度，并且在每一个尺度上分别进行信息提取。

面向对象影像分类的基本单元是影像对象，而不是单个的像元。它采用一种影像多尺度分割的法则，以任意尺度生成属性信息相似的影像多边形对象，运用模糊数学方法获得每个影像对象的属性信息，以影像对象为信息提取基本单元，实现类别信息自动提取的目的，是一种基于认知模型的遥感影像智能提取方法，更符合人类的认知过程。多尺度影像分割首先对影像设置一个最优分割尺度，根据影像中地类的光谱、颜色、几何形状、纹理等特征，创建对应的分割规则，根据对象内部同质性最大的分析原则，将光谱特征相似的邻近像元归并，构成一个具有逻辑意义的影像对象，分割后使得对象内部同质性最大，以达到分类的目的。分割的好坏直接决定分类结果的精度。面向对象的遥感影像分类方法包括影像分割、特征参数选择和影像分类三个核心过程。实习要求（1）、（2）和（3）分别是影像最佳分割尺度的确定、分类特征参数的选择及影像分类结果和计算。

4.6 实验步骤

4.6.1 图像分割

（1）打开 eCognition 软件，在主菜单点击【File】→【New Project】，选择图像<Aygy>，如图 4.2 所示，点击【OK】。

@注意：数据源的保存路径必须为英文路径。

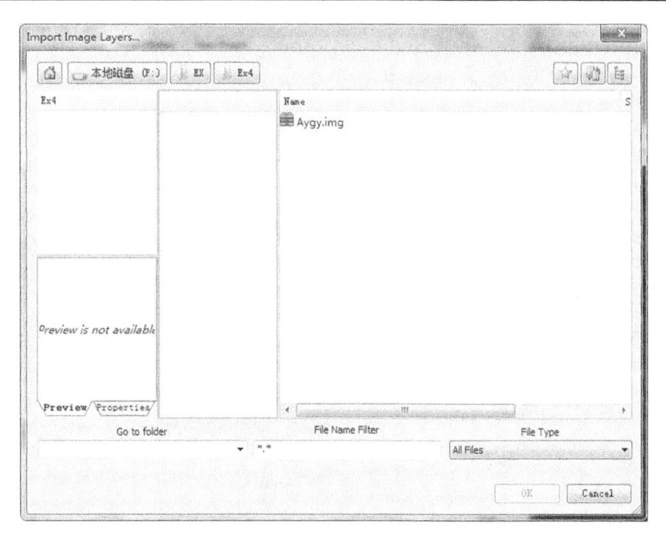

图 4.2　选择数据源

（2）进入创建工程界面，如图 4.3 所示。在图层列表中选中要移动的波段，然后点击右侧的 ，便可改变波段的显示顺序，点击【OK】，图像即加载在【Workspace】区域。

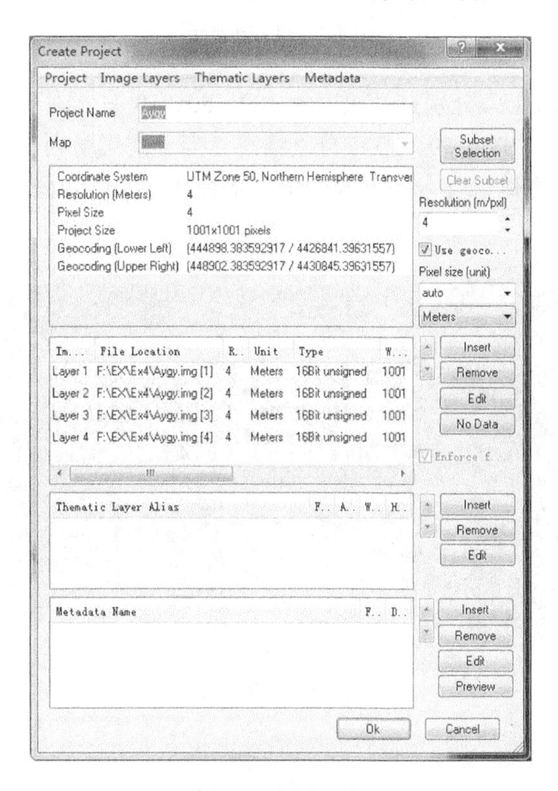

图 4.3　创建工程

（3）在主菜单中点击【Process】→【Process Tree】，打开过程树窗口，在空白处右击选择【Append New】新建一个过程，弹出【Edit Process】窗口。在【Algorithm】下拉框中选择

【multiresolution segmentation】，在【Scale parameter】中分别输入 100、50、10 三种尺度，点击【Execute】进行运算，如图 4.4 所示。

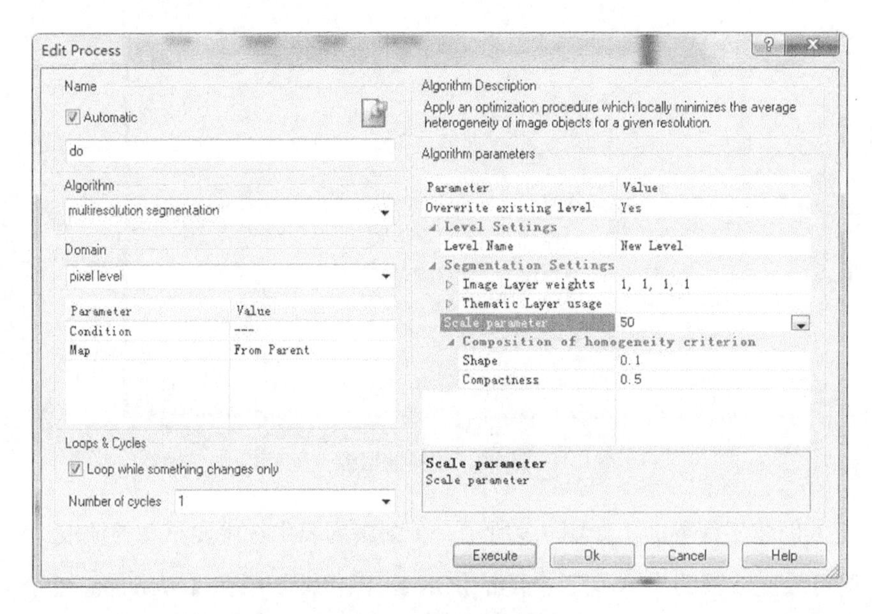

图 4.4　过程编辑器

（4）在【Workspace】中分别打开尺度为 100、50、10 的分割图像，如图 4.5 所示，（a）、（b）、（c）分别是尺度为 100、50、10 的分割情况。当分割尺度为 50 时，每一个分割块内的地物较为单一，可以很好地进行分类。因此本实验选择 50 作为最佳分割尺度进行下一步的分析。

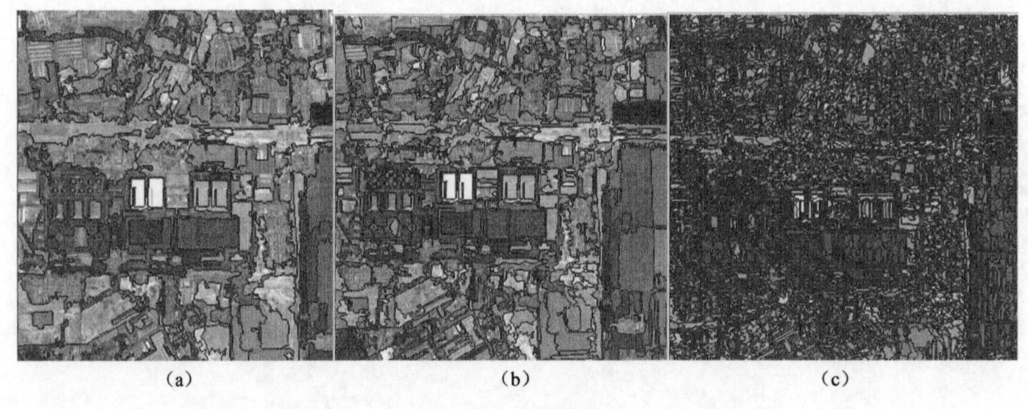

（a）　　（b）　　（c）

图 4.5　尺度参数

4.6.2　分类预处理

（1）新建类别。在主菜单点击【Classification】→【Class Hierarchy】→【Edit Classes】→【Insert Class】，在【Class Description】窗口中编辑新建类的颜色和名称，如图 4.6 所示。在【Name】下输入 water，颜色选定蓝色，点击【OK】则可以添加水体类别。用同样的方法添加植被和建筑用地，在主菜单点击【Classification】→【Class Hierarchy】，图 4.7 所示为添加后三类地物的类别层次。

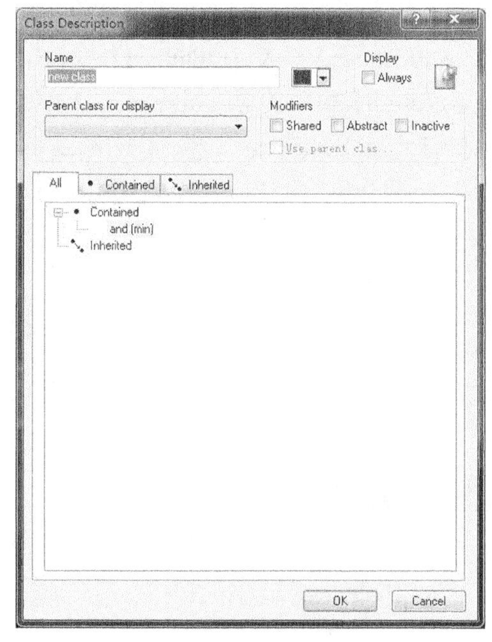

图 4.6　类描述窗口

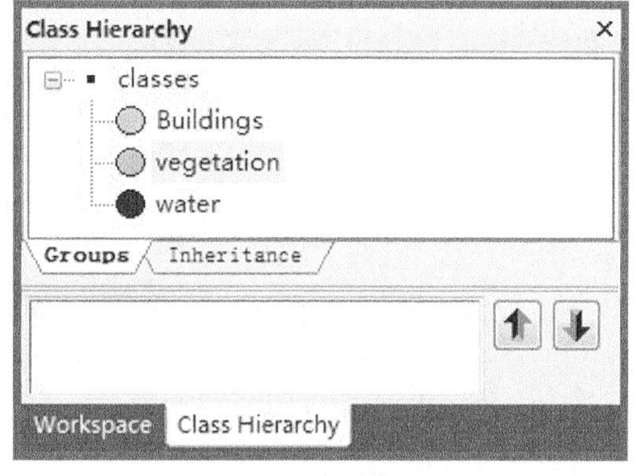

图 4.7　新建建筑物、植被、水体类别

（2）编辑特征空间。在主菜单点击【Classification】→【Nearest Neighbor】→【Edit Standard Nearest Neighbor Feature Space】，双击左边特征列表中的特征，选择以下一些特征，如图 4.8 所示。光谱特征如均值（Mean）、标准差（Standard deviation）、纹理（Texture）、亮度（Brightness）等是常用的特征参数。

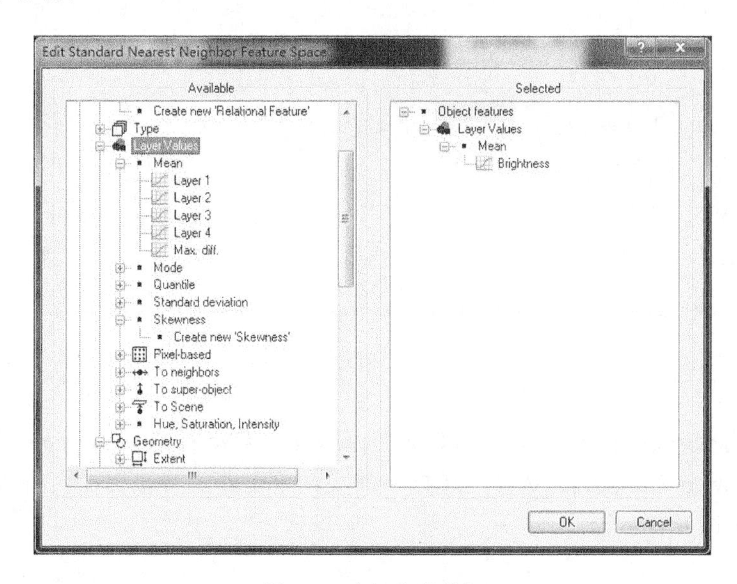

图 4.8　选择分类特征

（3）自定义分类特征。除了上述提到的一些常见参数，往往还会用到一些自定义参数，这些自定义参数有助于更好地进行分类，可以通过 eCognitoin 提供的自定义功能实现。本实验自定义了 NDVI（归一化植被指数）和 NDWI（归一化水体指数）两个指数 [见式（4.1）和式（4.2）]。具体实现步骤：在特征列表点击【Object features】→【Customized】→【Create new Arithmetic Feature】，在弹出的【Edit Customized Feature】窗口的【Feature name】中输入 NDVI，在空白栏中输入公式：([Mean Layer 4]–[Mean Layer 3])/([Mean Layer 4]+[Mean Layer 3])，如图 4.9 所示。点击【确定】。用同样的方法定义 NDWI，其中，NDWI=([Mean Layer 2]–[Mean Layer 4])/([Mean Layer 2]+[Mean Layer 4])。

@注意：

$$\mathrm{NDVI} = \frac{\mathrm{NIR} - \mathrm{Red}}{\mathrm{NIR} + \mathrm{Red}} \tag{4.1}$$

$$\mathrm{NDWI} = \frac{\mathrm{Green} - \mathrm{MIR}}{\mathrm{Green} + \mathrm{MIR}} \tag{4.2}$$

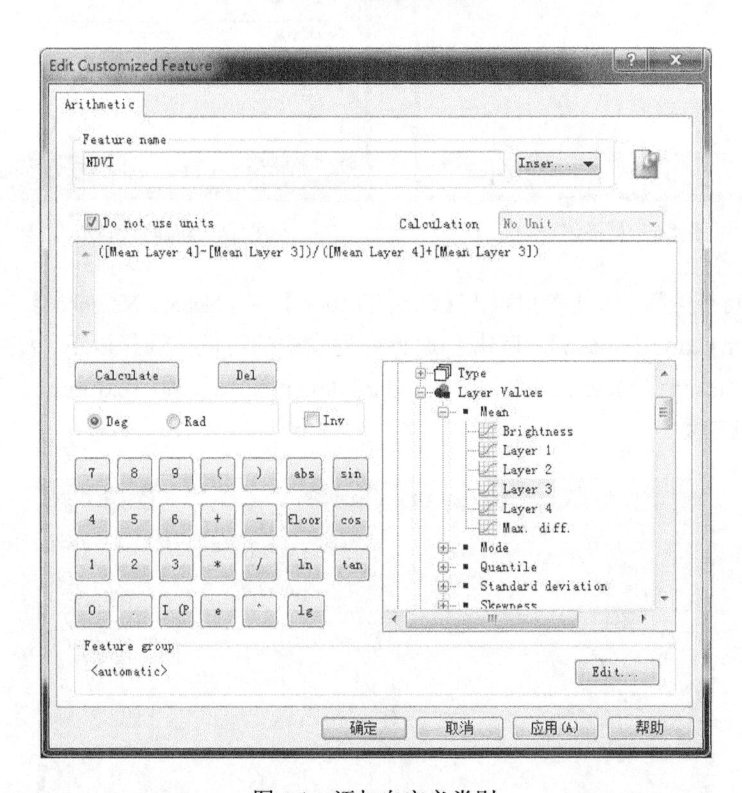

图 4.9　添加自定义类别

（4）应用分类规则。在主菜单点击【Classification】→【Nearest Neighbor】→【Apply Standard Nearest Neighbor to Classes】，选择左边框中的类，单击即可将该类加入右边的框中，点击【OK】，如图 4.10 所示。

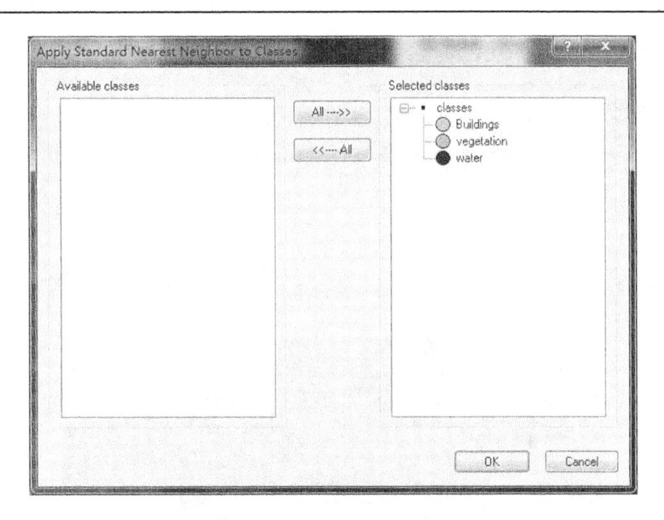

图 4.10　应用分类规则

（5）点击【OK】后，在【Class Hierarchy】窗口双击一个类，如植被，可以看出分类特征已经添加到该类中，如图 4.11 所示。

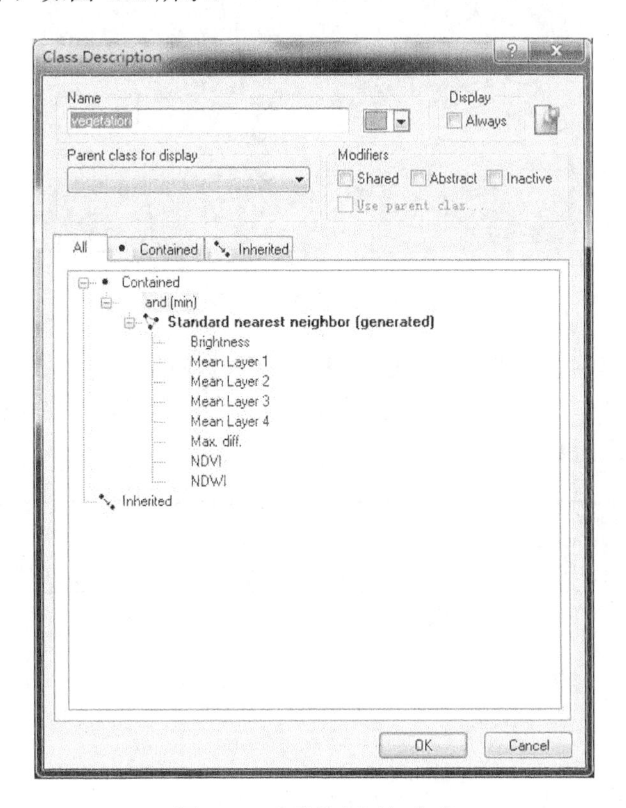

图 4.11　分类特征添加完成

（6）选择样本。在主菜单，点击【View】→【Toolbars】→【Samples】，打开【Sample Navigation】样本导航器，如图 4.12 所示。选中 ，在【Class Hierarchy】中点击要选择的类别，然后在分割好的影像上双击相应的区域，如图 4.13 所示。

图 4.12　样本导航器

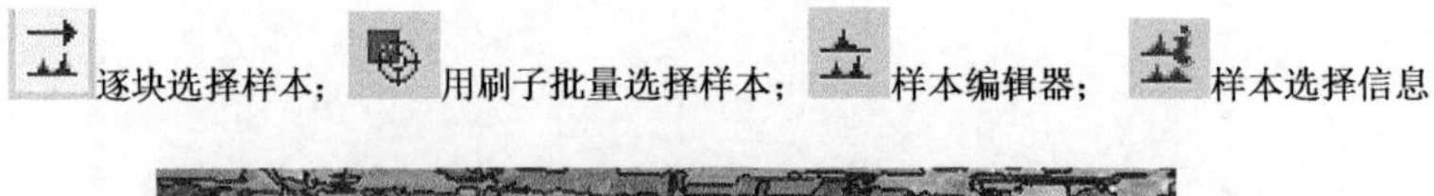

图 4.13　选择样本类别

（7）从样本编辑器中的【Active Class】中选择样本的类，如植被，在图像上点击样例对象，当单击一个类时，它的特征值就会以高亮的红色指示显示，这样就可以对比不同对象相关的特征值，如图 4.14 所示。

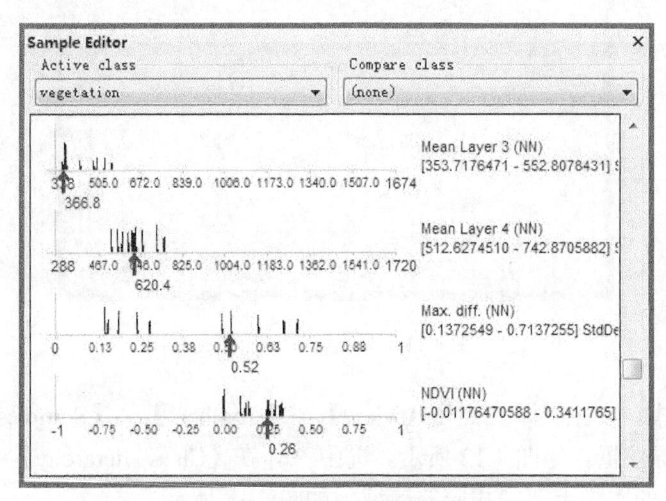

图 4.14　样本编辑器

（8）定义类的特征空间。通过对比样本类特征的重叠性，可以选择区别类的特征及其阈值，并选择合适的隶属度函数。如在【Sample Editor】中比较水体和植被的特征，如图4.15所示，在【Active class】下拉框选择“vegetation”，在【Compare class】下拉框中选择“water”，从每个特征对应的Overlap和StdDev可以看出，NDVI、NDWI和Max可以很好地将两者区分，水体的NDWI值在0.247~0.255，据此可以确定水体的特征空间为NDWI>0.25（可对值域稍作调整）。

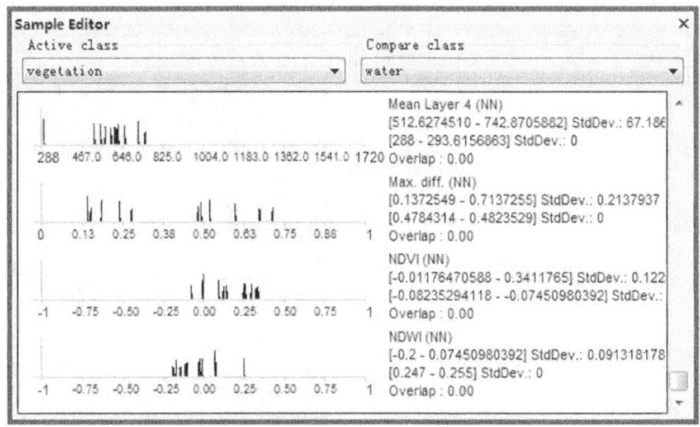

图4.15　样本特征对比

（9）在主菜单点击【Classification】→【Class Hierarchy】→【Edit Classes】→【Edit Class Description】，在【Class Description】窗口中点击【and(min)】，右键【Insert new expression】，在【Object Feature】下找到NDWI，双击，如图4.16所示，给水体添加隶属度函数，这里选择第一个函数，只需要设置一个最大值和最小值即可，这样就完成了函数的定义。点击【OK】。

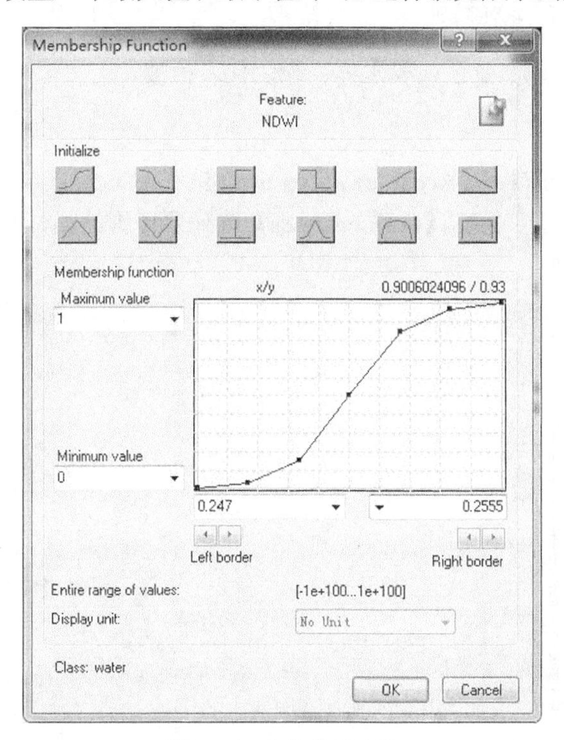

图4.16　定义成员函数

4.6.3　执行分类

在【Process Tree】中右击空白处，选择【Append New】，在【Edit Process】窗口中，将【Algorithm】设置为【Classification】，点击【Active Classes】选中所有的类别，如图 4.17 所示，点击【OK】。点击【Execute】，得到如图 4.18 所示的分类结果。

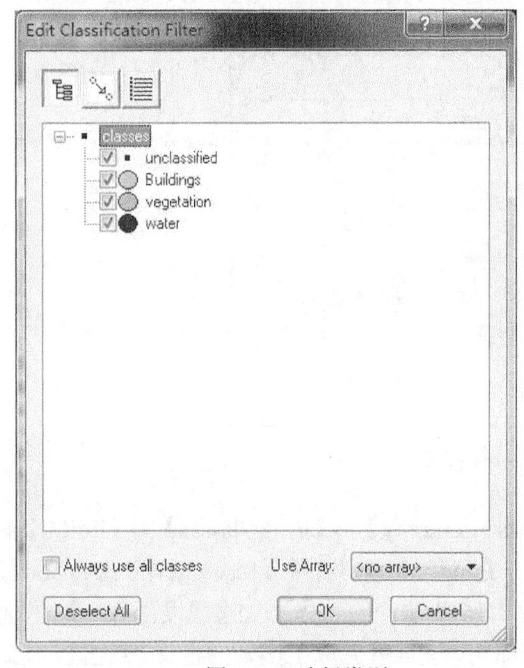

图 4.17　选择类别

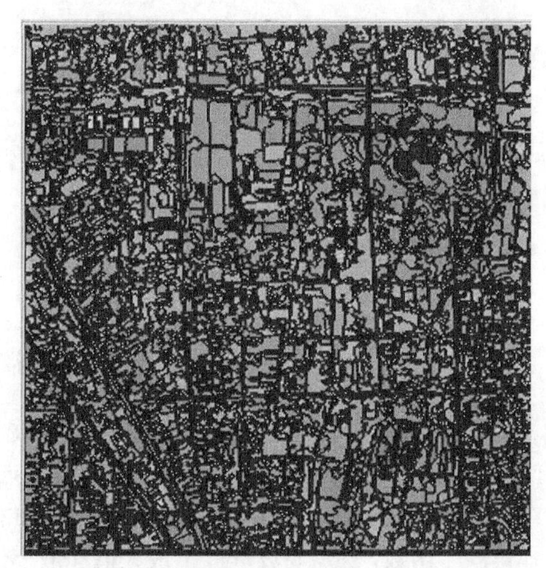

图 4.18　分类结果

淡蓝色代表建筑用地、蓝色代表水体、绿色代表植被。

4.6.4　精度检验

在主菜单点击【Tools】→【Accuracy Assessment】，在【Statistic type】下拉框中选择【Error Matrix based on Samples】，点击【Select classes】选择要评价的类，点击【Show Statistics】，图 4.19 所示为混淆矩阵。

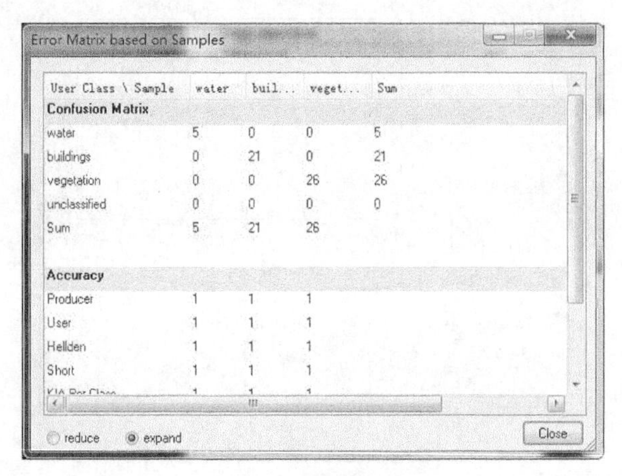

Error Matrix based on Samples

User Class \ Sample	water	buil...	veget...	Sum
Confusion Matrix				
water	5	0	0	5
buildings	0	21	0	21
vegetation	0	0	26	26
unclassified	0	0	0	0
Sum	5	21	26	
Accuracy				
Producer	1	1	1	
User	1	1	1	
Hellden	1	1	1	
Short	1	1	1	

reduce　expand　Close

图 4.19　混淆矩阵

4.6.5　面积统计

（1）统计植被、水体、建筑用地的面积。在主菜单点击【Tools】→【Feature View】，在【Feature View】窗口点击【Scene features】→【Class-Related】→【Area of classified objects】，双击【Create new'Area of classified objects'】，分别创建植被、水体、建筑用地对象的面积，点击【OK】，如图 4.20 所示。图 4.21 为创建完成的情况。

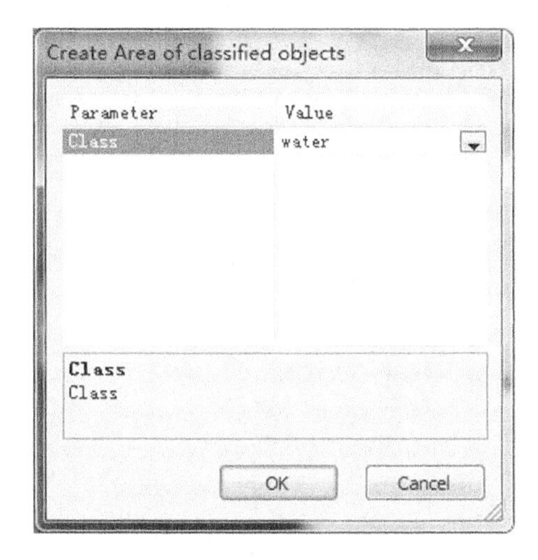

图 4.20　创建对象面积

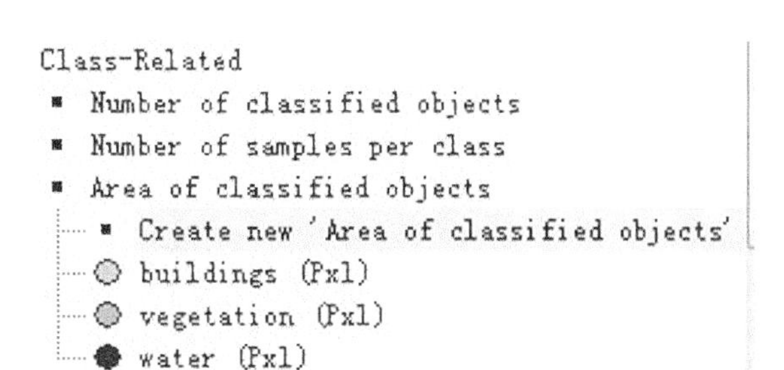

图 4.21　对象面积创建完成

（2）在主菜单点击【Image Objects】→【Image Object Information】，得到如图 4.22 所示的结果。

（3）分类结果导出。在【Feature View】窗口点击【Class-Related features】→【Relations to Classification】→【Class name】→【Create Class name】，如图 4.23 所示，点击【OK】。

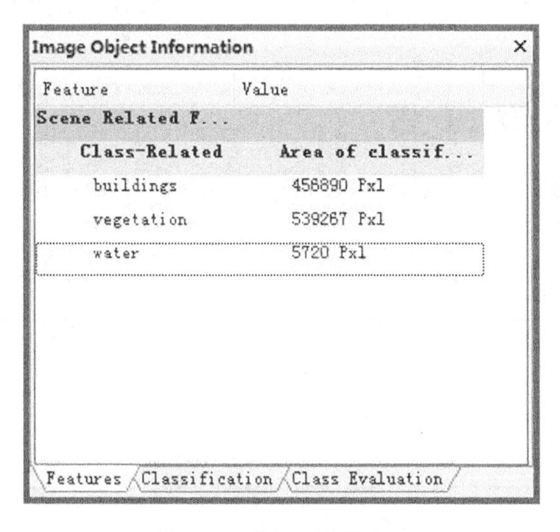

图 4.22　统计面积信息

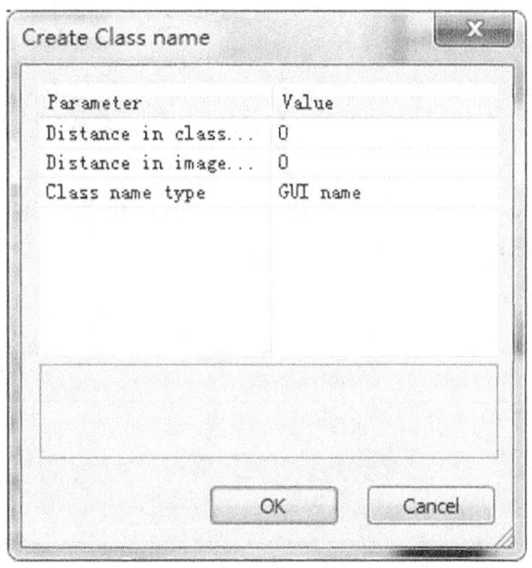

图 4.23　新建类名

（4）在主菜单点击【Export】→【Export Results】,【Classes】栏选择所有的类别,【Features】栏选择新建的 class name，如图 4.24 所示，点击【Export】。

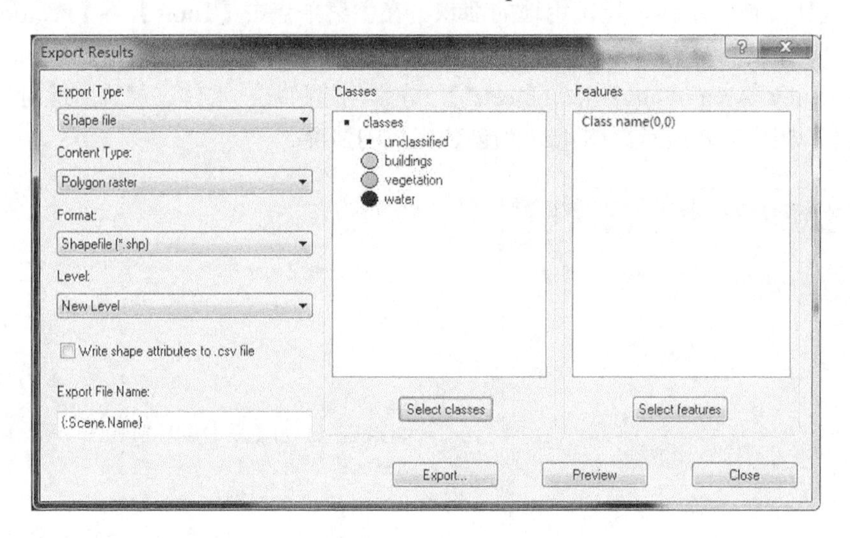

图 4.24　导出结果

4.7　练　习　题

（1）根据图像<Aygy>，将实验区域内的地物分为水体、植被和建筑用地三类，分割尺度设置为 70，选择“Brightness（亮度）”作为特征参数。

（2）根据图像<Aygy>，将实验区域内的地物分为水体、植被和建筑用地三类，分割尺度设置为 50，选择“Texture（纹理）”作为特征参数，同时自定义“NDVI”和“NDWI”两个参数。

（3）比较不同分割尺度（50，70）下和不同特征参数（亮度、纹理、NDVI、NDWI）下的分类精度。

4.8　实 验 报 告

（1）完成练习题（1），统计水体（water）、建筑用地（buildings）和植被（vegetation）三类地物的面积，完成表 4.1。

表 4.1　各类地物面积统计

类别	面积（Pxl）	百分比（%）
水体		
建筑用地		
植被		

（2）练习练习题（2），统计三类地物面积，完成表 4.2。

表 4.2　各类地物面积统计

类别	面积（Pxl）	百分比（%）
水体		
建筑用地		
植被		

（3）比较不同分割尺度下和不同特征参数下的分类精度，完成表 4.3。

表 4.3　分类精度对比

分割尺度	特征参数	总体分类精度	Kappa 系数
50	亮度		
70	亮度		
50	纹理、NDVI、NDWI		

4.9 思 考 题

（1）在运用面向对象方法进行影像分割时，分割尺度是如何进行选择的？

（2）在影像分类的过程中，特征参数选择的标准有哪些？

（3）除了本实验用到的多尺度分割方法外，eCognition 软件中还提供哪些分割算法？每种分割算法各有什么特点？

（4）除了使用 eCognition 软件，还有什么软件或方法可进行面向对象的影像分类？

实验5　地物动态变化遥感监测

5.1　实 验 要 求

根据实验区域的遥感影像数据，完成下列分析。

（1）分析唐山市曹妃甸区三个时期的土地利用变化状况。

（2）分析南海近岸海域多年叶绿素-a的月平均变化和季节性平均变化状况。

5.2　实 验 目 标

（1）掌握基于光谱类型特征分析方法的地物动态检测方法。

（2）掌握基于时间序列分析的地物动态检测方法。

5.3　实 验 软 件

ENVI中的IDL、ArcGIS 10.2。

5.4　实验区域与数据

5.4.1　实验数据

【CFD】文件夹

<CFD2000>：2000年6月10日的曹妃甸区TM数据。

<CFD2007>：2007年6月14日的曹妃甸区TM数据。

<CFD2012>：2012年6月11日的曹妃甸区TM数据。

【NHmodischl】文件夹

<200701>~<201212>：南海海域2007～2012年每一个月平均叶绿素浓度数据，12×6共72个数据。

<50myw>：南海海域深度大于50m的海域矢量图。

5.4.2　实验区域

1. 唐山市曹妃甸区

曹妃甸区位于39°07′43″N~39°27′23″N，118°12′12″E~118°43′16″E。地处环渤海中心地带、唐山南部，毗邻京津两大城市，距唐山市中心区80km。距离北京220km，距离天津120km，距离秦皇岛170km。曹妃甸南临渤海，与青岛、大连、上海及日本、韩国隔海相望。曹妃甸区属东部季风性温带半湿润区，大陆性季风特征显著，年均气温11℃，年降水量636mm，四季分明。曹妃甸区陆域面积1943.72km^2，海域面积约2000km^2，曹妃甸区滩涂广阔，浅滩、荒滩面积超1000km^2，工业区现有建设用地310km^2，可为临港产业布局、港口物流贸易发展和城市开发建设提供充足的用地。实验区示意如图5.1所示。

2. 南海北部近岸海域

南海北部近岸海域，地理坐标为 18° N～24° N 及 109° E～121° E。该区域与我国东南沿海经济发展重要的地区相毗邻，沿岸大径流量的河流带入了丰富的营养盐，出现了严重的水体富营养化问题。

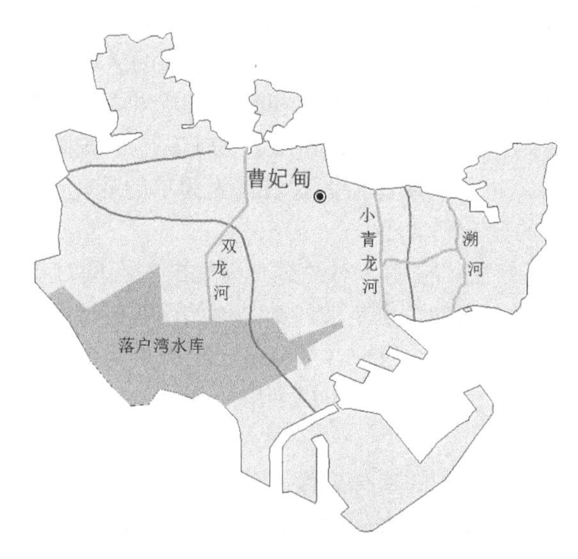

图 5.1　实验区示意图

5.5　实验原理与分析

5.5.1　遥感变化检测的定义及影响因素

变化检测就是从不同时期的遥感数据中，分析和确定地表变化的特征与过程，它涉及变化的类型、分布状况与变化量，即需要确定变化前后的地面类型、界线及变化趋势。遥感变化检测的工作对象是同一区域不同时期的图像。由于遥感图像信息的获取过程受到各种因素的影响，因此不同瞬间获取的遥感图像所反映的当时环境背景是不同的。可把这些影响遥感图像的因素分为两类：遥感系统因素与环境因素。在变化检测时必须充分考虑这些因素在不同时间的具体情况及其对于图像的影响，对各时期图像进行辐射匹配、太阳高度角校正、地形校正（山区）等处理来尽可能消除这种影响，使这种检测建立在一个比较统一的基准上，以获取比较客观的变化检测结果。

遥感系统因素主要包括：遥感图像的时间分辨率、空间分辨率、光谱分辨率和辐射分辨率。环境因素影响包括大气状况、土壤湿度状况、物候特征等。

5.5.2　遥感变化检测的方法

遥感变化检测，首先要对不同时相的遥感图像进行预处理，包括几何配准处理，辐射处理与归一化等；然后选取不同的算法来增强和区分出相对变化的区域。利用遥感多光谱影像数据进行地物变化检测有多种方法，本实验选取光谱类型特征分析和时间序列分析两种方法。

1. 光谱类型特征分析

光谱类型特征分析方法主要基于不同时相遥感图像的光谱分类和计算，确定变化地类的分布和类型特征。本实验采用了图像代数变化检测算法和多时相图像主成分变化检测算法。

（1）图像代数变化检测。图像代数变化检测包括图像差值与图像比值运算。图像差值法是将一个时间图像的像元值与另一个时间图像对应的像元值相减，在新生成的图像中，图像值为 0 则是辐射值没有变化的区域，否则为辐射值变化的区域。图像比值法是将一个时间图像的像元值与另一个时间图像对应的像元值相除，在新生成的图像中，图像值为 1 则是辐射值没有变化的区域，否则为辐射值变化的区域。为了从差值或比值图像上勾画出明显变化区域，需要设置一个阈值，将差值或比值图像转化为简单的变化/无变化图像，或者正变化/负变化图像，以反映变化的分布和大小。

（2）多时相图像主成分变化检测。对经过几何配准的不同时相遥感图像进行主成分分析（PCA），得到一幅新影像，它的特点是波段数是原始两幅影像的和，再对新影像进行主成分变换。通过主成分变换后，变换结果前几个分量上集中了两个影像的主要信息，而后几个分量则反映出了两影像的变化信息，因此可以利用后几个分量进行组合来产生出变化信息。

2. 时间序列分析

时间序列分析就是基于多时相的遥感影像来分析区域内地物随时间变化的发展规律。首先需要根据检测对象的时相变化特点来确定遥感监测的周期，从而选择合适的遥感数据。为了实现时间序列分析，就要求有与研究目标相匹配的系列遥感数据。例如，进行土地退化或沙漠化的检测就需要有数十年的遥感数据，这样才能得出有价值的分析结果。

（1）统计值分析。本实验选取了均值（空间均值、时间均值）和变化系数来反映多时相遥感图像的变化特征。空间均值是指研究区域内所有像元的平均值。时间均值包括多年均值和季节性均值，多年均值是指某一像元多年数据的均值，季节性均值是以季节（3、4、5 月为春季，6、7、8 月为夏季，9、10、11 月为秋季，12、1、2 月为冬季）为时间单位某一像元的均值。变化系数是指某一像元多年数据的标准差与多年均值的比值。

（2）EOF 经验正交函数分解。经验正交函数（empirical orthogonal function，EOF）分析是一种数学统计方法，可分析变量场的结构特征，常用于将时空分布的变量场分解成模态的正交函数的线性组合。经验正交函数分解对减少变量场的维数非常有用，可将高维空间变量场降低到低维。通过经验正交函数分解，变量场的大部分变化可以用少量的模态表达，而且可以分别分析时间上和空间上的变化。

正交经验函数是将变量场 $\boldsymbol{X}$ 自然正交展开，分解为时间函数 $\boldsymbol{T}$ 和空间函数 $\boldsymbol{S}$ 两部分。$\boldsymbol{S}$ 的每一列 EOF 所表示的是与空间相关的空间典型场，描述给定模态空间分布特征的空间函数，且这种分解需要满足正交性，$\boldsymbol{S}$ 需为正交矩阵；$\boldsymbol{T}$ 矩阵用于描述偏差随时间变化而变化的给定模态的时间函数，代表每一列 EOF 的时间权重系数。正交经验函数分解方法：

$$\boldsymbol{X}\cdot\boldsymbol{X}^{\mathrm{T}}=\boldsymbol{S}\cdot\boldsymbol{T}\cdot\boldsymbol{T}^{\mathrm{T}}\cdot\boldsymbol{S}^{\mathrm{T}} \tag{5.1}$$

式中，$\boldsymbol{X}\cdot\boldsymbol{X}^{\mathrm{T}}$ 为实对称矩阵，又可根据对称矩阵的分解定理，得到

$$\boldsymbol{S}^{\mathrm{T}}\cdot\boldsymbol{X}\cdot\boldsymbol{X}^{\mathrm{T}}\cdot\boldsymbol{S}=\boldsymbol{\varLambda} \tag{5.2}$$

式中，$\boldsymbol{\varLambda}$ 为由 $\boldsymbol{X}\cdot\boldsymbol{X}^{\mathrm{T}}$ 的特征值组成的对角阵。

通过式(5.2)可知，空间函数矩阵的列可通过特征向量得到，而时间函数矩阵则由式(5.3)得到：

$$\boldsymbol{T}=\boldsymbol{S}^{\mathrm{T}}\cdot\boldsymbol{X} \tag{5.3}$$

至此，矩阵 $\boldsymbol{X}$ 的经验正交函数分解完成。

5.6　实 验 步 骤

5.6.1　预处理

1. 辐射匹配

（1）打开 ENVI，加载数据<CFD2000>，分别选择 Band 1~Band7（第 6 波段为热红外波段，不参与校正），点击【Load Band】，将 6 个波段分别显示在 Display 中。

（2）在主图像窗口点击【Enhance】→【Interactive Stretching】，找到对应波段的最大和最小亮度值 DN_{max}、DN_{min}。图 5.2 所示为 Band 1 的灰度直方图。

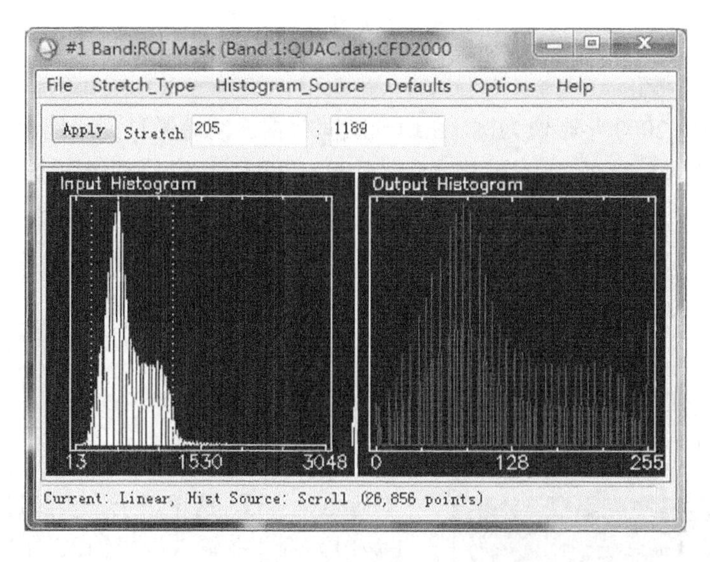

图 5.2　灰度直方图

（3）在 ENVI 主菜单点击【Basic Tools】→【Band Math】，在输入栏中输入：(float(b1)–13)/(3048–13)，点击【OK】。在弹出的对话框为 b1 选择波段，设置输出路径，点击【OK】。如图 5.3 所示，经过辐射匹配后，DN 值范围为 0~1。

@注意：辐射匹配公式：$(B1-DN_{min})/(DN_{max}-DN_{min})$，其中 B1 为辐射匹配的波段，$DN_{max}$ 和 DN_{min} 分别为对应波段的最大和最小亮度值。

（4）在主菜单点击【Basic Tools】→【Layer Stacking】，将辐射匹配处理后的 6 个波段合成。

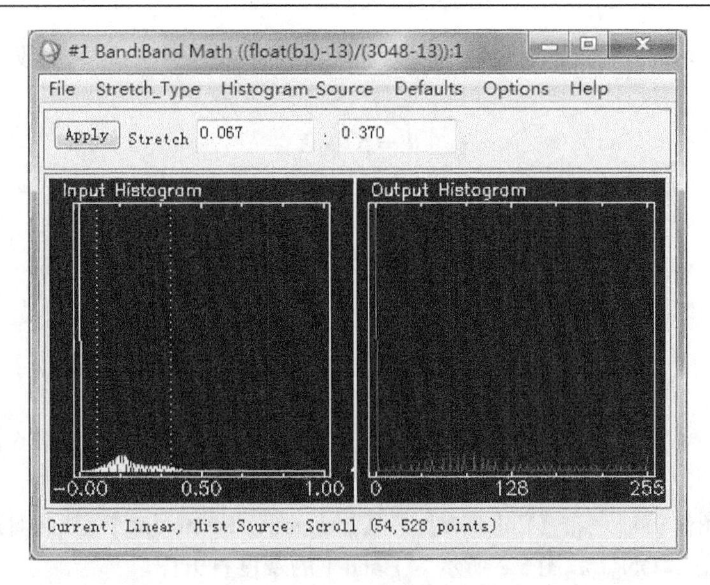

图 5.3　辐射匹配后 DN 值

2. 太阳高度角校正

（1）本实验以 2000 年影像为例。在地理空间数据云网站通过高级搜索，点击【数据集】，选择“Landsat7 ETM SLC-on 卫星数字产品(1999~2003)”，定位到唐山市曹妃甸区，时间为 2000 年 6 月 10 日，点击【搜索】，得到曹妃甸区影像，查看其太阳高度角和方位角，如图 5.4 所示。

太阳高度角　65.3159485　　太阳角方位　123.5188751

图 5.4　查看太阳高度角和方位角

图 5.5　太阳高度角校正结果

（2）在 ENVI 主菜单点击【Basic Tools】→【Band Math】，这里以上一步经过匹配后的影像第 1 波段为例。在输入框中输入：(float(b1))/sin(65)，点击【OK】。

@注意：太阳高度角校正公式：$(B1–DN_{min})/\sin\alpha$，其中，B1 为校正的波段；DN_{min} 为对应波段的最小亮度值；α 为太阳高度角。辐射匹配后的 DN_{min} 均为 0。

（3）在弹出的【Variables to Bands Pairings】窗口为 b1 选择波段，设置存储路径点击【OK】。图 5.5 所示为校正后的结果。

5.6.2　光谱类型特征分析

1. 图像代数变化监测

（1）在 ENVI 主菜单点击【File】→【Open Image

File】，选择两个时期的曹妃甸区影像。

（2）在 ENVI 主菜单点击【Basic Tools】→【Change Detection】→【Compute Difference Map】，分别选择两个时期的相同波段（这里选择 Band 1 进行后续分析），点击【OK】，弹出【Compute Difference Map Input Parameters】对话框，在【Number of Classes】输入栏中输入 2，如图 5.6 所示。

@注意：主要体现在一定阈值范围内的变化趋势，即大于阈值视为增加，小于阈值视为不变，所以将类别设为两类。

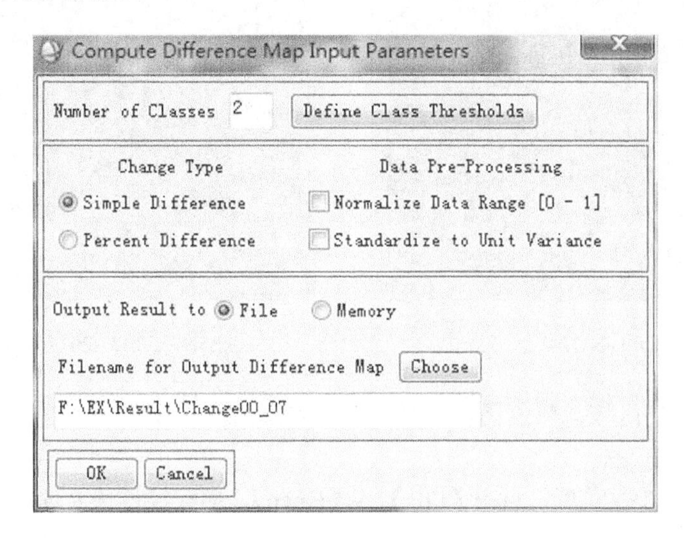

图 5.6　参数设置

（3）设置图像代数法变化检测的参数。在【Compute Difference Map Input Parameters】中点击【Define Class Thresholds】设置阈值，对 2000 年和 2007 年的影像进行对比，比较两幅影像上相同区域值的变化，通过多次试验，设定阈值，如图 5.7 所示，点击【OK】。图 5.8 所示为 2000 年和 2007 年差值运算后的结果。图 5.9 为 2007 年和 2012 年差值运算后的结果。

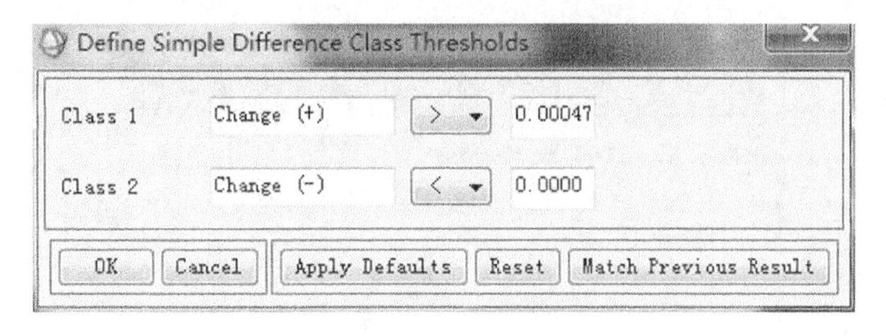

图 5.7　阈值设置窗口

Number of Classes：分级数，可点击【Define Class Thresholds】设置分级数。

Change Type：计算方法，包括 Simple Difference（差值）、Percent Difference（比值），本实验选择差值进行运算。

Data Pre-Processing：数据处理，包括 Normalize Data Range[0-1][归一化（0~1）]和 Standardize to Unit Variance（单位统一）。

图 5.8 2000~2007 年区域变化

图 5.9 2007 ~2012 年区域变化

灰色代表变化的区域，黑色代表未变化的区域。

2. 波段差值比较法

（1）打开 ENVI 主菜单，点击【File】→【Open】，加载经过预处理后的 2000 年和 2007 年的图像。

（2）在【Toolbox】列表中双击【Change Detection】→【Image Change Workflow】，打开【File Selection】对话框，分别为【Time1 File】选择 2000 年的影像和【Time2 File】选择 2007 年的影像。单击【Next】打开【Image Registration】面板（图 5.10），选择【Skip Image Registration】，跳过图像配置步骤，点击【Next】。

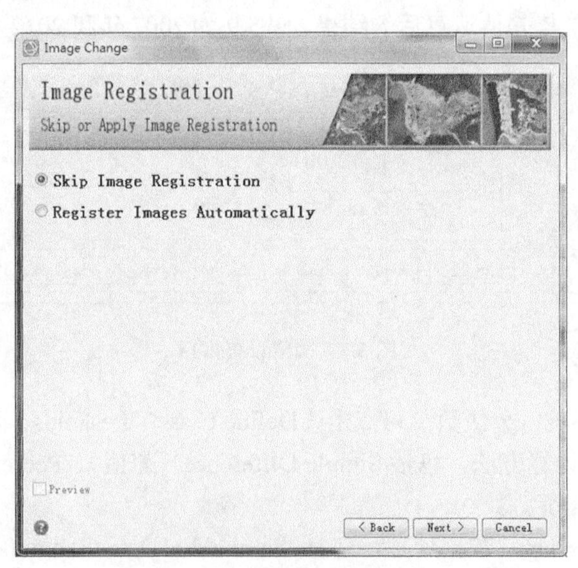

图 5.10 图像配准

（3）【Change Method Choice】面板中，提供两种方法：图像差值法和图像变换法。选择【Image Difference】方法，首先在【Advanced】选项卡中勾选【Radiometric Normalization】，再在【Difference Method】选项卡中勾选【Difference of Input Band】，单击【Next】，如图 5.11 所示。图像差值法又提供了三种方法：波段差值、特征指数差值和光谱角差值，这里选择波段差值进行后续分析。

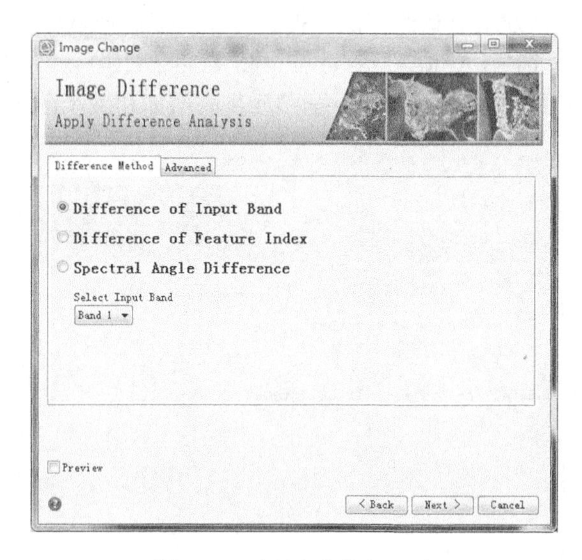

图 5.11　选择变化检测方法

（4）在弹出的窗口中点击【Apply Thresholding】，点击【Next】，如图 5.12 所示，单击【Next】，有两种阈值设置方法，即 Auto-Thresholding（自动设置）和 Manual（手动设置）。可以从变化信息检测结果中提取三种变化信息：

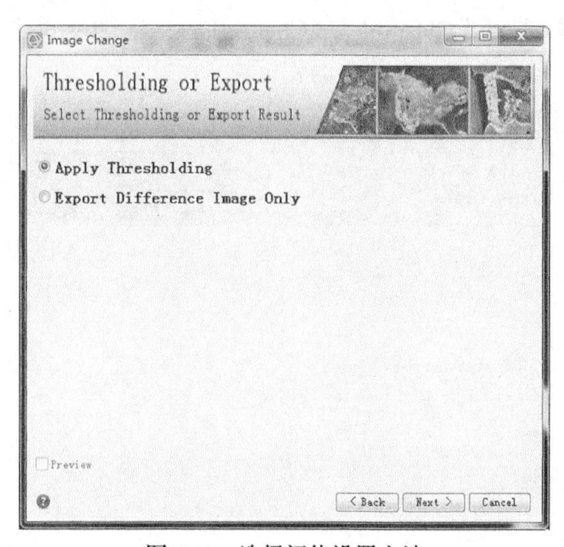

图 5.12　选择阈值设置方法

Increase and Decrease：增加 (蓝色) 和减少(红色)变化信息。

Increase Only：增加 (蓝色)变化信息。

Decrease Only：减少(红色)变化信息。

Auto-Thresholding 提供四种算法自动获取分割阈值：

Otsu’s：基于直方图形状的方法。使用直方图积累区间来划分阈值。

Tsai’s：基于力矩的方法。

Kapur’s：基于信息熵的方法。

Kittler’s：基于直方图形状的方法。把直方图近似高斯双峰从而找到拐点。

如图 5.13 所示，这里选择【Auto-Thresholding】的【Otsu’s】进行后续分析，在【Select Change of Interest】列表中选择【Increase and Decrease】，获取增加和减少的区域。

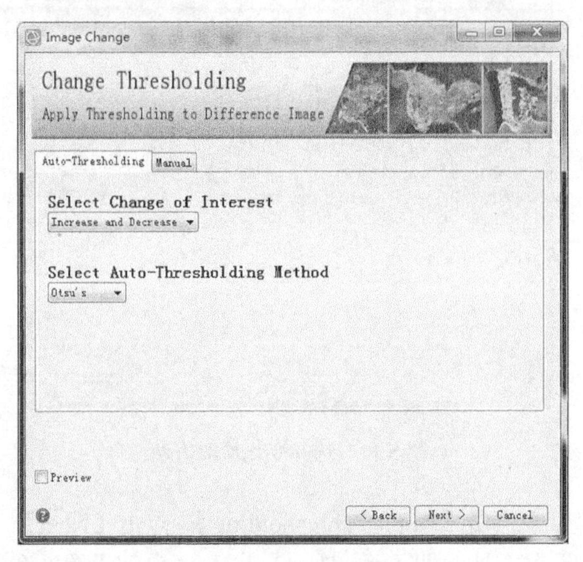

图 5.13　自动设置阈值窗口

（5）点击【Next】，打开【Cleaning Up Change Detection Results】面板，如图 5.14 所示，这个面板的作用是移除椒盐噪声和去除小面积斑块。

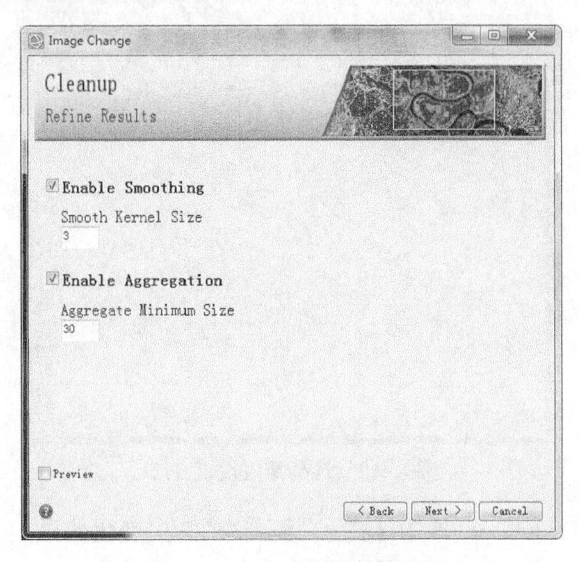

图 5.14　Cleanup 设置窗口

勾选【Enable Smoothing】，平滑核（Smooth Kernel Size）：值越大，平滑尺度越大。这里设置 3。

勾选【Enable Aggregation】，最小聚类值（Aggregate Minimum Size）：这里设置 30。

（6）点击【Next】，打开【Exporting Image Change Detection Results】面板，有四种输出结果或格式：以图像格式输出变化结果；以矢量格式输出变化结果；变化统计文本文件；输出差值图像。

这里勾选【Export Change Class Vectors】，选择输出为【Shapefile】格式。切换到【Additional Export】，勾选【Export Change Class Statistics】，输出统计文件。

（7）单击【Finish】输出结果，图 5.15 和图 5.16 所示分别为波段差值法得到的 2000~2007 年和 2007~2012 年变化区域。其中，灰色代表变化的区域，黑色代表未变化的区域。

图 5.15　2000~2007 年区域变化

图 5.16　2007~2012 年区域变化

3. 特征指数差值比较法

（1）参考波段差值比较法中的步骤（1）和（2），加载经过预处理后的 2000 年和 2007 年的图像，并跳过图像配准，点击【Next】。

（2）在【Change Method Choice】面板中，提供两种方法：图像差值法和图像变换法。选择【Image Difference】方法，单击【Next】。图像差值法又提供了三种方法：波段差值、特征指数差值和光谱角差值，这里选择特征指数差值进行后续分析，如图 5.17 所示。在【Select Feature Index】中，选择归一化建筑指数【Build-up Index (NDBI)】，单击【Next】。

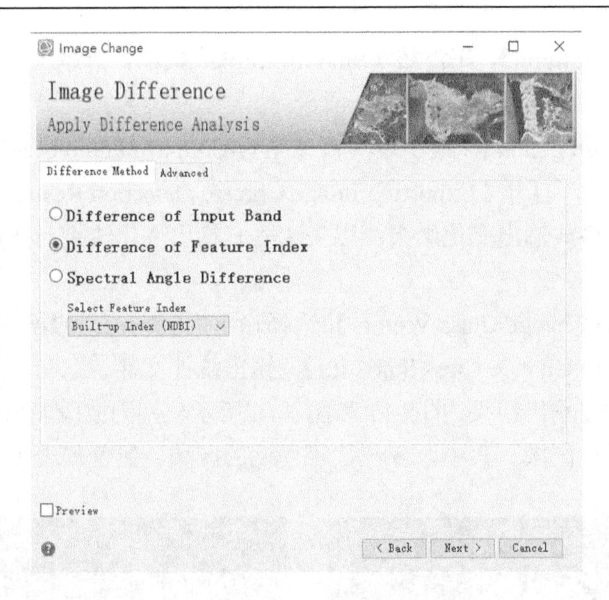

图 5.17　选择变化检测方法

归一化建筑指数（NDBI）可以较为准确地反映建筑用地信息，数值越大表明建筑用地比例越高，建筑密度越高。其计算公式为

$$\mathrm{NDBI}=\frac{\mathrm{MIR}-\mathrm{NIR}}{\mathrm{MIR}+\mathrm{NIR}} \tag{5.4}$$

式中，NIR 为近红外波段的反射率；MIR 为中红外波段的反射率。

（3）接下来的操作步骤参考波段差值比较法中的（4）~（6）完成。

（4）单击【Finish】输出结果，图 5.18 和图 5.19 所示分别为特征指数差值法得到的 2000~2007 年和 2007~2012 年变化区域。其中，灰色代表变化的区域，黑色代表未变化的区域。

图 5.18　2000~2007 年区域变化

图 5.19　2007~2012 年区域变化

4. 主成分变化监测法

（1）打开 ENVI 主菜单，点击【File】→【Open】，加载经过预处理后的 2000 年和 2007 年的图像。

（2）在【Toolbox】列表中双击【Change Detection】→【Image Change Workflow】，打开【File Selection】对话框，分别为【Time1 File】选择 2000 年的影像和【Time2 File】选择 2007 年的影像。单击【Next】打开【Image Co-Registration】面板，选择【Skip Image Registration】，跳过图像配置步骤，点击【Next】。

（3）在【Change Method Choice】面板中，提供两种方法：图像差值法和图像变换法。选择【Image Transform】方法，单击【Next】。图像变换法又提供了三种方法：主成分分析法（PCA）、最小噪声分离变换（MNF）和独立成分分析法（ICA），这里选择主成分分析法进行后续分析。

（4）单击【Next】，在【Select Band to Reflect Change】中选择【band1】。单击【Next】，打开【Exporting Image Change Detection Results】面板，在【Select Output Change Gray Scale Image File】中，选择 ENVI 格式，保存结果。

（5）单击【Finish】输出结果，图 5.20 和图 5.21 所示分别为主成分分析法得到的 2000~2007 年和 2007~2012 年第一分量。

图 5.20　2000~2007 年第一分量　　　　图 5.21　2007~2012 年第一分量

5.6.3　时间序列分析方法

1. 统计值分析

本实验以 1 月和春季的南海北部叶绿素浓度为例。

（1）预处理。用 50m 以外的矢量数据对 1 月的影像进行裁剪。在 ArcMap 的【ArcToolbox】中点击【Spactial Analyst Tools】→【Extraction】，右击【Extract by Mask】，

点击【Batch...】，打开掩膜裁剪工具，如图 5.22 所示。在【Input raster】下选择要裁剪的叶绿素浓度影像，在【Input raster of feature mask data】下选择 50m 以外矢量数据，在【Output raster】下输入输出栅格影像的路径，注意输出栅格的影像名称需为“字母+数字”，点击【OK】，如图 5.23 所示。

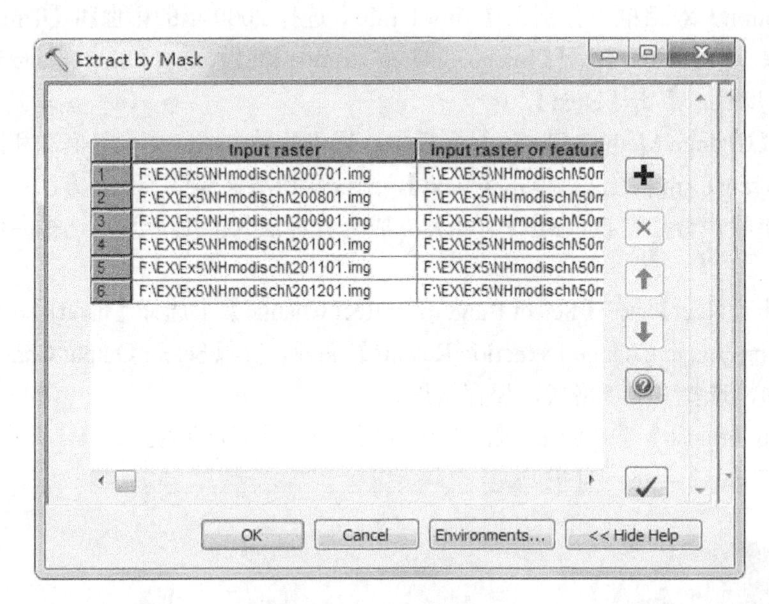

图 5.22　掩膜裁剪批处理工具

图 5.23　2007 年 1 月叶绿素浓度裁剪结果

（2）将 Nodata 值设置为 0。在【ArcToolbox】中点击【Spatial Analyst Tools】→【Map Algebra】，右击【Raster Calculator】，选择【Batch...】，打开栅格计算器批处理工具，如图 5.24 所示。选择输出栅格的路径；在【Map Algebra expression】中右击，选择【Open】，打开栅格计算器，如图 5.25 所示，输入栅格计算表达式：Con(IsNull("Extract_201201"),0, "Extract_201201")，点击【OK】。

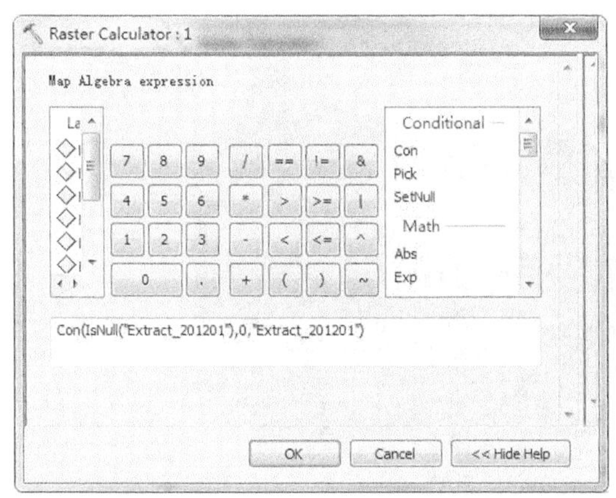

图 5.24　编写栅格计算表达式

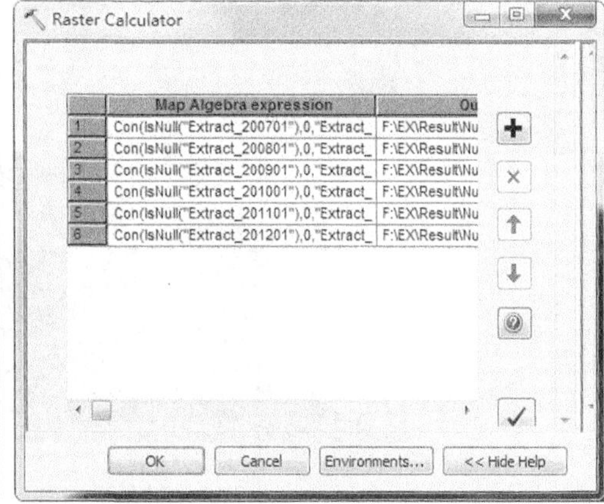

图 5.25　栅格计算器批处理工具

（3）空间均值。在 ArcMap 的图层列表中，右击<Nullto0_200701>图层，点击【Properties】→【Source】，查看所有年份的空间均值，在 Excel 中绘制空间均值随年份变化的折线图，如图 5.26 所示。

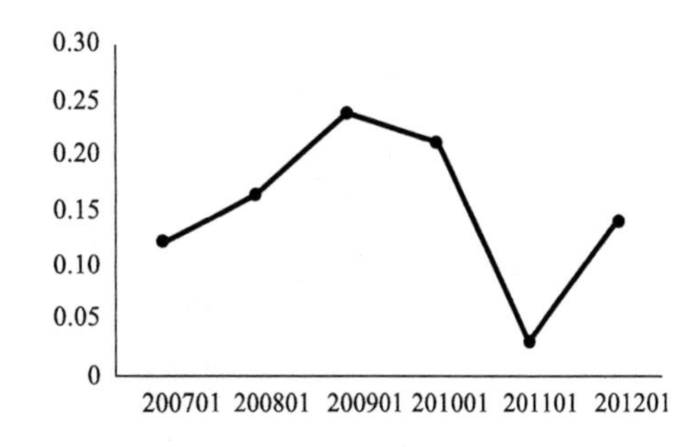

图 5.26　空间均值变化

（4）在【ArcToolbox】中点击【Spatial Analyst Tools】→【Map Algebra】→【Raster Calculator】，打开栅格计算器，在空白区域输入计算均值的表达式：("Nullto0_200701" + … + "Nullto0_201201") / 6 ，设置输出栅格的路径，点击【OK】。图 5.27 所示为 1 月的叶绿素浓度均值。

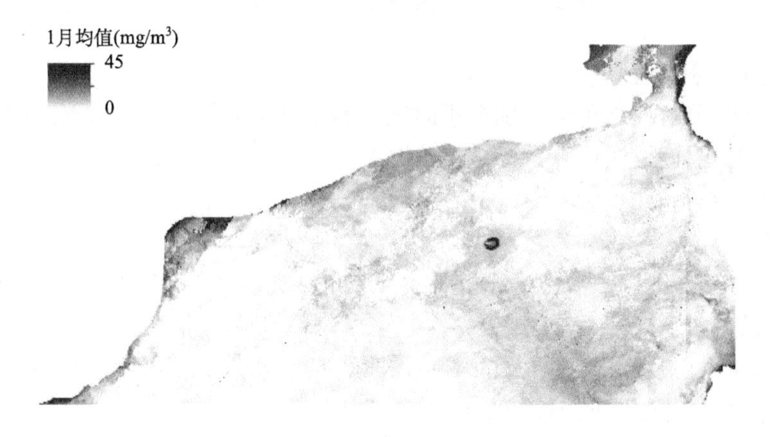

图 5.27　叶绿素浓度均值

（5）用同样的方法计算变化系数，在栅格计算器中输入：(SquareRoot(Square ("Nullto0_200701"–"Mean01")+ …+Square("Nullto0_201201"–"Mean01"))/6)/"Mean01"，点击【OK】，图 5.28 所示为计算结果。

图 5.28 叶绿素浓度变化系数

（6）季节性均值计算公式为 ("Spring_2012" + …+ "Spring_2007")/6，图 5.29 所示为叶绿素浓度季节性均值计算结果。

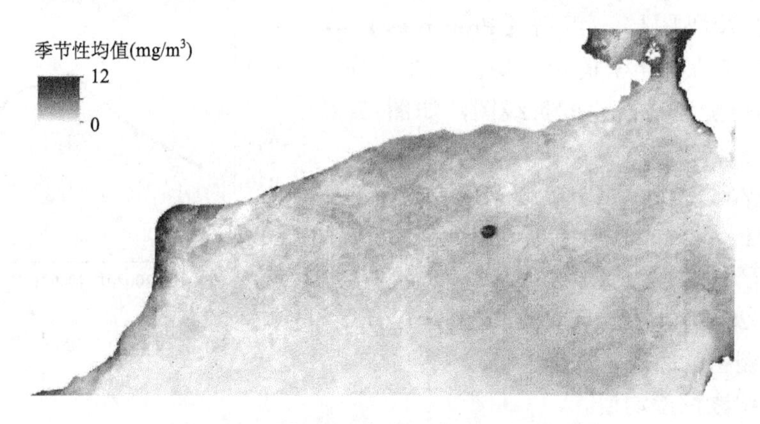

图 5.29 叶绿素浓度季节性（春季）均值

2. EOF 时间序列分析

@注意：EOF 分解模态可以分别分析时间上和空间上的变化，供有兴趣的读者参考和学习，如果要详细了解该方法可以自行查阅资料。

EOF 时间序列分析用 ENVI 中的 IDL 来实现。

1）图像裁剪

本实验对南海北部区域 50m 深度以外的区域进行 EOF 时间序列分析，因此要对南海北部区域进行图像裁剪。

（1）算法设计。①读取 72 个月的南海北部区域叶绿素浓度数据；②读取 50m 深度线矢量数据；③裁剪南海北部区域 50m 深度以外的区域。

（2）具体代码：

```
;==================裁剪南海北部区域 50m 深度以外的区域
proshpsubset
COMPILE_OPT IDL2
ENVI,/RESTORE_BASE_SAVE_FILES
```

```
ENVI_BATCH_INIT
;====================选择 50m 深度线矢量数据
  shpfilename=dialog_pickfile(title='选择矢量数据',filter='*.shp')
;====================读取 72 个月的南海北部区域叶绿素浓度数据
  inputfiles = dialog_pickfile(title='添加南海数据',filter='*.img',$
  /fix_filter, /multiple_files)
;====================选择图像裁剪结果的输出路径
  outfiledir=dialog_pickfile(title='裁剪结果',/directory)
  nfiles = n_elements(inputfiles)
for i = 0l, nfiles-1dobegin
ENVI_OPEN_FILE, inputfiles[i], r_fid=fid
;=================定义图像裁剪结果的文件名
if fid eq -1 then return
    filename = file_basename(inputfiles[i])
    pointpos = strpos(filename,'.',/reverse_search)
if pointpos[0] ne -1 then begin
      filename = strmid(filename,0,pointpos)
endif
    out_name = outfiledir +'\'+ filename+'_rs.tif'
;=================用矢量数据对栅格数据进行裁剪
rastersubsetviashapefile, fid, shpfile=shpfilename,$
    outfile=out_name, r_fid=r_fid
print,r_fid
endfor
end
```

（3）关键代码解析：

```
rastersubsetviashapefile, fid, shpfile=shpfilename,$
    outfile=out_name, r_fid=r_fid
```

@注意：矢量裁剪函数：这个函数是自定义的函数，使用时需要将它的源代码放置在与主函数相同的工程文件下，如图 5.30 所示，并且要了解它的接口，即输入参数、输出参数的含义。

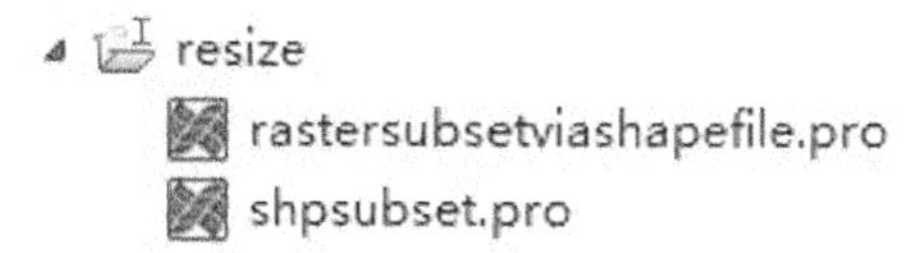

图 5.30　调用自定义函数

输入参数：fid 表示待裁剪栅格影像的 id 号；
shpfile 表示矢量数据的路径；

outfile 表示裁剪结果文件的路径及文件名。

输出参数：r_fid 表示裁剪结果的 id 号，若为–1，表示裁剪失败，否则表示裁剪成功。

rastersubsetviashapefile 代码如下：

```
prorastersubsetviashapefile, fid, shpfile=shpfile, pos=pos, $
  inside=inside, outfile=outfile, r_fid=r_fid
COMPILE_OPT IDL2
ENVI, /RESTORE_BASE_SAVE_FILES
ENVI_BATCH_INIT
catch, err
if (err ne0) then begin
catch, /cancel
print, 'error: ' + !error_state.msg
message, /reset
return
endif
ENVI_FILE_QUERY, fid, ns=ns, nl=nl, nb=nb, $
      dims=dims, fname=fname, bnames=bnames
if ~n_elements(pos)          then pos        = lindgen(nb)
if ~n_elements(inside)    then inside   = 1
if ~keyword_set(outfile) then outfile = envi_get_tmp()
  oshp=obj_new('idlffshape',shpfile)
if ~obj_valid(oshp) then return
  oshp->getproperty,n_entities=n_ent,$
    attribute_info=attr_info,         $
    attribute_names = attr_names, $
    n_attributes=n_attr,              $
    entity_type=ent_type
  iproj = envi_proj_create(/geographic)
  potpos = strpos(shpfile,'.',/reverse_search)
  prjfile = strmid(shpfile,0,potpos[0])+'.prj'
iffile_test(prjfile) then begin
openr, lun, prjfile, /get_lun
      strprj = ''
readf, lun, strprj
free_lun, lun
casestrmid(strprj, 0,6) of
'geogcs': begin
          iproj = envi_proj_create(pe_coord_sys_str=strprj, $
            type = 1)
```

```
end
'projcs': begin
            iproj = envi_proj_create(pe_coord_sys_str=strprj, $
              type = 42)
end
endcase
endif
  oproj = envi_get_projection(fid = fid)
  roi_ids = !null
for i = 0, n_ent-1dobegin
      ent = oshp->getentity(i, /attributes)
if ent.shape_typene5thencontinue
      n_vertices=ent.n_vertices
      parts=*(ent.parts)
      verts=*(ent.vertices)
envi_convert_projection_coordinates,   $
        verts[0,*], verts[1,*], iproj,          $
        oxmap, oymap, oproj
envi_convert_file_coordinates,fid,        $
        xfile,yfile,oxmap,oymap
ifmin(xfile) ge ns or $
min(yfile) ge nl or $
max(xfile) le0or $
max(yfile) le0thencontinue
if i eq0thenbegin
        xmin = round(min(xfile,max = xmax))
        ymin = round(min(yfile,max = ymax))
endifelsebegin
        xmin = xmin <round(min(xfile))
        xmax = xmax >round(max(xfile))
        ymin = ymin <round(min(yfile))
        ymax = ymax >round(max(yfile))
endelse
      n_parts = n_elements(parts)
for j=0, n_parts-1 do begin
        roi_id = envi_create_roi(color=i,$
          ns = ns ,    nl = nl)
if j eq n_parts-1thenbegin
          tmpfilex = xfile[parts[j]:*]
```

```
            tmpfiley = yfile[parts[j]:*]
    endifelsebegin
            tmpfilex = xfile[parts[j]:parts[j+1]-1]
            tmpfiley = yfile[parts[j]:parts[j+1]-1]
    endelse
    envi_define_roi, roi_id, /polygon,$
            xpts=reform(tmpfilex), ypts=reform(tmpfiley)
    envi_get_roi_information, roi_id, npts=npts
    if npts eq0thencontinue
          roi_ids = [roi_ids, roi_id]
    endfor
    endfor
      envi_mask_doit,             $
        and_or = 2,               $
        in_memory=0,                $
        roi_ids= roi_ids,         $
        ns = ns, nl = nl,         $
        inside=inside,              $
        r_fid = m_fid,              $
        out_name = envi_get_tmp()
    case inside of
    0: out_dims=dims
    1: begin
          xmin = xmin >0
          xmax = round(xmax) < (ns-1)
          ymin = ymin >0
          ymax = round(ymax) < (nl-1)
          out_dims = [-1,xmin,xmax,ymin,ymax]
    end
    endcase
    envi_mask_apply_doit, fid = fid,          $
        pos = pos,                              $
        dims = out_dims,                         $
        m_fid = m_fid, m_pos = [0],          $
        value = 0, r_fid = r_fid,              $
        out_name = outfile
    envi_file_mng, id = m_fid,/remove,/delete
    obj_destroy,oshp
    end
```

（4）结果展示：图 5.31 和图 5.32 所示分别为 2007 年 1 月南海北部区域叶绿素浓度影像和裁剪后 2007 年 1 月南海北部区域 50m 以外的叶绿素浓度影像。

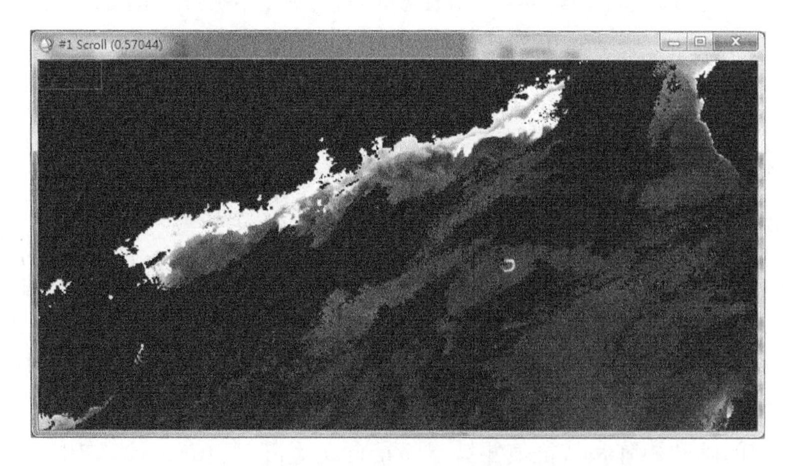

图 5.31　2007 年 1 月南海北部区域叶绿素浓度影像

图 5.32　裁剪后 2007 年 1 月南海北部区域 50m 以外的叶绿素浓度影像

2）EOF 经验正交函数分解

（1）南海北部区域 72 个月的叶绿素浓度 EOF 经验正交函数分解步骤。

a. 对原始变量场进行预处理。将 72 个月的南海北部区域 50m 以外的叶绿素浓度影像以矩阵形式[式(5.5)]给出。对原始变量场进行空间变化分解[式(5.6)]或时间变化分解[式(5.7)]，本实验采用空间变化分解。

$$\boldsymbol{X}=\begin{bmatrix} x_{11} & x_{12} & \cdots & x_{1n} \\ x_{21} & x_{22} & \cdots & x_{2n} \\ \vdots & \vdots & & \vdots \\ x_{m1} & x_{m2} & \cdots & x_{mn} \end{bmatrix} \quad (i=1,2,\cdots,m; j=1,2,\cdots,n) \tag{5.5}$$

式中，m 为空间点，n 为时间序列长度。

$$\boldsymbol{X}_s(i,j)=\left[\boldsymbol{X}(i,j)-\frac{1}{M(j)}\sum_{k=1}^{M(j)}\boldsymbol{X}(k,j)\right] \quad (i=1,2,\cdots,m; j=1,2,\cdots,n) \tag{5.6}$$

式中，M_j 为第 j 幅影像中非零有效像素点的个数。

$$\boldsymbol{X}_t(i,j)=\left[\boldsymbol{X}(i,j)-\frac{1}{N_i}\sum_{k=1}^{N_i}\boldsymbol{X}(i,k)\right]\qquad(i=1,2,\cdots,m;\ j=1,2,\cdots,n)\tag{5.7}$$

式中，N_i 为矩阵 X 第 i 行非零有效像素点的个数。

b. 分解。

第一，计算协方差阵：

$$C_s=\frac{1}{n}\boldsymbol{X}_s\bullet\boldsymbol{X}_s^{\mathrm{T}}\tag{5.8}$$

因为南海北部研究区的遥感影像大致由几十万个像素点组成，所以，空间中像素点 m 的维数要远远大于时间序列长度 n 的维度，这使得矩阵非常庞大，因此处理中采用了时空转换，即拥有相同的特征向量，有相同的非零特征根，从而可以通过计算特征根来得到特征向量。

第二，计算特征向量矩阵和特征值矩阵。

第三，由空间函数矩阵和特征值矩阵求特征向量矩阵。首先，计算矩阵：

$$\boldsymbol{A}=\boldsymbol{X}_t\bullet S\tag{5.9}$$

然后，通过得到前几列的特征向量，每一个特征向量就是原始变量场的一个模态：

$$V=\frac{1}{\sqrt{\lambda}}\boldsymbol{A}(:\ ,j)\tag{5.10}$$

式中，λ 为特征值。

第四，将特征值降序排列，计算前 6 个模态的方差贡献率。

例如，第 i 个模态对整个变量场的贡献率为

$$\frac{\lambda_i}{\sum_{i=1}^{m}\lambda_i}\times 100\%\tag{5.11}$$

式中，m 为特征值的总个数。

第五，将特征向量对应特征值从大到小的顺序组合为特征向量矩阵的前几列，最大的特征值对应的特征向量为原始变量场的第一模态，以此类推。

第六，求时间变化函数。

（2）南海北部区域 72 个月的叶绿素浓度 EOF 经验正交函数分解的实现。

a. 算法设计。

读取 72 幅叶绿素浓度影像组织成一个原始变量场矩阵，因为叶绿素浓度影像大小有偏差，所以需要提取所有影像的公共区域；对原始变量场矩阵作空间变化分解；计算前 6 个模态的方差贡献率；输出第一模态和第二模态。

b. 具体代码。

```
;=====================EOF 分解
proEOF
COMPILE_OPT IDL2
ENVI,/RESTORE_BASE_SAVE_FILES
ENVI_BATCH_INIT
```

```
;====================读取南海北部区域 50m 以外的叶绿素浓度图像
  inputfiles = dialog_pickfile(title='添加南海数据',filter='*.tif',$
    /fix_filter,/multiple_files)
  n=inputfiles.length
;====================获取数据的公共区域
  nss=lonarr(n)
  nls=lonarr(n)
for i = 0l, n-1 do begin
ENVI_OPEN_FILE, inputfiles[i], r_fid=fid
ENVI_FILE_QUERY,fid,ns=ns,nl=nl
    nss[i]=ns
    nls[i]=nl
endfor
  nsmin=min(nss)
  nlmin=min(nls)
;====================组织原始变量场矩阵 x
  m=nsmin*nlmin
  x=fltarr(n,m)
  xt=fltarr(n,m)
  dims=[-1,0,nsmin-1,0,nlmin-1]
for i = 0l, n-1 do begin
ENVI_OPEN_FILE, inputfiles[i], r_fid=fid
ENVI_FILE_QUERY,fid
    data=ENVI_GET_DATA(fid=fid,dims=dims,pos=0)          ;获取数据
    x[i,*]=reform(data,m)                               ;组织 x 矩阵
endfor
;====================空间变化分解
  mean2=fltarr(n)
for j=0,n-1 do begin
    mean2[j]=total(x[j,*])/n_elements(where(x[j,*] ne0)) ;时间变化分解
    xt[j,*]=x[j,*]-mean2[j]
endfor
;====================求 xtt*xt 的协方差矩阵（大小 n*n）
  xtt=transpose(xt)
  c=xtt##xt/n
;====================求协方差阵的特征向量和特征值
  t=eigenql(c,eigenvectors=v)
;====================求 xt*xtt 的前 n 列特征向量矩阵 v
  a=xt##transpose(v)
```

```
  pc=fltarr(n,m)
for i=0, n-1 do begin
    pc[i,*]=a[i,*]/(sqrt(t[i]))
endfor
;==================计算前 6 个模态的方差贡献率
  sum=total(t)
  num=6
  gxl=fltarr(num)
for i=0,num-1 do begin
    gxl[i]=t[i]/sum
endfor
  result_path=dialog_pickfile(title='select image data folder',/directory)
;==================计算时间函数
  p=transpose(pc)##xt
;===================输出第一模态
  firs=fltarr(nsmin,nlmin)
  firs=reform(pc[0,*],nsmin,nlmin)
  out_name=result_path+'\firs.img'
openw,lun,out_name,/get
writeu,lun,firs
free_lun,lun
envi_setup_head,fname=out_name,ns=nsmin,nl=nlmin,$
    nb=1,interleave=0,data_type=size(firs,/type),$
    /write
  firt=p[0,*]
  time_path=result_path+'\firt.txt'
openw,lun,time_path,/get
printf,lun,firt
free_lun,lun
;===================输出第二模态
  secs=fltarr(nsmin,nlmin)
  secs=reform(pc[1,*],nsmin,nlmin)
  out_name=result_path+'\secs.img'
openw,lun,out_name,/get
writeu,lun,secs
free_lun,lun
envi_setup_head,fname=out_name,ns=nsmin,nl=nlmin,$
    nb=1,interleave=0,data_type=size(secs,/type),$
    /write
```

```
    sect=p[0,*]
    time_path=result_path+'\sect.txt'
openw,lun,time_path,/get
printf,lun,sect
free_lun,lun
print,gxl
end
```

c. 关键函数解析。

$t = \mathbf{eigenql}(c, \text{eigenvectors} = v)$

计算特征值和实对称矩阵的特征向量： eigenvectors 返回特征向量矩阵,特征向量矩阵的每一行对应一个特征值，返回参数是降序排列的特征值。

3）EOF 经验正交函数分解结果

第一模态空间系数如图 5.33 所示，时间系数如图 5.34 所示。第二模态结果图（略）。

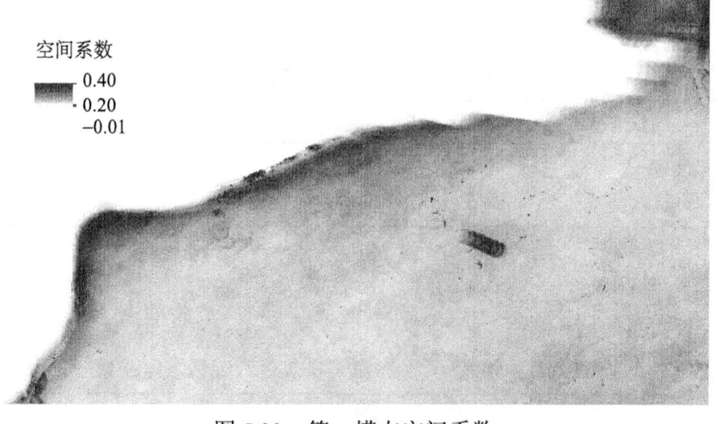

图 5.33　第一模态空间系数

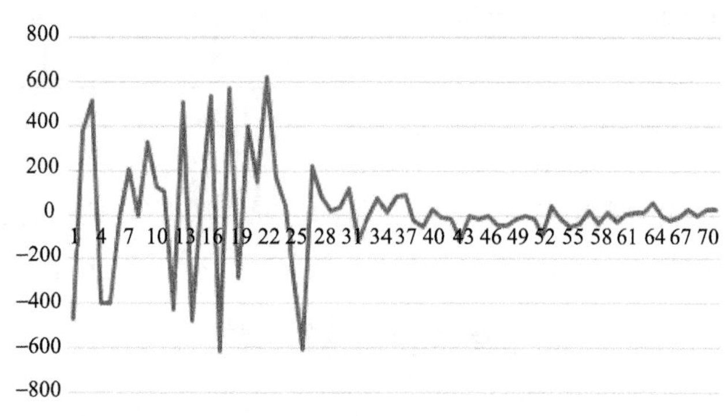

图 5.34　第一模态时间系数

5.7 练 习 题

（1）利用波段差值直接比较法对辐射匹配后的<CFD2007>和<CFD2012>影像进行运算，并统计面积变化。

（2）利用统计值分析方法，对南海北部区域 2007~2012 年 2 月的叶绿素浓度进行统计分析，分别计算空间均值和变化系数。

5.8 实验报告

（1）练习练习题（1），完成表 5.1。

表 5.1 面积变化统计

变化类别	百分比（%）		面积（m^2）	
	2000~2007 年	2007~2012 年	2000~2007 年	2007~2012 年
增加				
减少				
不变				

（2）练习练习题（2），完成表 5.2。

表 5.2 各年 2 月叶绿素浓度统计

年份	2007	2008	2009	2010	2011	2012
空间均值						
标准差						

（3）练习练习题（2），完成表 5.3。

表 5.3 多年（2007~2012 年）2 月叶绿素浓度统计

均值		标准差		变化系数	
最小值	最大值	最小值	最大值	最小值	最大值

注：多年 2 月叶绿素浓度为一副影像。

（4）根据南海北部区域 2007~2012 年 2 月的叶绿素浓度统计分析结果，输出 2 月的标准差和变化系数图像。

5.9 思考题

（1）考虑影响变化检测的因素，需要对图像进行哪些处理工作？

（2）EOF 模态顺序是如何排列的？

（3）本实验为什么要对遥感影像数据进行辐射匹配处理？

（4）在遥感图像代数变化检测方法中，是如何确定阈值的？

（5）遥感图像代数变化检测方法和多时相图像主成分变化检测方法各有什么特点？

实验 6　基于统计模型的地物物理量提取

6.1　实 验 要 求

根据湖南省株洲市的水稻生化参数和遥感数据，完成下列分析：

（1）计算实测点的水稻雷达后向散射系数。

（2）基于雷达遥感数据建立水稻生物量遥感反演模型。

（3）根据光学数据，构建生物量敏感的光谱指数。

（4）基于光学遥感数据建立水稻生物量遥感反演模型。

6.2　实 验 目 标

（1）理解遥感信号与地表参数之间的联系。

（2）掌握遥感统计模型构建的方法与步骤。

6.3　实 验 软 件

ArcGIS 10.2、ENVI 5.2、Excel 软件、雷达图像处理软件 Nest-4C（下载网址：http://www.array.ca/nest.html）或者 Sentinel Toolboxes（下载网址：http://step.esa.int/main/download/）。

6.4　实验区域与数据

6.4.1　实验数据

<ZhuzhouLandsat 8>：2014 年 9 月株洲市 Landsat 8 OLI 影像数据。

< ZhuzhouRadsat 2>：2014 年 9 月株洲市 Radarsat 2 雷达遥感数据。

<ZhuzhouRadsat 2YCW>：预处理好的株洲市雷达影像图。

<Zhuzhou>：株洲市矢量数据。

<coordinate1.txt>：构建模型时实测数据的坐标信息。

<coordinate2.txt>：验证模型时实测数据的坐标信息。

<实测生物量 1.xls>：构建模型时使用的生物量实测值。

<实测生物量 2.xls>：验证模型时使用的生物量实测值。

< ZhuzhouLandsat8_Rice>：裁剪后株洲市 Landsat 8 光学影像水稻分布图。

< ZhuzhouRadsat2_Rice>：裁剪后株洲市雷达影像水稻分布图。

6.4.2　实验区域

实验区域选择株洲县和醴陵市的水稻种植样地。该区位于湖南省东部偏北，湘江下游，为亚热带季风性湿润气候，四季分明，雨量充沛、光热充足，年平均降水量为 1500mm，年平均气温为16~18℃，无霜期较长，在 286 天以上，适宜水稻作物生长。本实验选取水稻种植样地进行了数据采集，采集的样点为50点，每个样点采集的数据包括水稻鲜生物量和GPS记录样本点的经纬度。观测的水稻生物量作为模型反演的因变量，地理位置是为了获取与实测数据相对应的遥感影像数据。实验区示意图如图6.1所示。

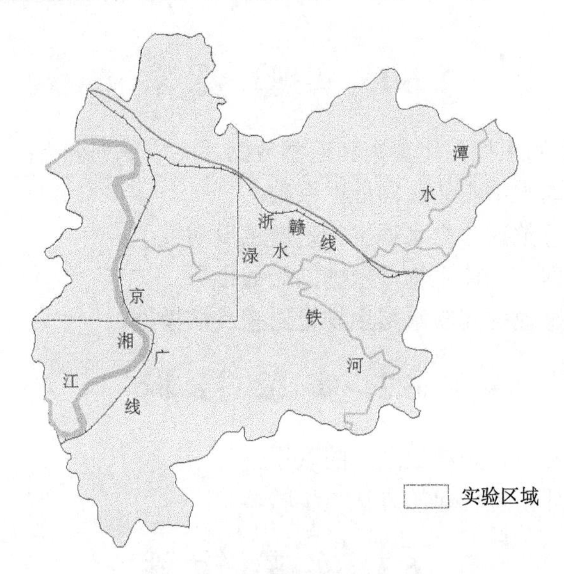

图6.1　实验区示意图

6.5　实验原理与分析

本实验以水稻生物量反演为例，阐述定量遥感反演的基本思路与方法。定量遥感或称遥感量化研究，主要是指从对地观测电磁波信号中定量提取地表参数的技术和方法研究，区别于仅依靠经验判读的定性识别地物的方法。它有两重含义：遥感信息在电磁波的不同波段内给出地表物质的定量的物理量和准确的空间位置；从这些定量的遥感信息中，通过实验的或物理的模型将遥感信息与地学参量联系起来，定量地反演或推算某些地学或生物学信息。遥感定量模型一般分为三种：统计模型、物理模型和半经验模型。本实验以统计方法为基础，阐述建立遥感定量反演模型的步骤：第一，运用理论分析方法，构建对某一地物物理量敏感的遥感特征参数；第二，运用数理统计方法，建立地物物理量与遥感特征参数的映射关系，即反演模型构建；第三，通过比较分析，确定最优模型；第四，模型的验证；第五，利用已构建的模型，计算地物物理量的空间分布。

水稻生物量既可以采用微波遥感计算，也可以采用光学遥感计算。雷达是一种主动微波遥感，它可以通过测量目标在不同频率、不同极化条件下的后向散射特性，来反演目标的物理特性（介电常数、湿度等）及几何特性（目标大小、形状、结构、粗糙度等）。雷达易获取植被立体信息，其后向散射系数会随着水稻生长、水稻冠层形态的变化而改变。而光学遥感主要是通过绿色植物叶子和植被冠层的反射光谱特性及其差异、变化来反映的，不同光谱通道所获得的植被信息（某种特征状态、生理参数、生化参数等）有各种不同的相关性。利用植被指数可实现对植物状态信息的表达，评价植被覆盖、生长活力及生物量等。因而，无论利用雷达数据，还是光学遥感数据进行水稻的生理参数（如生物量）反演均是可行的。

实验要求（1）和（2）是运用雷达遥感数据反演水稻生物量，极化雷达记录了地表的极化信息（VV、VH、VV 和 HH）和相位信息。极化雷达需要进行辐射校正、滤波处理、多视处理和几何校正等预处理。在进行生物量反演时，主要是利用极化信息。不同的极化方式对水稻生物量的敏感程度不一样，在模型构建之前可以优选极化波段，也可以选用多个极化波段经分析运算（加、减、乘、除等线性或非线性组合方式）产生新的“极化指数”。目前水稻生化参数后向散射模型主要有经验模型、半经验模型和机理模型。经验模型主要是基于统计方法，通过回归分析等方法拟合水稻后向散射系数与水稻生化参数之间的关系。本实验选取具有一定物理意义的半经验水云模型、回归模型，分析 Radarsat 2 数据极化方式时域变化特征，通过对比获取可进行水稻生物量反演的最优模型。

实验要求（3）和（4）是运用光学遥感数据进行水稻生物量的反演，目前利用光学遥感数据反演植被生物物理参数，主要采用两种方法：一是植被指数反演方法，即根据大量实测数据建立遥感植被指数与植物参数之间的统计相关模型，也就是利用植被指数或不同波段的光谱反射率与某些感兴趣的生物物理特征之间建立相关关系，作为获取这些植物参数的“中间变量”，或得到两者之间的转换系数。二是遥感物理模型反演方法，即分析光在植物体内外的辐射传输过程的基础上，建立植物光谱与生物物理参数、化学参数等之间的物理模型。在实验要求（3）中构建生物量敏感的植被指数，通常选用对绿色植物（叶绿素引起的）强吸收的可见光红波段和对绿色植物（叶内组织引起的）高反射的近红外波段来进行构建。本实验选取对生物量敏感的归一化植被指数（normalized difference vegetation index，NDVI）、差值植被指数（difference vegetation index，DVI）、优化土壤调节植被指数（optimization of soil-adjusted vegetation index，OSAVI）三种植被指数建立反演模型。三个植被指数的公式为

$$\mathrm{NDVI}=\left(\mathrm{NIR}-\mathrm{R}\right)/\left(\mathrm{NIR}+\mathrm{R}\right) \tag{6.1}$$

$$\mathrm{DVI}=\mathrm{NIR}-\mathrm{R} \tag{6.2}$$

$$\mathrm{OSAVI}=\left(1+0.5\right)\left(\mathrm{NIR}-\mathrm{R}\right)/\left(\mathrm{NIR}+\mathrm{R}+0.5\right) \tag{6.3}$$

式中，NIR 为近红外波段；R 为红光波段，对于实验区域采用 Landsat 8 影像数据而言，NIR 和 R 分别为第 5 波段和第 4 波段。

在遥感模型中精度评价指标常常采用决定系数（R^2）和均方根误差（RMSE）。R^2 衡量的是回归方程整体的拟合度，是表达因变量与所有自变量之间的总体关系。R^2 的取值范围是 [0，1]。R^2 值越接近于 1，说明回归直线对观测值的拟合程度越好；反之，R^2 的值越接近于 0，说明回归直线对观测值的拟合程度越差。均方根误差（RMSE）也称标准误差，用来衡量预测值同观测值之间的偏差。R^2 和 RMSE 的计算公式为

$$R^2=\frac{\left[\sum_{i=1}^{N}\left(y_{ai}-\overline{y_a}\right)\sum_{i=1}^{N}\left(y_{mi}-\overline{y_m}\right)\right]^2}{\sum_{i=1}^{N}\left(y_{ai}-\overline{y_a}\right)^2\sum_{i=1}^{N}\left(y_{mi}-\overline{y_m}\right)^2} \tag{6.4}$$

$$\mathrm{RMSE}=\sqrt{\frac{\sum_{i=1}^{N}\left(y_{ai}-y_{mi}\right)^{2}}{N-1}} \tag{6.5}$$

式中，N 为采样点个数；y_{ai} 和 y_{mi} 分别为模型预测值和实测值；$\overline{y_a}$ 和 $\overline{y_m}$ 分别为模型预测值的平均值和实测值的平均值。

根据需要，在模型评价中还可采用更多的精度评价指标。

6.6 实验步骤

6.6.1 基于雷达遥感数据的水稻生物量遥感反演模型

@注意：雷达数据预处理耗时比较长，读者可以根据自己需要，使用预处理好的<ZhuzhouRadsat2YCW>雷达影像数据，直接从 6.6.1 的“1. 获取后向散射系数”（6）获取后向散射系数开始实验。

1. 获取后向散射系数

（1）打开 NEST 软件，在主菜单点击【File】→【Open Radarsat product】，打开数据输入窗口，选择<ZhuzhouRadsat2>文件夹中的 product.xml 影像（跳过预处理步骤的读者请选择 ZhuzhouRadsat2YCW.hdr），点击【Open Product】。

（2）在主菜单中点击【SAR Tools】→【Radiometric Correction】→【Calibrate】，打开辐射校正窗口，在【Source Bands】下拉框中，按住 Ctrl 键选中前两个波段，在【Calibration】窗口中的【Scale in dB 】勾选“√”，点击【Run】运行，如图 6.2 所示（此过程大约需要 25 分钟）。

图 6.2　辐射校正

（3）滤波处理。点击【SAR Tools】→【Speckle Filtering】→【Single Product Speckle Filter】打开滤波处理窗口，在【Speckle filtering】窗口中的【Source Bands】下拉框中选中 Sigmao_VV_dB，【Filter】选择 Mean，【Filter Size X】和【Filter Size Y】均选择 3，点击【Run】运行，如图 6.3 所示（此步骤大约需要 5 分钟）。

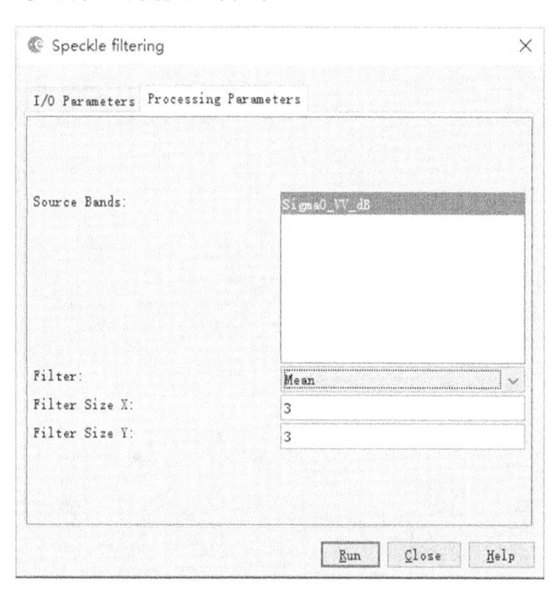

图 6.3　滤波处理

（4）多视处理。点击【SAR Tools】→【Multilooking】，打开滤波处理窗口。在【Mulitlook】窗口中，【Source Bands】下拉框中选中 Sigmao_VV_dB，选中【GR Square Pixel】，【Number of Range Looks】选项中输入 1，其他设置为默认值，点击【Run】运行，如图 6.4 所示（此步骤大约需要 5 分钟）。

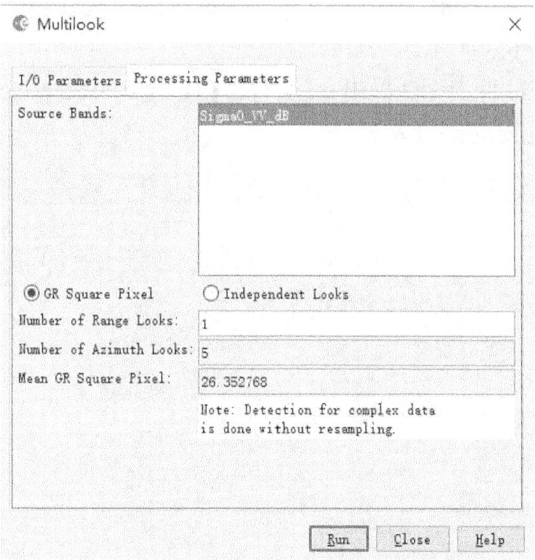

图 6.4　多视处理

（5）几何纠正。点击【Geometric】→【Terrain Correction】→【Range Doppler Terrain Correction】，在【Pixel Spacing】选项中输入 50，【Map Projection】中选择 WGS84 投影及坐标系，其他选项设置为默认值，点击【Run】运行，如图 6.5 所示（此步骤大约需要 5 分钟）。

注：读者可以尝试与光学遥感数据相同的 30×30 的分辨率，观察处理结果。

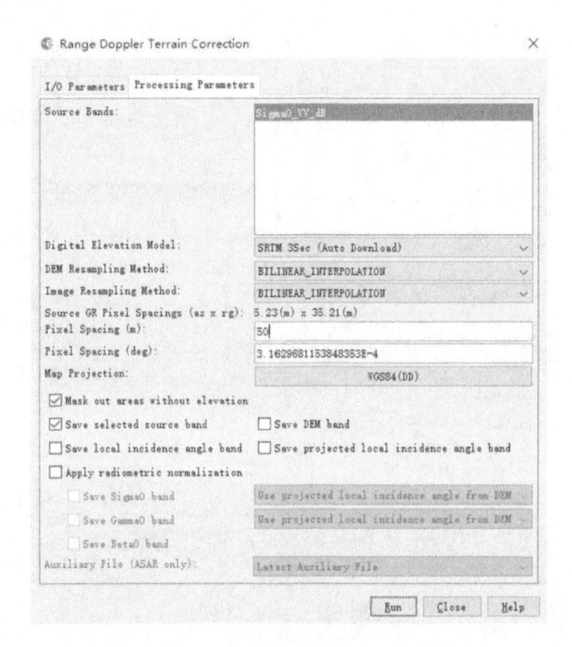

图 6.5　几何纠正

（6）获取后向散射系数。点击【View】→【Tool windows】→【GCP Manager】在 GCP Manager 窗口中，点击导入坐标信息按钮，将固定测点坐标信息 coordinate1.txt 导入其中；点击选中波段信息；按住 Shift 键全选所有的坐标，然后通过将需要的信息导出，保存 polization.txt 文件，如图 6.6 所示。

@注意：如果遇到在软件上无法导出 txt 文件，可以全选→copy selected data to clipboard→粘贴到记事本内保存 polization.txt 文件。

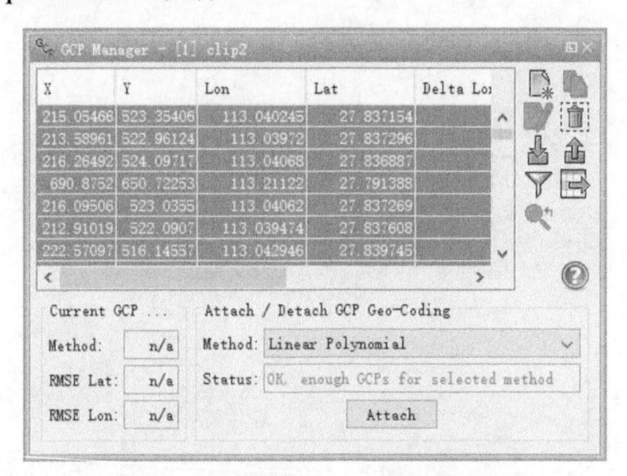

图 6.6　获取固定测点之间的极化信息

（7）打开 Excel 软件，点击【打开其他工作簿】→【浏览】，打开<polization.txt>文件，弹出【文本导入向导】窗口，点击【完成】就可在 Excel 中查看.txt 文件格式下的后向散射系数数据，如图 6.7 所示。表格中最后一列即为所获得的 VV 极化下的后向散射系数。

	A	B	C	D	E	F	G	H	I	J
1	Name	X	Y	Lon	Lat	Delta Lon	Delta Lat	Label	Desc	ROI_Mask_
2	gcp_1	580.2538	972.5702	113.1715	27.67574	NaN	NaN	gcp_1		-14.903
3	gcp_2	581.8038	978.6055	113.172	27.67357	NaN	NaN	gcp_2		-12.3503
4	gcp_3	574.1601	981.5038	113.1693	27.67253	NaN	NaN	gcp_3		-15.7976
5	gcp_4	575.7737	984.5347	113.1699	27.67144	NaN	NaN	gcp_4		-10.361
6	gcp_5	570.6992	985.2036	113.168	27.6712	NaN	NaN	gcp_5		-11.5591
7	gcp_6	576.6018	985.315	113.1702	27.67116	NaN	NaN	gcp_6		-9.13649
8	gcp_7	572.2916	990.517	113.1686	27.66929	NaN	NaN	gcp_7		-8.57011
9	gcp_8	567.1958	991.1858	113.1668	27.66905	NaN	NaN	gcp_8		-9.6425
10	gcp_9	568.8519	992.7145	113.1674	27.6685	NaN	NaN	gcp_9		-12.9072
11	gcp_10	565.4547	993.4152	113.1662	27.66825	NaN	NaN	gcp_10		-8.96555
12	gcp_11	561.1233	997.8634	113.1646	27.66665	NaN	NaN	gcp_11		-10.5447
13	gcp_12	558.5966	998.5906	113.1637	27.66639	NaN	NaN	gcp_12		-10.5756

图 6.7　<polization.txt>文件部分数据显示

2. 建立生物量估算模型

打开 Excel 软件，点击【新建】，新建一个 Excel 表格。将<polization.txt>文件中的 VV 极化下的后向散射系数拷贝到表格的第一列，将<实测生物量 1.xls >中的实测水稻生物量拷贝到同一个工作表格中的第二列。此时，VV 极化信息一列作为模型反演的自变量 x，实测生物量一列为模型的反演因变量 y，使用 x 和 y 两列数据建立地上生物量估算模型。

（1）水云模型。水云模型经常被应用于雷达影像数据反演地上生物量。水云模型为半经验模型，无法在 Excel 中直接进行数据拟合，但水云模型可以使用 MATLAB、Origin 等数学软件进行构建，有兴趣的读者可以参考相关书籍，此处不再进行详细的阐述。

水云模型的拟合公式为 $y = a \times b - b \times \ln(c - x)$，式中，$x$ 为雷达影像极化后向散射系数；y 为实际的生物量；参数 a、 b、 c 通过雷达影像后向散射系数与实测水稻生物量运用公式进行拟合得到。

（2）指数模型。按住 Ctrl 键，在新建的 Excel 表格中选中 VV 极化信息及实测生物量两列数据。在主菜单中点击【插入】→【图表】→【散点图】，建立散点图，在创建的散点图的坐标点上点击右键，点击【添加趋势线】，在设计窗口中选择【指数】，同时勾选窗口下方的“显示公式”“显示 R 平方值”，将拟合方程及 R^2 显示在图表中，如图 6.8 所示。

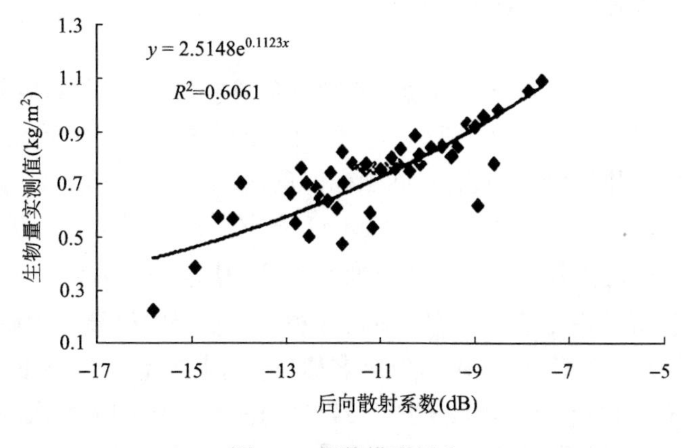

图 6.8　指数模型拟合

最终拟合公式为

$$y = 2.5148e^{0.1123x} \tag{6.6}$$

（3）多项式模型。点击【添加趋势线】拟合生成趋势线，选择【多项式】【2 次】，将拟合方程及 R^2 显示在图表中，如图 6.9 所示。

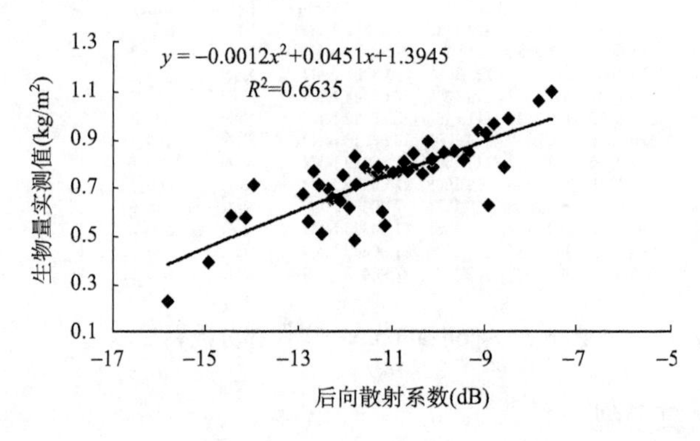

图 6.9　二次多项式模型拟合

最终拟合公式为

$$y = -0.0012x^2 + 0.0451x + 1.3945 \tag{6.7}$$

3. 精度评价

根据公式计算，将两种模型反演的精度进行对比，如表 6.1 所示。

表 6.1　水稻生物量不同遥感定量反演模型的精度对比

拟合方式	拟合方程	R^2	RMSE
指数模型	$y = 2.5148e^{0.1123x}$	0.6061	0.09463
多项式模型（二次）	$y = -0.0012x^2 + 0.0451x + 1.3945$	0.6635	0.09373

通过分析表 6.1 可知，多项式模型（二次）反演的精度较高，即 R^2 为 0.6635，RMSE 为 0.09373，它尤其是在 0.2756~1.036 kg/m^2 时水平生物量模拟效果较好。由此，在计算区域中水稻生物量的空间分布时采用二次多项式模型。

4. 模型验证

上述实验中采用 50 个 GCP 点作为观测点建立估算模型，为了保证模型的准确性和有效性，选取 18 个 GCP 点作为验证点（一般来说，模型构建与模型验证的数据比例大约为 3∶1），它与 50 个观测点处于相同分布区域的不同坐标位置，基于上述实验结果，模型验证步骤如下。

重复步骤“1. 获取后向散射系数”中的（6）获取后向散射系数，获得 18 个 GCP 点的后向散射系数，然后将之代入二次多项式模型 $y = -0.0012x^2 + 0.0451x + 1.3945$ 中，获得预测生物量结果 y。详细步骤如下：创建新的 Excel 表格，将获得的检验点的后向散射系数放入表中第一列，鼠标点击第二列第一行，输入纵列名称“预测生物量”，鼠标下移至第二列第二行，在表格中输入：$= -0.0012x^2 + 0.0451x + 1.3945$，并且将公式中的 x 替换为后向散射系数中与之对应行的数值，点击回车即可获得预测生物量数值。之后，将鼠标放在此表格右下角，光标变为“加号”后下拉列表，获得所有点的预测生物量。

将所得的预测生物量值与<实测生物量2.xls >中的实测生物量数据放入新的同一个Excel 工作表格中，创建两数值之间的拟合关系，如图 6.10 所示，水稻生物量的预测效果较好，决定系数（R^2）为 0.644。

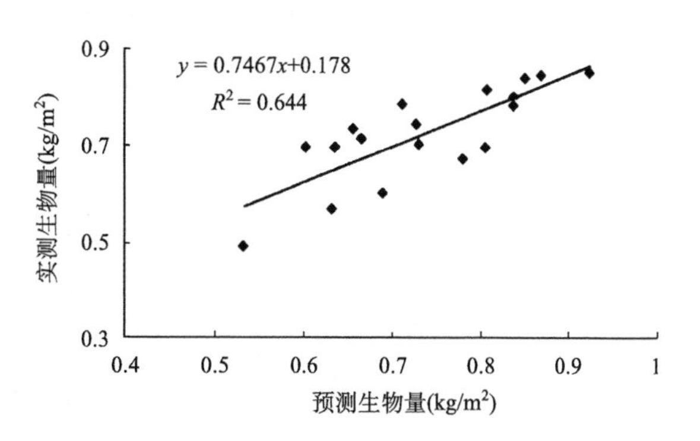

图 6.10　水稻生物量的实测值与预测值的比较

5. 区域中水稻生物量的空间分布

（1）打开 ENVI 软件，点击【File】→【Open Image File】，选择<Zhuzhou Radsat2_Rice>，并在主图像窗口显示。

（2）在 ENVI 主菜单点击【Basic Tools】→【Band Math】，在【Enter an expression】中输入公式：$-0.0012 \times \mathrm{B1} \times \mathrm{B1} + 0.0451 \times \mathrm{B1} + 1.3945$，选择【Add to List】，再点击【OK】。

（3）在弹出的【Variables to Bands Pairings】窗口中，B1 选择水稻分布影像<ZhuzhouRadsat2_Rice>，设置存储路径，点击【OK】。图 6.11 所示为使用二次多项式模型绘制出的株洲市水稻分布图，白色为水稻分布区域，黑色为其他地物。

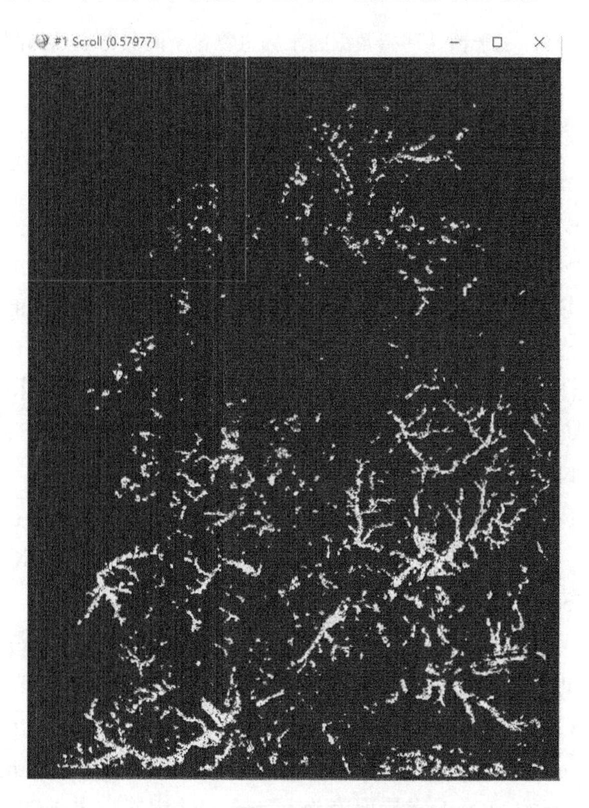

图 6.11　株洲市水稻分布图

（4）将计算后的水稻分布影像在 ArcMap 中制图并输出（图 6.12）。

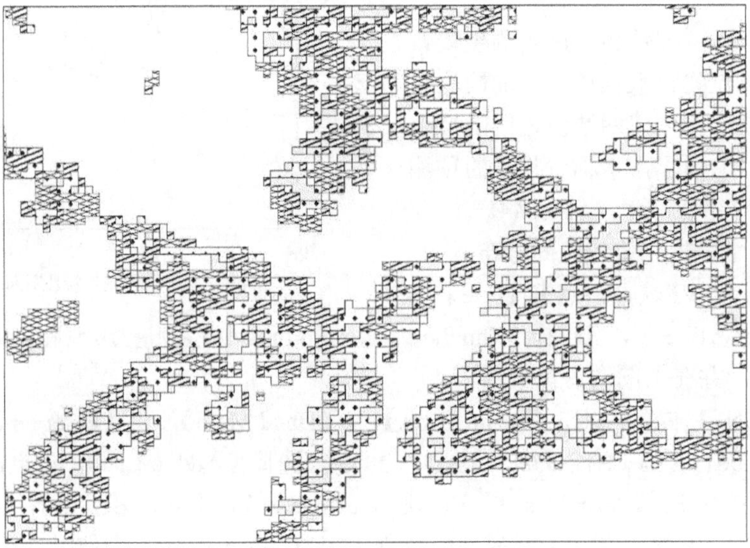

生物量(kg/m²)　<0.65　0.65~0.78　0.78~0.87　>0.87

图 6.12　基于雷达遥感数据的水稻生物量空间分布（局部图）

6.6.2　基于光学遥感数据的水稻生物量遥感反演模型

1. 生物量敏感的光谱指数构建

本实验选取 NDVI，DVI 和 OSAVI 的计算步骤参考 NDVI。

（1）打开 ENVI 软件，在主菜单中点击【File】→【Open Image File】，选择图像<ZhuzhouLandsat 8>，以波段 Red、Green、Blue 合成 RGB 显示在 Display 中。

（2）在主菜单中点击【Basic Tools】→【Band Math】，在【Enter an expression】中输入公式：(float(b1)–float(b2))/(float(b1)+float(b2))，点击【Add to List】，再点击【OK】。

（3）在弹出的【Variables to Bands Pairings】对话框中，B1 选择 NIR 波段，B2 选择 Red 波段，将结果命名为<NDVI>，并设置存储路径，点击【OK】。

（4）在主图像窗口打开图像<NDVI>，点击【Overlay】→【Region of Interest】，打开【ROI Tool】对话框，点击【ROI_Type】→【Input Points from ASCII】，选择文本格式的<coordinate1.txt>，如图 6.13 所示，设置相关参数，点击【OK】。

@注意：在选用<coordinate.txt>前应先将文档中“NAME”一列删除。

（5）在【ROI Tool】窗口，点击【File】→【Output ROIs to ASCII】。选择图像<NDVI>，在【Output ROIs to ASCII Parameters】中选择 ROI 点，单击【Edit Output ASCII Form】，在弹出的【Output ROI Values to ASCII】窗口选中 ID、Geo Location 和 Band Values，并设置合适的精度值，这样所求坐标的 NDVI 值就保存在了.txt 文件中，点击【OK】，如图 6.14 所示（导出来的经纬度与输入实测点的经纬度不完全一致，这是因为一般影像中像元的坐标是取中心点的经纬度，而实测的点位不一定恰好对应着影像像元的中心点，所以当输入的经纬度与影像上单个像元的经纬度不一致时，就会采用就近原则，与最临近的像素点匹配，输出该点的经纬度坐标）。

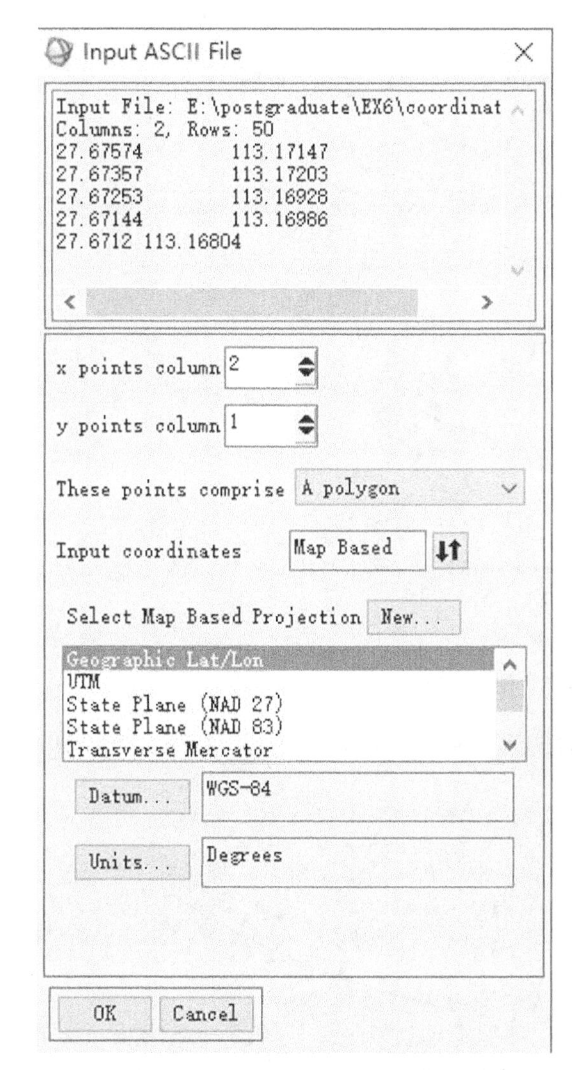

图 6.13　【Input ASCII File】对话框

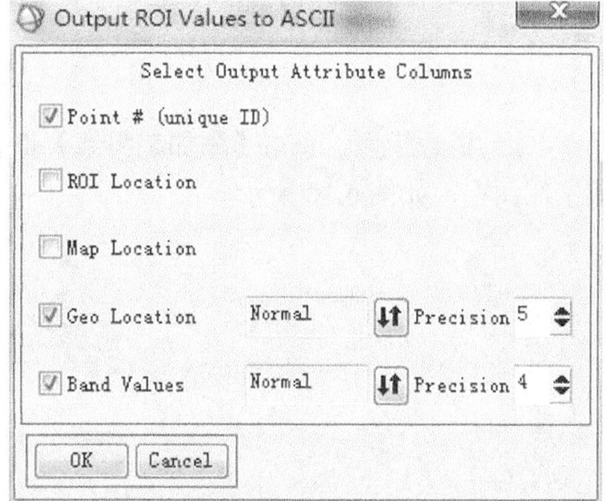

图 6.14　【Output ROI Values to ASCII】对话框

2. 建立生物量估算模型

将<实测生物量 1.xls >中的实测水稻生物量复制到 Excel 中，即已打开的含有 NDVI、DVI、OSAVI 数值的表格，生物量敏感指数（NDVI,DVI,OSAVI）为反演的自变量 x，实测生物量为模型的反演因变量 y。点击【插入】→【图表】→【散点图】建立散点图。详细步骤见 6.6.1 中“2. 建立生物量估算模型”。

@注意：建立散点图前应先将所获得的 NDVI 等数值按纬度降序排序，确保结果一致。

（1）对数模型。点击【添加趋势线】拟合生成趋势线，选择【对数】，将拟合方程及 R^2 显示在图表中，如图 6.15 所示。

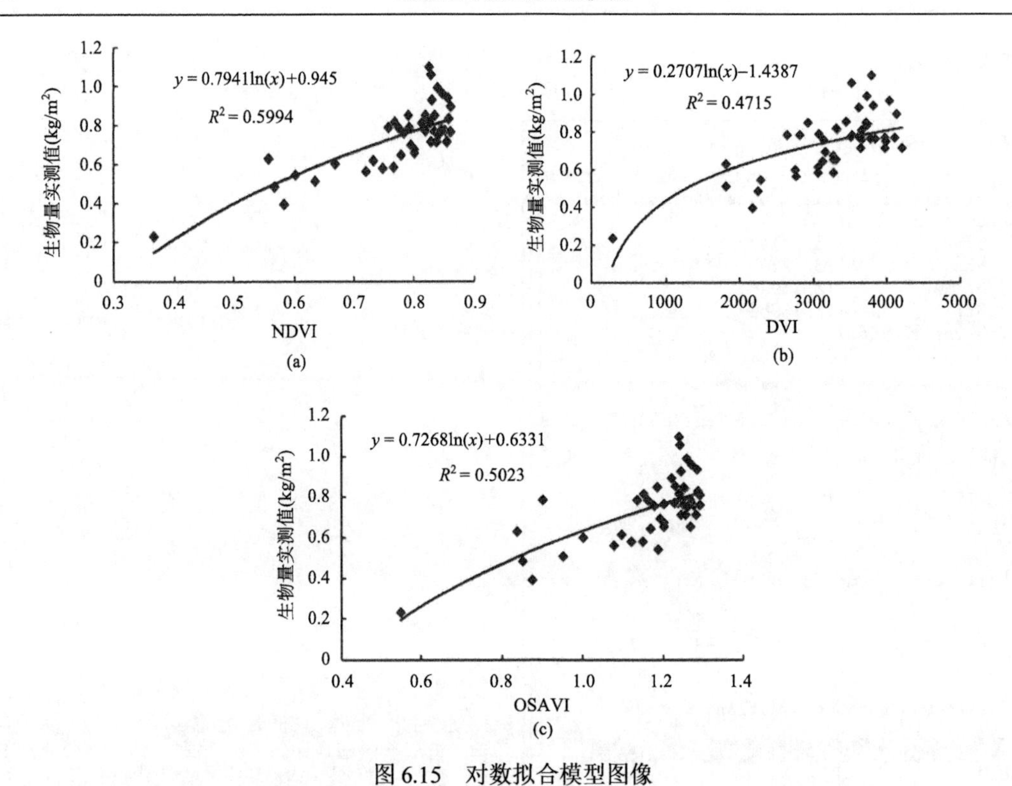

图 6.15　对数拟合模型图像

（2）指数模型。点击【添加趋势线】拟合生成趋势线，选择【指数】，将拟合方程及 R^2 显示在图中，如图 6.16 所示。

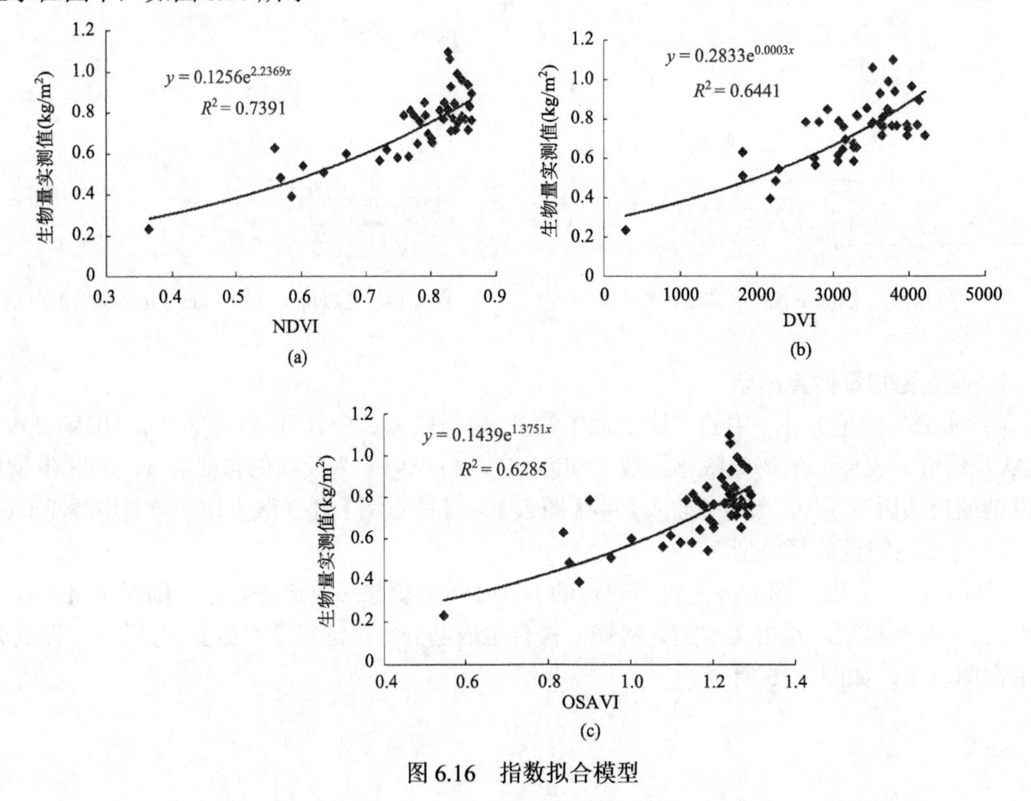

图 6.16　指数拟合模型

（3）多项式模型。点击【添加趋势线】拟合生成趋势线，选择【多项式】→【二次】，将拟合方程及 R^2 显示在图表中，如图 6.17 所示。

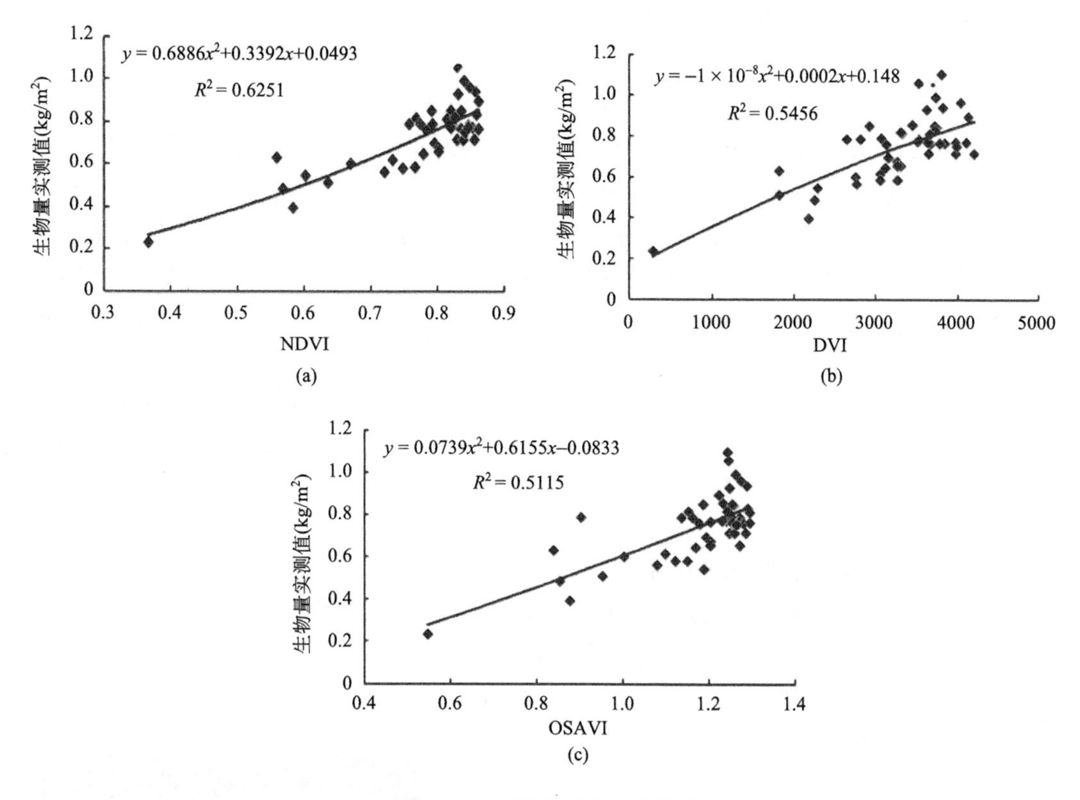

图 6.17　二次多项式拟合模型

3. 精度评价

根据上述各指数、各模型的拟合结果，比较水稻生物量各遥感模型反演的精度，如表 6.2 所示。

表 6.2　水稻生物量不同遥感定量反演模型的精度对比

光谱敏感参数		对数模型	指数模型	多项式模型（二次）
NDVI	拟合公式	$y=0.7941\ln(x)+0.945$	$y=0.1256e^{2.2369x}$	$y=0.6886x^2+0.3392x+0.0493$
	R^2	0.5994	0.7391	0.6251
	RMSE	0.1012	0.09806	0.09893
DVI	拟合公式	$y=0.2707\ln(x)-1.4387$	$y=0.2833e^{0.0003x}$	$y=-1\times10^{-8}x^2+0.0002x+0.148$
	R^2	0.4715	0.6441	0.5456
	RMSE	0.1162	0.1113	0.1089
OSAVI	拟合公式	$y=0.7268\ln(x)+0.6331$	$y=0.1439e^{1.3751x}$	$y=0.0739x^2+0.6155x-0.0833$
	R^2	0.5023	0.6285	0.5115
	RMSE	0.1128	0.1122	0.1129

通过表 6.2 分析可知，NDVI 的指数模型反演的精度较高，即 R^2 为 0.7391，RMSE 为 0.09806，它尤其是在 0.2756~1.036 kg/m^2 水平生物量模拟效果较好。由此，在计算区域水稻生物量的空间分布时采用 NDVI 的指数模型。

4. 模型的验证

重复步骤 6.6.2 中的 “1. 生物量敏感的光谱指数构建” 的操作步骤，获得 18 个 GCP 点的 NDVI 数值，代入指数模型 $y = 0.1256e^{2.2369x}$，获得预测生物量结果 y。详细步骤如下：创建新的 Excel 表格，将获得的检验点的 NDVI 放入表中第一列，鼠标点击第二列第一行，输入纵列名称“预测生物量”，鼠标下移至第二列第二行，在表格中输入：y=0.1256e$^{2.3369x}$，并且将公式中的 x 替换为 NDVI 中与之对应行的数值，点击回车即可获得预测生物量数值。之后，将鼠标放在此表格右下角，光标变为“加号”后下拉列表，获得所有点的预测生物量。

将所得的预测生物量值与实际<实测生物量 2.xls >中的实测生物量数据放入同一个新的 Excel 工作表格中，创建两数值之间的拟合关系，详细步骤见 6.6.1 “2. 建立生物量估算模型”，所得的拟合结果如图 6.18 所示，水稻生物量的预测效果较好，决定系数（R^2）为 0.694。

5. 区域中水稻生物量的空间分布

（1）使用与雷达影像的相同方法对水稻分布的多光谱影像进行模拟绘制，得到如图 6.19 所示结果：白色为水稻分布区域，黑色为其他地物。

（2）将计算后的水稻分布影像在 ArcMap 中制图并输出（图 6.20）。

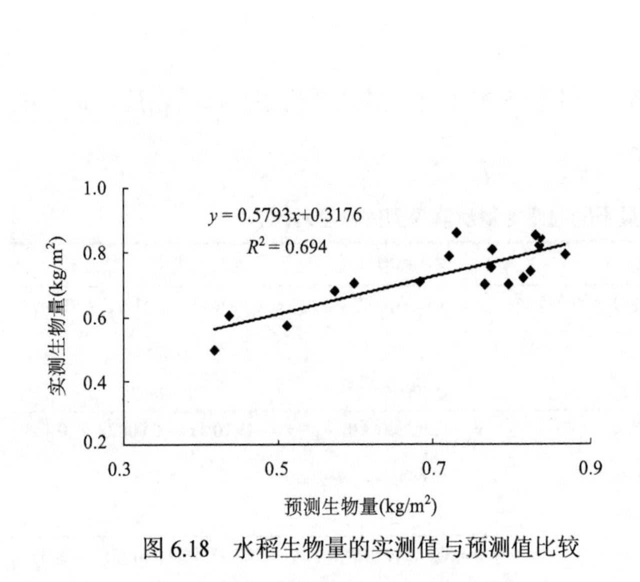

图 6.18　水稻生物量的实测值与预测值比较

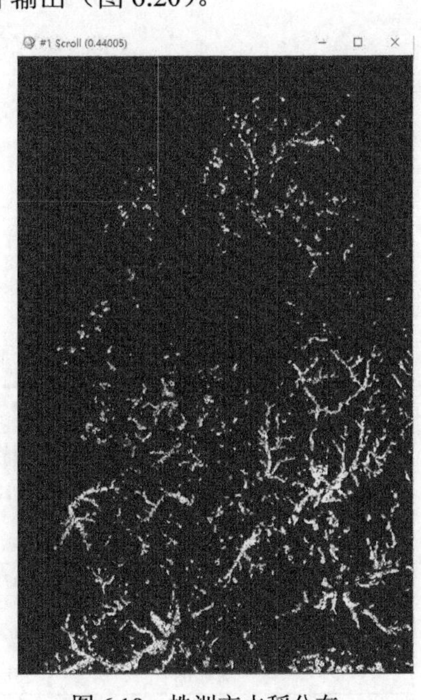

图 6.19　株洲市水稻分布

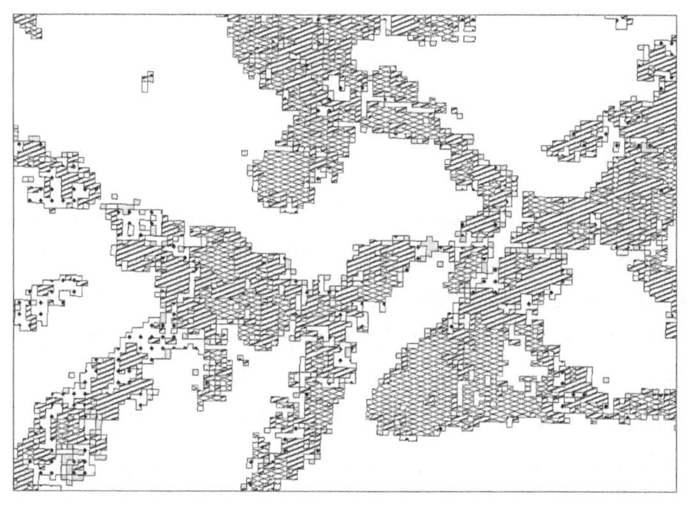

图 6.20　基于光学遥感数据的水稻生物量空间分布（局部图）

6.7 练　习　题

（1）利用 Radarsat 2 雷达数据，构建基于水云模型的水稻生物量遥感反演算法。

水云模型为半经验模型，其拟合公式为 $y = a \times b - b \times \ln(c - x)$，$x$ 为雷达影像极化后向散射系数，参数 a、 b、 c 通过雷达影像后向散射系数与实测水稻生物量进行拟合得到。

有兴趣的读者在 MATLAB、Origin 等数学软件中导入所要拟合的数据进行拟合，建立水云模型。

（2）构建基于 DVI 指数模型的水稻生物量遥感反演算法，根据水稻分布数据 <ZhuzhouLandsat8_Rice>，绘制水稻生物量的空间分布。

（3）构建基于 OSAVI 指数模型的水稻生物量遥感反演算法，根据水稻分布数据 <ZhuzhouLandsat8_Rice>，绘制水稻生物量的空间分布。

6.8 实 验 报 告

（1）根据前面的实验步骤，完成表 6.3。

表 6.3　基于光谱 NDVI 水稻生物量模型的构建与验证

光谱敏感参数 NDVI		对数模型	指数模型	多项式模型（二次）
模型建立	拟合公式			
	R^2			
	RMSE			
模型验证	实验值与预测值线性拟合公式			
	R^2			
	RMSE			

（2）完成练习题（2）。

（3）完成练习题（3）。

6.9 思 考 题

（1）在构建水稻生物量的定量遥感模型时，如何优选出最佳遥感模型？

（2）在实验步骤中，构建水稻生物量的遥感模型时，均采用单一变量进行构建（如 VV 极化、NDVI、OSAVI、DVI），是否可以采用多个变量构建水稻生物量遥感模型？

（3）雷达遥感与光学遥感均可以用于植被生物量的反演，试阐述雷达遥感与光学遥感的区别，它们各有什么特点及应用优势。

（4）利用雷达遥感数据进行水稻生物量反演时，有哪些因素会影响水稻的后向散射系数？

（5）雷达遥感除了应用在作物生物量反演之外，还可以应用在哪些领域？

第二篇　土地覆盖与全球变化遥感

实验 7　土地覆盖遥感分类及其动态变化分析

7.1 实 验 要 求

根据北京市海淀区 1992~2013 年的遥感影像数据，完成下列分析：

（1）对北京市海淀区各时期的土地覆盖类型进行遥感识别。

（2）统计不同时期各类土地覆盖类型的面积。

（3）计算各时期土地覆盖类型变化的数量和速度。

7.2 实 验 目 标

（1）掌握基于决策树的遥感数据分类方法。

（2）分析土地覆盖变化规律。

7.3 实 验 软 件

ENVI 5.2、ArcGIS 10.2。

7.4 实验区域与数据

7.4.1 实验数据

【BJ】文件夹

<HD_1992>：1992 年北京市海淀区 Landsat5 TM 多光谱影像数据。

<HD_1999>：1999 年北京市海淀区 Landsat7 ETM+多光谱影像数据。

<HD_2006>：2006 年北京市海淀区 Landsat5 TM 多光谱影像数据。

<HD_2013>：2013 年北京市海淀区 Landsat8 OLI 多光谱影像数据。

【Vector_HD】文件夹

<HD.shp>：北京市海淀区矢量数据。

7.4.2 实验区域

海淀区是北京市下辖的一个区，区域示意如图 7.1 所示。海淀区地跨 39°53′N～40°09′N，

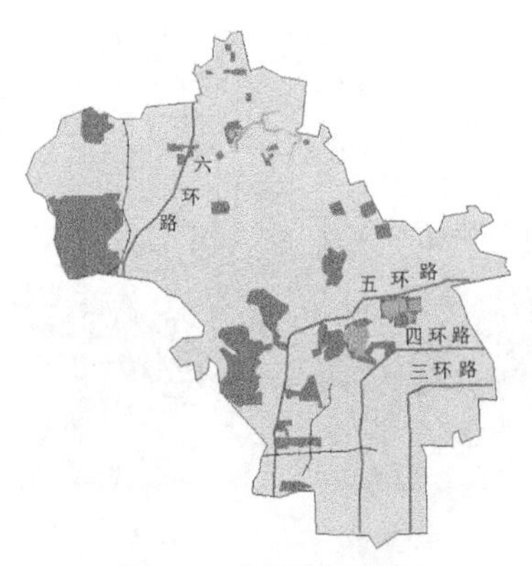

图 7.1　实验区示意图

116°03′E～116°23′E。全区面积 430.8km²，南北长约 30km，东西最宽处 29km，约占北京市总面积的 2.53%。地势西高东低，西部为海拔 100m 以上的山地，面积约为 66km²，占全区总面积的 15%左右；东部和南部为海拔 50m 左右的平原，面积约 360km²，占全区总面积的 85%左右。区内最高峰为阳台山妙高峰，海拔 1278m；最低处为清河镇东的黑泉村，海拔 35m 左右。西部山区统称西山，属太行山余脉，有大小山峰 60 余座；整个山势呈南北走向，香山北面的打鹰洼主峰山峦向东延伸，至望儿山止，呈东西走向，把海淀区分为两部分。

7.5　实验原理与分析

土地覆盖是指地球表面的自然状态，如森林、草地、农田等。遥感可直接得到土地覆盖信息，土地覆盖遥感分类方法主要有基于统计理论的分类、基于 GIS 辅助信息的分类和基于知识的分层分类等。本实验采取决策树对土地覆盖进行分层分类。相比其他常规遥感分类方法，决策树应用于遥感影像分类主要有以下优点：当遥感影像数据空间特征的分布很复杂，或多源数据具有不同的统计分布和尺度时，使用决策树分类法能获得比较理想的分类结果；分类决策树的结构清晰、易于理解、实现简单、运行速度快和准确性高，同时也便于快速修改；决策树方法能够实现有效地抑制训练样本噪声，可解决训练样本存在噪声使得分类精度降低的问题。决策树分类的步骤大体上可分为四步：知识（规则）定义、规则输入、决策树运行和分类后处理，相关内容可参考实验 2。

实验要求（1）是区分海淀区的土地覆盖类型，本实验根据研究区域的特点和全国土地覆盖分类体系，将土地覆盖类型分成 6 类，分别为耕地、林地、草地、裸地、水体和建设用地。实验要求（2）通过统计不同时期的地物面积来计算土地利用转移矩阵，计算公式为

$$LC_j = k \times LC_i \tag{7.1}$$

本公式反映在一定时间间隔内，i 土地利用类型转化为 j 类型的数量，其中，C_i 指区域内第 i 级土地利用程度分级面积百分比。实验要求（3）选取两个指标来反映各时期土地覆盖类型变化的数量和速度，分别为单一土地利用动态度和综合土地利用动态度。单一土地利用动态度计算公式为

$$k = \frac{LU_b - LU_a}{LU_a} \times \frac{1}{T} \times 100\% \tag{7.2}$$

本公式直接反映 T 时段内某一地类变化的幅度和速率，其中，LU_i 为区域内第 i 类地物的面积。

综合土地利用动态度，计算公式为

$$LC = \frac{\sum_{i=1}^{n} LU_{i-j}}{2\sum_{i=1}^{n} LU_i} \times \frac{1}{T} \times 100\% \tag{7.3}$$

综合土地利用动态度用于表述某研究区 T 时段内，土地利用的数量变化程度。其中，LU_i 为监测期始第 i 地类的面积；LU_{i-j} 为监测期内第 i 地类转为非 i 地类的面积。

7.6　实 验 步 骤

7.6.1　辐射匹配

（1）在 ENVI 中打开 2006 年北京市海淀区影像<HD_2006>，分别选择 Band 1~Band7，点击【Load Band】，分别将 7 个波段显示在 Display 中。

（2）在主图像窗口点击【Enhance】→【Interactive Stretching】，找到对应波段的最大和最小亮度值 DN_{max}、DN_{min}。图 7.2 所示为 Band 2 的灰度直方图。

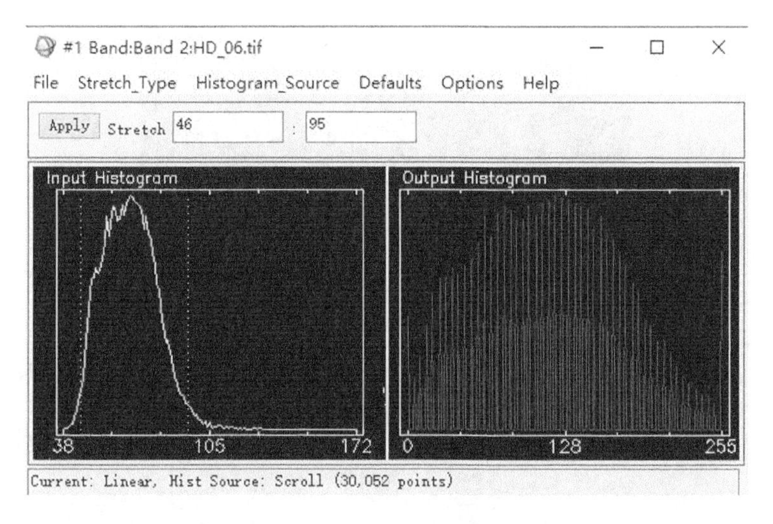

图 7.2　Band 2 的灰度直方图

（3）在 ENVI 主菜单点击【Basic Tools】→【Band Math】(这里以第二波段为例)，在输入栏中输入：(float（b2）–38) / (172–38)，点击【OK】。在弹出的对话框为 b2 选择波段，设置输出路径，点击【OK】。

@注意：辐射匹配公式：$(B1–DN_{min})/(DN_{max}–DN_{min})$，其中，B1 为辐射匹配的波段；$DN_{max}$ 和 DN_{min} 分别为对应波段的最大和最小亮度值。

（4）在主菜单点击【Basic Tools】→【Layer Stacking】，将辐射匹配处理后的波段合成。

7.6.2　决策树分类

1. ROI 选取

为了更好地找出不同地物的反射光谱差异，建立准确的分类规则，本实验结合遥感影像和同时期谷歌地球上的影像，在谷歌地球上选取各类典型地物样本数据，并转化为 ROI（以 2006 年为例）。

（1）在 ENVI 中加载图像<HD_2006>，在主图像窗口中选择【Tools】→【SPEAR】→【Google Earth】→【Jump to Location】，系统自动启动谷歌地球，在谷歌地球的菜单栏中点击，将时间条拉到 2006 年 12 月 31 日（谷歌地球上定位时间根据读者实际情况而定），如图 7.3 所示。

图 7.3　时间条

（2）打开 ArcMap，点击【Add Data】，加载海淀区矢量边界数据<Vector_HD>，将颜色改为空心（以更好地在谷歌地球上显示边界）。在【ArcToolbox】中点击【Conversion Tools】→【to KML】→【Layer to KML】，点击【OK】。

（3）在谷歌地球中点击【文件】→【打开】，在影像中加载转换后的边界<HD.kmz>，如图 7.4 所示。

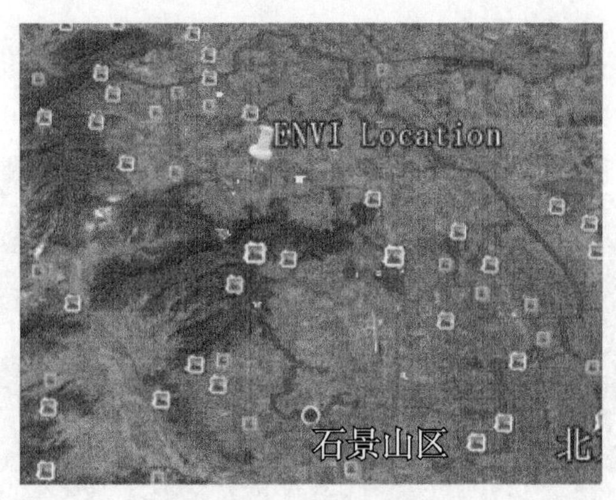

图 7.4　海淀区边界

（4）在菜单栏点击图标，在影像上勾画地物类型，本实验需要建立水体、耕地、草地、林地、裸地和建设用地。图 7.5 所示为“水体”多边形设置窗口，可以修改样式/颜色和名称等。

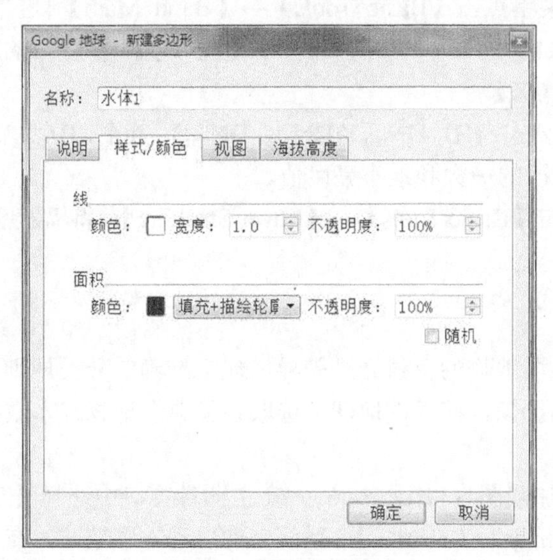

图 7.5　新建多边形

（5）绘制完所有的地物类型后，在左侧【位置】下拉框中右击文件夹，将位置另存为<kmz>文件，如图 7.6 所示。

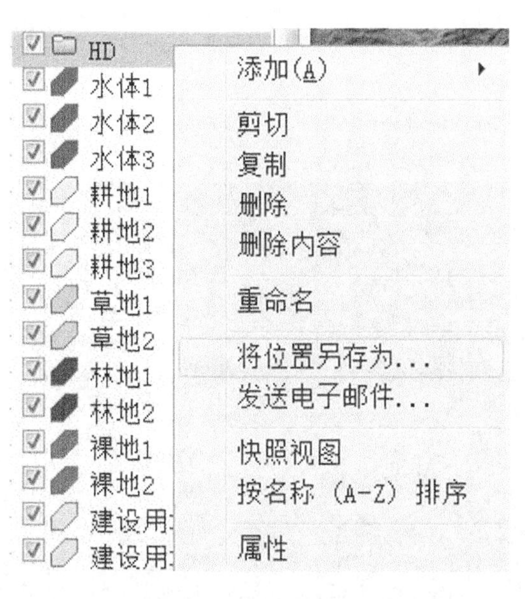

图 7.6　保存位置

（6）在 ArcGIS 的【ArcToolbox】中点击【Conversion Tools】→【From KML】→【KML to Layer】，选择上一步得到的<kmz>文件，设置输出文件名，点击【OK】。再右击图层，点击【Data】→【Export Data】，点击【OK】。

（7）在 ENVI 中打开【File】→【Open Vector File】，打开上一步得到的矢量文件，在弹出的对话框中保持默认参数，点击【OK】。在弹出的【Available Vectors List】窗口点击【File】→【Export Layers to ROI】；再在弹出的窗口中选择需要进行分类的影像，点击【OK】；然后在弹出的【Export EVF Layers to ROI】窗口选择第二项，属性选择【Name】，点击【OK】，如图 7.7 所示。

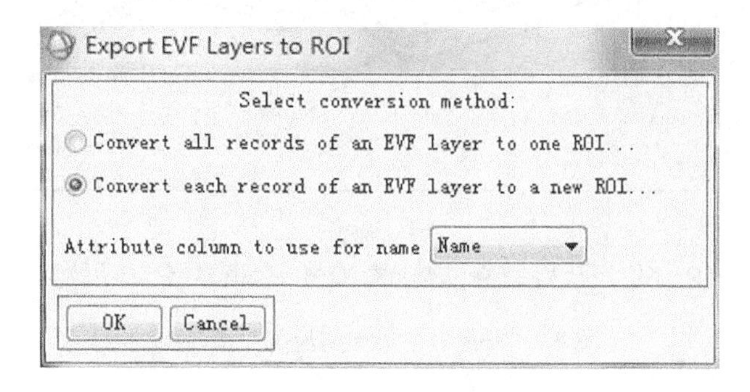

图 7.7　转换 ROI

2. 地物反射光谱特征分析

（1）在 ENVI 中加载图像<HD_2006>，在主图像窗口加载上一步得到的 ROI，在【ROI Tool】窗口点击【File】→【Export ROIs to n-D Visualizer】，在弹出的对话框中选择图像

<HD_2006>，点击【OK】。

（2）在【n-D Controls】窗口点击【Options】→【Mean All】，在弹出的窗口选择图像<HD_2006>，在【ROI Tool】中更改各个地物的颜色，使其各不相同，点击【OK】，得到如图 7.8 所示的光谱曲线。

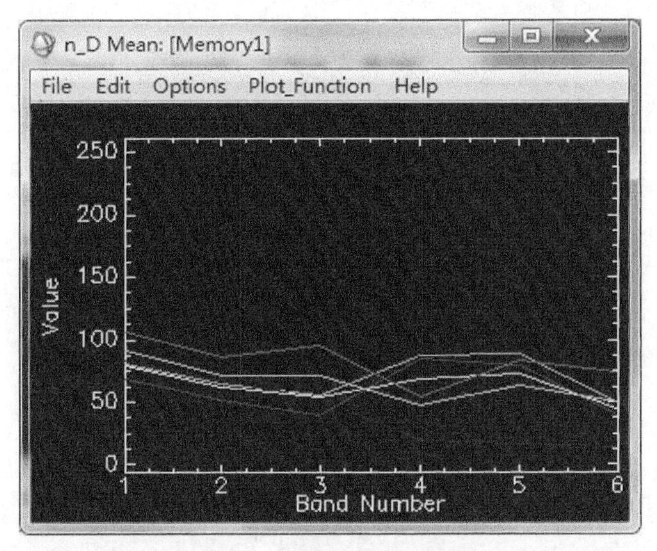

图 7.8　各类地物光谱曲线

（3）点击【File】→【Save Plot As】→【ASCII】，将曲线图保存为.txt 文件，在 Excel 中打开.txt 文件，并绘制折线图。如图 7.9 所示，横轴代表波段号，纵轴代表每类地物样本遥感影像灰度值的平均值。

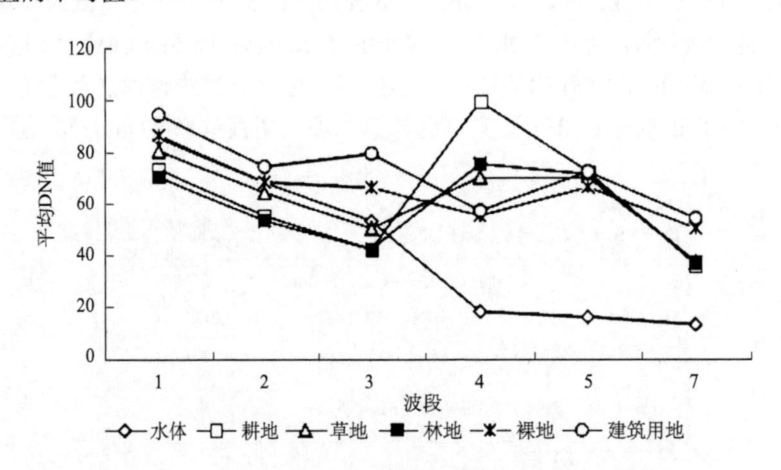

图 7.9　海淀区各类地物反射光谱曲线

3. 建立分类规则

@注意：该分类规则只适用 2006 年数据，其他年份数据读者需重新设定分类规则。根据地物波段的 DN 值（图 7.9），植被指数（如 NDVI 值）等特征确定分类规则。

（1）区分植被与非植被。主要通过设定 NDVI（归一化植被指数）的阈值进行区分，

NDVI<0 即为非植被，NDVI>0 为植被。所以非植被与植被的提取模型为 NDVI<0。

$$\mathrm{NDVI}=\frac{\mathrm{NIR}-\mathrm{Red}}{\mathrm{NIR}+\mathrm{Red}} \tag{7.4}$$

式中，Red 和 NIR 分别对应 Landsat TM 数据的 Band 3 和 Band 4。

（2）水体的提取。由水体的反射光谱曲线可知，水体在第 4、5 和 7 波段的反射率很低，通过多次试验，将阈值设为 70，所以水体的提取模型为 NDVI<0 and Band 4+Band 5+Band 7<70。

（3）建设用地和裸地的提取。由建设用地和裸地的反射光谱曲线可知，它们在第 4、5 和 7 波段的反射率基本一致，而在第 1、2 和 3 波段，裸地的反射率都要低于建筑用地，通过多次试验将阈值设为 200。所以建设用地和裸地的提取模型为 NDVI<0 and Band 1+Band 2+Band 3>200

（4）耕地的提取。耕地和其他植被的区分主要是基于 NDVI 的阈值，根据已有的研究结果，NDVI<0.15 可以将耕地和其他植被很好地区分。所以耕地的提取模型为：NDVI>0 and NDVI<0.15。

（5）草地和林地的提取。由草地和林地的反射光谱曲线可知，草地和林地在第 4、5 和 7 波段的反射曲线基本一致，而在第 1、2 和 3 波段，草地的反射率都要高于林地，通过多次试验将阈值设为 180。所以草地和林地的提取模型为 NDVI>0.15 and Band 1+Band 2+Band 3>180。

4. 输入决策树规则

（1）计算 NDVI（本实验以海淀区 2006 年 Landsat TM 影像数据为例）。在 ENVI 中打开图像<HD_2006>，以波段 5、4、3 合成 RGB 显示在主图像窗口中。在主菜单中点击【Basic Tools】→【Band Math】，根据式(7.4)在输入栏中输入：(float(b4)–float(b3))/(float(b4)+ float(b3))，点击【OK】。在弹出的窗口中为 b4 和 b3 选择对应的波段，设置输出路径及文件名，点击【OK】。

（2）在主菜单中点击【Classification】→【Decision Tree】→【Build New Decision Tree】，决策树面板上默认显示了一个节点。

（3）区分植被和非植被。单击【Node1】，在弹出的窗口【Name】中输入：NDVI<0，在【Expression】中输入：b0 lt 0，如图 7.10 所示，点击【OK】。

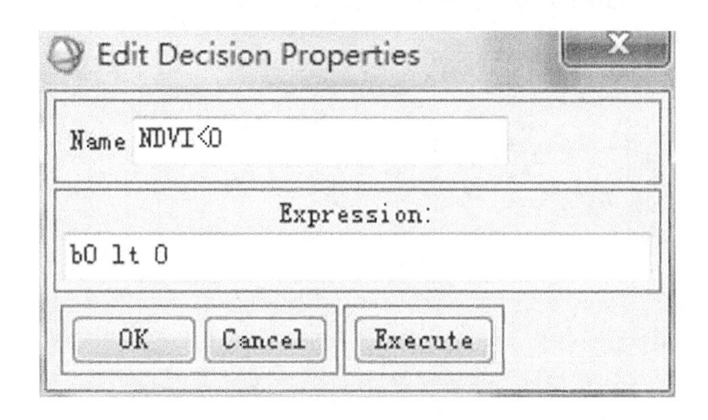

图 7.10　区分植被和非植被

（4）在弹出的【Variable/File Pairings】窗口中为 b0 选择 NDVI 图像数据，如图 7.11 所示。

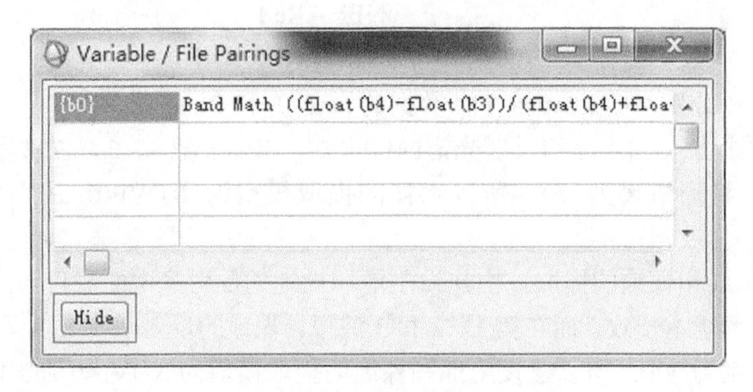

图 7.11　指定数据源

（5）提取水体。在【Decision Tree】面板中右击【Class1】，选择【Add Children】，单击节点标识符，打开节点属性窗口，输入规则，在【Name】中输入：Band 4+Band 5+Band 7<70，在【Expression】中输入：(b4+b5+b7) lt 70，如图 7.12 所示，点击【OK】。

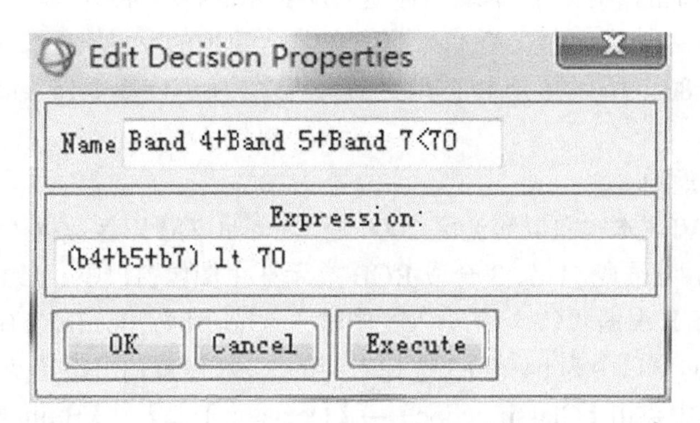

图 7.12　提取水体

（6）在弹出的【Variable/File Pairings】窗口中为 b4、b5 和 b7 选择图像数据，分别对应<HD_2006>图像的第 4、5 和 7 波段，如图 7.13 所示。

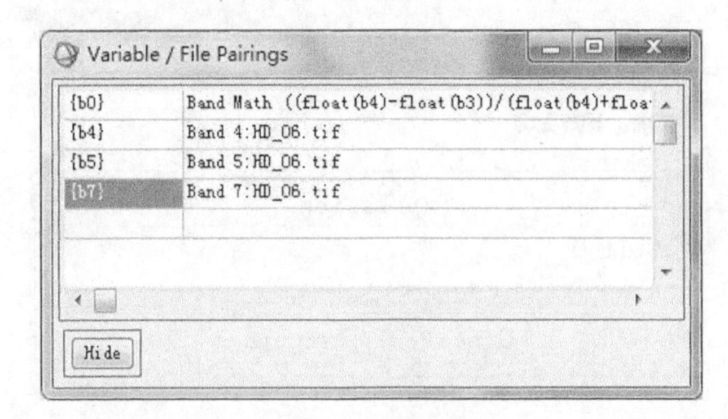

图 7.13　指定数据源

（7）区分裸地和建筑用地。在【Decision Tree】面板中右击【Class1】，选择【Add Children】，单击节点标识符，打开节点属性窗口，输入规则，在【Name】中输入：Band 1+Band 2+Band 3>200，在【Expression】中输入：(b1+b2+b3) gt 200，点击【OK】，如图 7.14 所示。在弹出的【Variable/File Pairings】窗口中为 b1、b2 和 b3 选择<HD_2006>图像的第 1、2 和 3 波段。

（8）区分耕地和其他植被。在【Decision Tree】面板中右击【Class0】，选择【Add Children】，单击节点标识符，打开节点属性窗口，输入规则，在【Name】中输入：NDVI<0.15，在【Expression】中输入：b0 lt 0.15，点击【OK】，如图 7.15 所示。

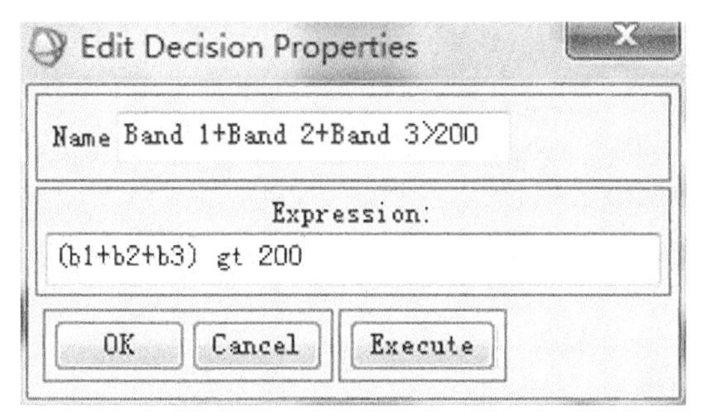

图 7.14　区分裸地和建筑用地

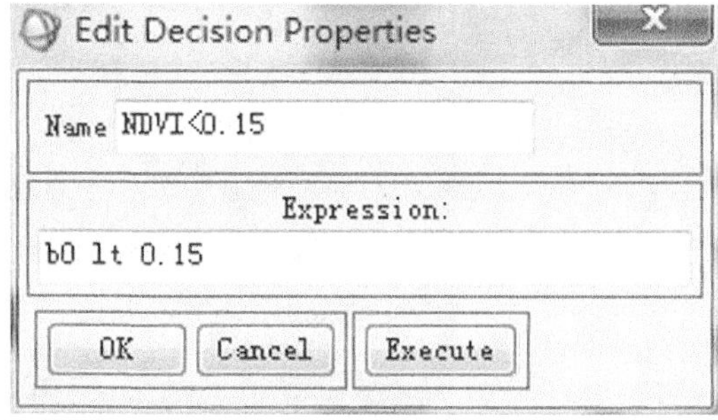

图 7.15　区分耕地和其他植被

（9）区分草地和林地。在【Decision Tree】面板中右击【Class4】，选择【Add Children】，单击节点标识符，打开节点属性窗口，输入规则，在【Name】中输入：Band 1+Band 2+Band 3>180，在【Expression】中输入(b1+b2+b3) gt 180，点击【OK】，如图 7.16 所示。

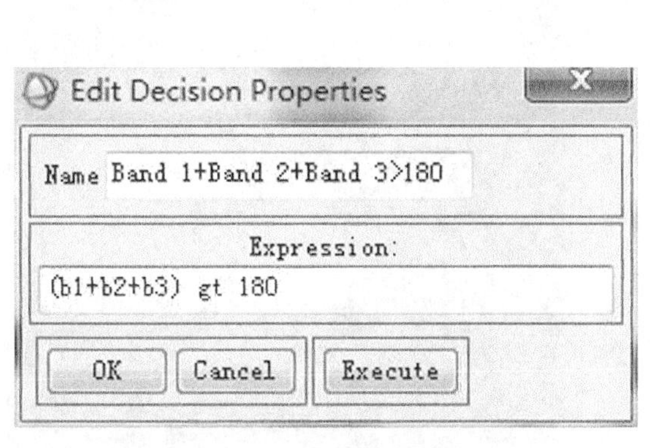

图 7.16　区分草地和林地

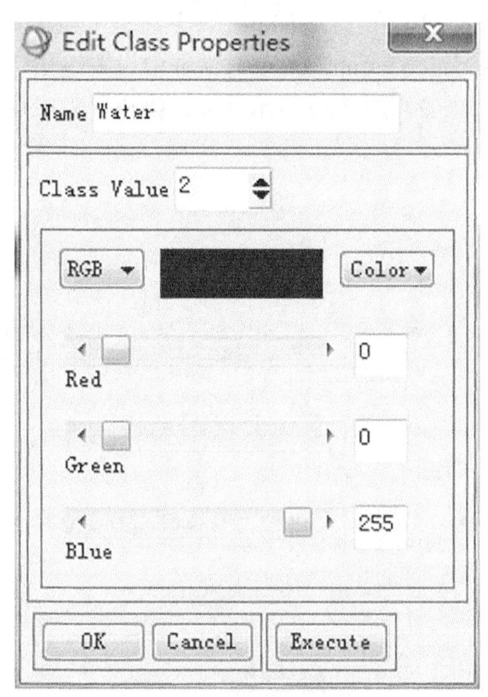

图 7.17　编辑类别属性

（10）在【Decision Tree】面板中修改 Class1~Class6 的名称，如“Class2”的修改，单击【Class2】，在弹出的【Edit Class Properties】窗口中，修改【Name】为 water，点击【Color】修改颜色，点击【OK】，如图 7.17 所示。用同样的方法修改其他类别，图 7.18 所示为修改完成后的决策树。

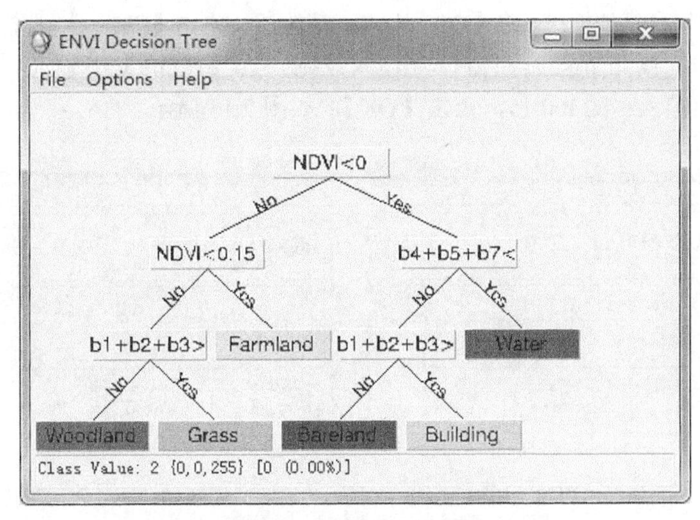

图 7.18　规则输入结果图

@注意：规则各节点的数据可见图 7.21。

5. 执行决策树

（1）在【Decision Tree】面板中点击【Options】→【Execute】，在弹出的【Decision Tree Execution Parameters】对话框中设置输出路径，点击【OK】，如图 7.19 所示。

（2）图 7.20 所示为决策树执行完成后的结果。

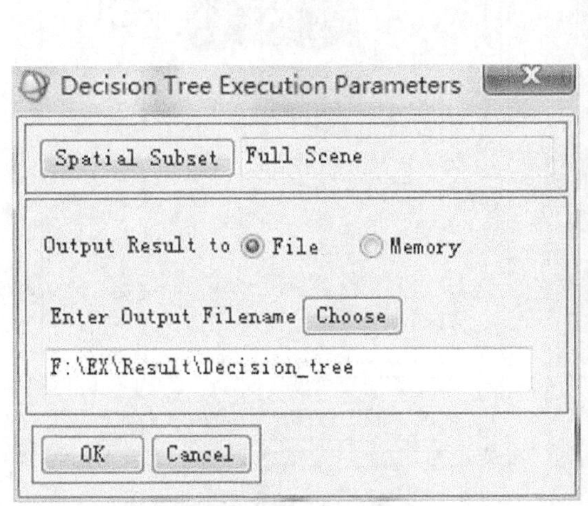

图 7.19　执行决策树

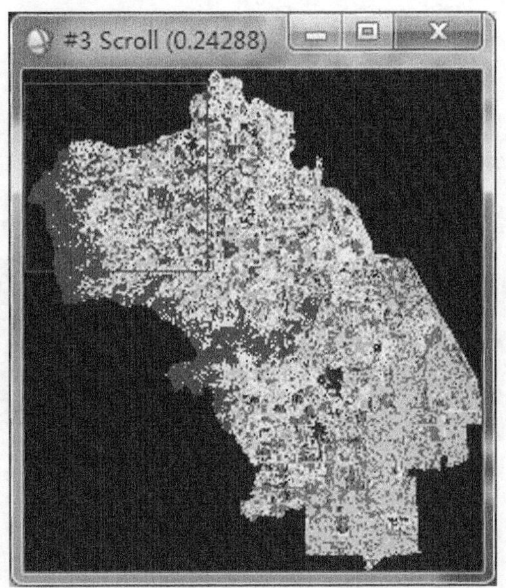

图 7.20　决策树运行结果

（3）在【Decision Tree】面板的空白处右击，选择【Zoom In】，如图 7.21 所示，可以看到每一个类别有相应的统计结果（以像素和百分比表示）。如果修改了某一节点或者类别的属性，可以左键单击节点或者末端类别图标，单击【Execute】，重新运行修改部分的决策树。

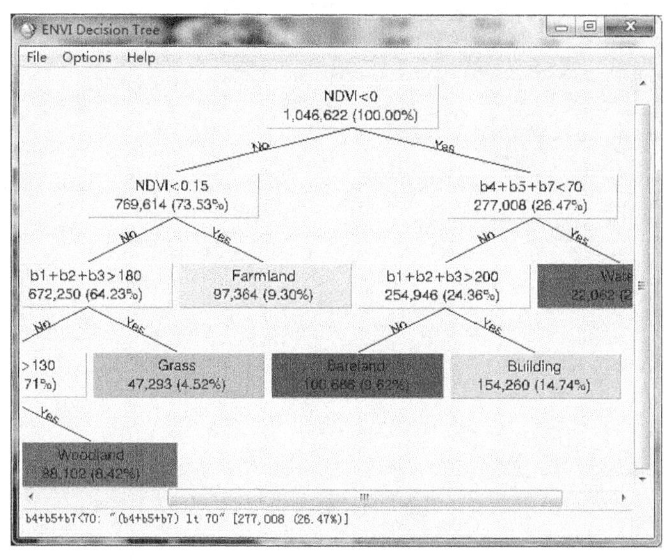

图 7.21　统计结果

6. 精度评价

（1）分别打开决策树分类的结果<Decision_tree>和<HD_2006>，其中<HD_2006>以波段 3、2、1 合成 RGB 显示在主图像窗口中。在主图像窗口菜单栏中点击[Tool]→[Link]→【Geographic Link】，在弹出的窗口勾选 Display#1 和 Display#2。

（2）通过目视解译绘制 ROI。在主菜单点击【Basic Tools】→【Region of Interest】→【ROI Tool】，在【Window】选项中点选【Zoom】，表示在 Zoom 窗口绘制 ROI。图 7.22 所示为绘制完成后的 ROI。

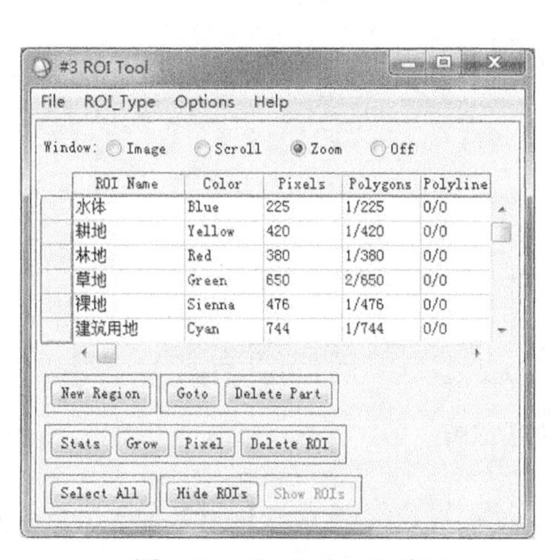

图 7.22　【ROI Tool】窗口

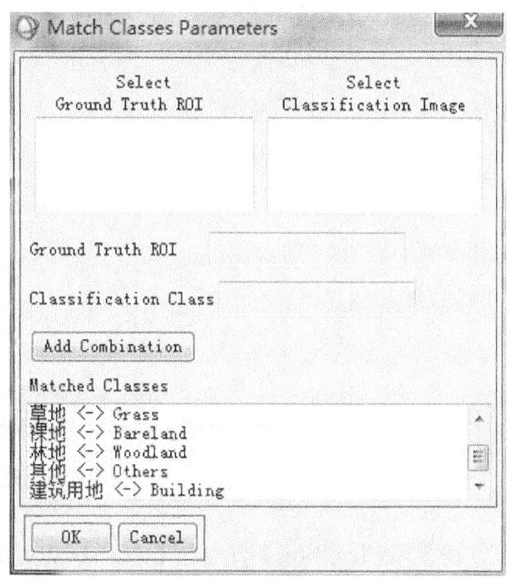

图 7.23　分类匹配窗口

（3）在主菜单点击【Classification】→【Post Classification】→【Confusion Matrix】→【Using Ground Truth ROIs】，在弹出的窗口中，选择要匹配的名称，如图 7.23 所示。

（4）在混淆矩阵输出窗口的【Output Confusion Matrix】中，选择像素和百分比，点击【OK】，得到总体分类精度和 Kappa 系数，如图 7.24 所示。

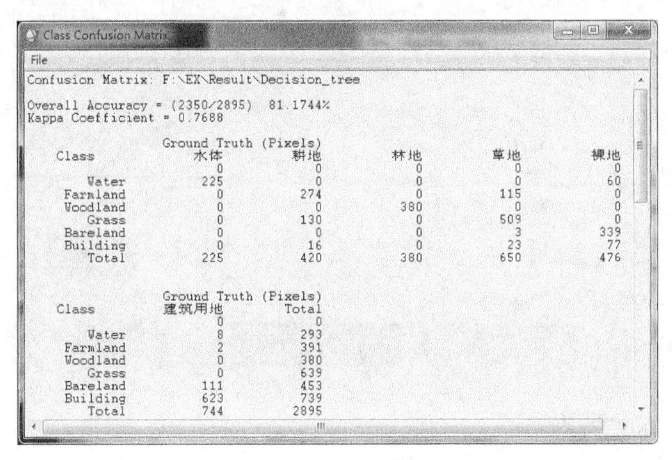
Class Confusion Matrix
File

Confusion Matrix: F:\EX\Result\Decision_tree

Overall Accuracy = (2350/2895) 81.1744%
Kappa Coefficient = 0.7688

Class	Ground Truth (Pixels) 水体	耕地	林地	草地	裸地
	0	0	0	0	0
Water	225	0	0	0	60
Farmland	0	274	0	115	0
Woodland	0	0	380	0	0
Grass	0	130	0	509	0
Bareland	0	0	0	3	339
Building	0	16	0	23	77
Total	225	420	380	650	476

Class	Ground Truth (Pixels) 建筑用地	Total
	0	0
Water	8	293
Farmland	2	391
Woodland	0	380
Grass	0	639
Bareland	111	453
Building	623	739
Total	744	2895

图 7.24　分类精度

7.6.3　土地利用覆盖变化分析

1. 栅格转矢量

（1）在 ENVI 主菜单栏点击【File】→【Save File as】→【TIFF/Geo TIFF】，将分类后的影像导出为 TIFF 图像。在 ArcMap 打开分类结果图，点击【Spatial Analyst Tools】→【Extraction】→【Extract by Mask】去掉背景部分，如图 7.25 所示。

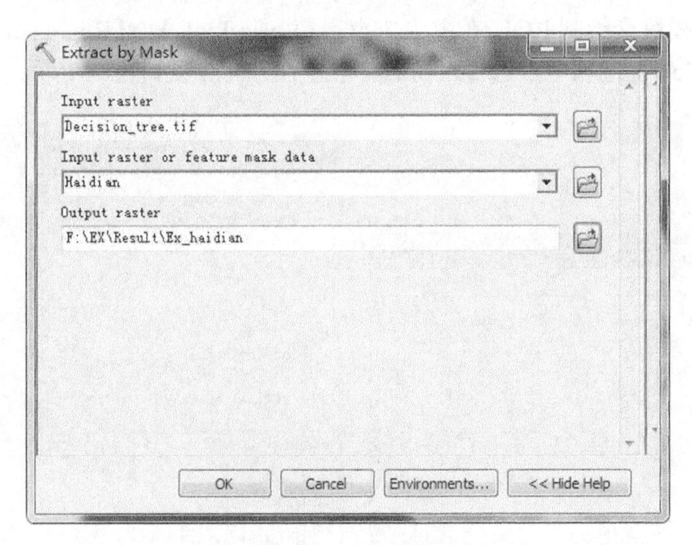

图 7.25　去掉背景值

（2）在【ArcToolbox】中点击【Conversion Tools】→【From Raster】→【Raster to Polygon】，将影像转为矢量图，如图 7.26 所示。

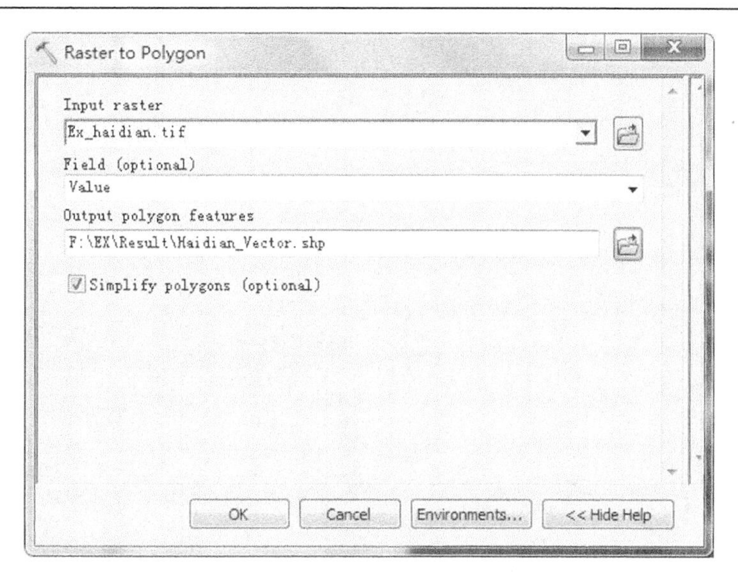

图 7.26　栅格转面

2. 添加字段

（1）打开上一步得到的属性表，点击【Options】→【Select by Attributes】→【Gridcode】→【Get Unique Values】，在输入栏单击“=”和想要合并的 Gridcode 字段的值。打开编辑器，点击【Merge】，再点击【OK】，依次将属性值为 1、2、3、4、5、6 的记录合并，点击【Save Edits】。图 7.27 所示为合并完成后的结果。

Table

Haidian_Vector

FID	Shape *	ID	GRIDCODE
0	Polygon	1	3
1	Polygon	2	2
3	Polygon	4	5
6	Polygon	7	4
255	Polygon	256	1
959	Polygon	960	6

图 7.27　字段合并完成后结果

（2）点击【Stop Editing】，打开属性表，点击【Add Field】，添加属性为“类型”的字段，如图 7.28 所示；再点击【Start Editing】，给每个类型赋值，如图 7.29 所示。

（3）计算各类地物面积。在【ArcToolbox】中点击【Data Management Tools】→【Projections and Transformations】→【Project】，将原图的地理坐标系 WGS84 换为投影坐标系 WGS_1984_World_Mercator。

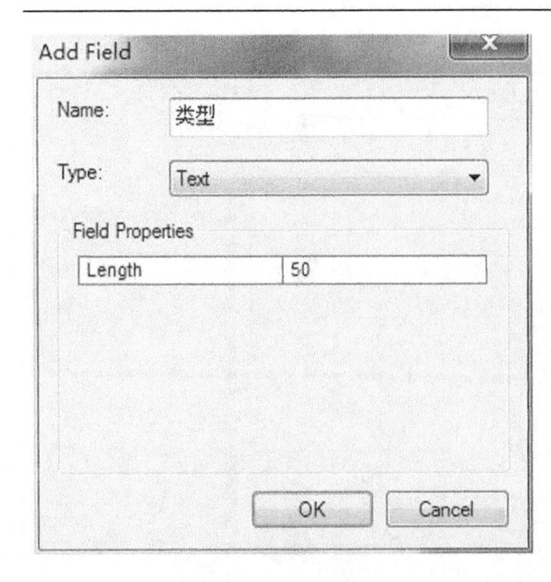

图 7.28　添加字段

Haidian_Vector

	GRIDCODE	FID	Shape *	ID	类型
	3	0	Polygon	1	裸土
	2	1	Polygon	2	林地
	5	2	Polygon	4	建筑用地
	4	3	Polygon	7	耕地
	1	4	Polygon	256	水体
	6	5	Polygon	960	草地

图 7.29　字段赋值

（4）打开变换投影后的地图属性表，新建“面积”字段，类型为“Double”，再右击选择【Calculate Geometry】，在弹出的窗口设置单位和坐标系。

（5）计算土地覆盖类型面积后，在属性表中点击【Export】，导出 dbf 文件。

3. 统计各类地物面积

用同样的方法对 2013 年海淀区各地物类型进行面积统计，并导出 dbf 文件，在 Excel 中打开 2006 年和 2013 年的 dbf 表格，并进行相关计算，如表 7.1 所示。

表 7.1　2006 年和 2013 年各类地物面积统计

土地利用类型	2006 年		2013 年	
	面积（km^2）	比例（%）	面积（km^2）	比例（%）
裸地	288.122	40.89	77.113	10.94
耕地	5.524	0.78	2.835	0.40
林地	110.95	15.75	105.824	15.02
建设用地	233.665	33.16	317.394	45.04
水体	2.288	0.32	4.587	0.65
草地	64.114	9.10	196.979	27.95
总和	704.731	100.00	704.663	100.00

4. 计算土地利用转移矩阵

（1）在 ArcMap 中加载添加过“面积”和“类型”字段的 2006 年和 2013 年的数据，在【ArcToolbox】中点击【Data Management Tools 】→【Generalization】→【Dissolve】。在弹出的对话框中选择要融合的图层，设置存储的位置及名称，【Dissolve_Field(s)】选择【Type】，勾选【Creat multipart features】，点击【OK】完成，如图 7.30 所示。重复此过程，对另一时相数据进行融合。此步骤使相同利用类型的记录融合为一个记录，以提高后面步骤的计算速度。

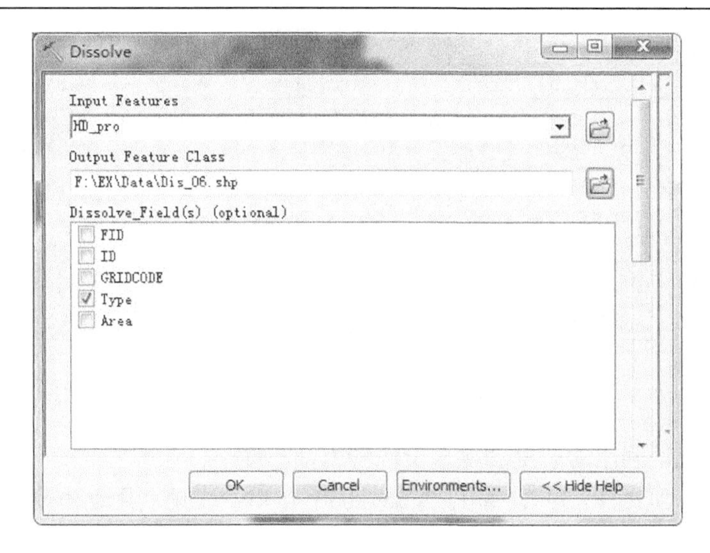

图 7.30　字段融合

（2）在 ArcMap 中打开上一步融合后的数据，在主菜单点击【Geoprocessing】→【Intersect】，在弹出的对话框中输入要素，设置输出路径，如图 7.31 所示。

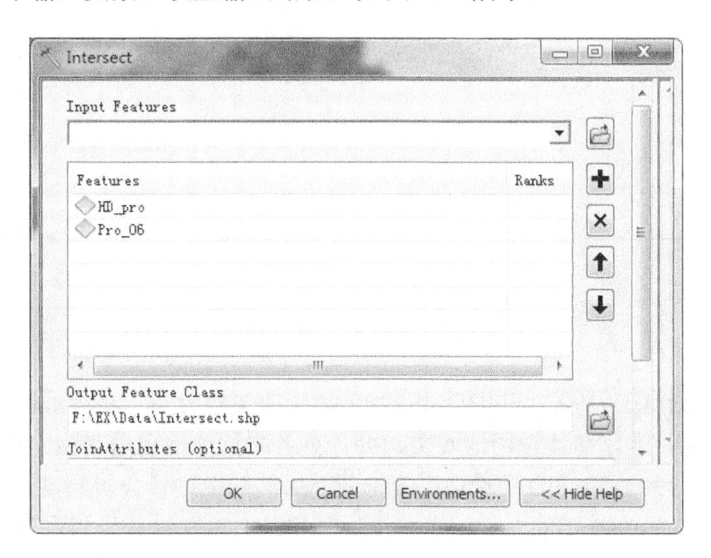

图 7.31　叠加分析

（3）加载叠加后的图层数据，在该图层上右键打开属性表，选择【Option】→【Add fields】新建一个字段，命名为<NewArea>。打开编辑器，然后在属性表中 NewArea 字段上单击右键选择【Calculate Geometry】，在打开的【Calculate Geometry】对话框中，【Property】选择“Area”，【Units】选择“km^2”，单击【OK】完成图斑面积计算，保存和退出编辑状态。

（4）在属性表中选择【Option】→【Export】，将属性表保存为 dbf 文件。在 Excel 中打开保存的 dbf，在 Excel 中选中所有数据，点击【插入】，选择【数据透视表】，点击【确定】。在打开的数据透视表中按图示将字段拖入相应区域，如图 7.32 所示。

求和项:Ne	Type						
Type_1	Bareland	Building	Farmland	Grass	Water	Woodla	总计
Bareland	51.75793	9.933	0.844609	6.067612		8.4258	77.0289
Building	95.128931	197.8455	1.102152	12.61344	0.34043	10.042	317.072
Farmland	1.3919627	0.355882	0.515014	0.121203		0.4496	2.83367
Grass	84.861788	22.47293	2.396515	36.30099	0.05342	50.737	196.823
Water	0.2272907	1.818934	0.001772	0.605863	1.89429	0.0384	4.58656
Woodland	54.382921	1.10033	0.6599	8.353215		41.201	105.698
总计	287.75082	233.5266	5.519961	64.06233	2.28813	110.89	704.042

图 7.32　土地利用转移矩阵

5. 计算单一土地利用动态度和综合土地利用动态度

根据式（7.2）和式（7.3）计算出 2006~2013 年单一土地利用动态度和综合土地利用动态度，如表 7.2 所示。

表 7.2　2006~2013 年各地类土地利用动态度

地物类型	单一土地利用动态度（%）	综合土地利用动态度（%）
裸地	–10.47	0.63
耕地	–6.96	3.00
林地	–0.66	4.16
建设用地	5.12	3.65
水体	14.37	8.44
草地	29.36	17.92

7.7　练　习　题

（1）根据数据<HD_1992>和<HD_1999>，运用决策树分类，将土地覆盖类型分为耕地、林地、草地、裸地、水体和建设用地 6 类，并计算各时期土地覆盖类型面积。

（2）对<HD_1992>和<HD_1999>决策树分类后的图像进行分类精度评价。

（3）计算 1992~1999 年的海淀区单一土地利用动态度和综合土地利用动态度。

7.8　实 验 报 告

（1）练习练习题（1），完成表 7.3。

表 7.3　1992 年和 1999 年各类土地利用面积统计

土地类型	1992 年		1999 年	
	面积（km^2）	比例（%）	面积（km^2）	比例（%）
耕地				
林地				

续表

土地类型	1992 年		1999 年	
	面积（km^2）	比例（%）	面积（km^2）	比例（%）
水体				
草地				
裸地				
建设用地				

（2）练习练习题（2），完成表 7.4。

表 7.4　1992~2013 年土地覆盖类型精度评价

年份	总体分类精度	Kappa 系数
1992		
1999		
2006		
2013		

（3）练习练习题（3），完成表 7.5。

表 7.5　1992~1999 年各地类土地利用动态度

地物类型	单一土地利用动态度（%）	综合土地利用动态度（%）
裸地		
耕地		
林地		
建设用地		
水体		
草地		

（4）在 ArcGIS 中制作 2006 年海淀区土地覆盖类型专题图。

7.9　思　考　题

（1）决策树分类算法的基本思想是什么？
（2）在输入决策树分类规则的过程中需要注意哪些问题？
（3）本实验中 NDVI 的阈值和各波段组合的阈值是如何确定的？
（4）什么是土地利用转移矩阵？
（5）分析土地覆盖动态变化的方法有哪些？

实验 8　植被物候变化遥感分析

8.1　实 验 要 求

根据实验区的遥感物候数据和气象数据，进行如下处理与分析：

（1）对植被遥感物候数据和气象数据进行预处理。

（2）分析植被物候的时空特征。

（3）分析植被物候和气候相关性。

8.2　实 验 目 标

（1）了解 ENVI 中 IDL 语言二次开发。

（2）掌握运用 ENVI 中 IDL 语言进行遥感数据的预处理和分析。

（3）分析实验区的植被物候时空特征。

8.3　实 验 软 件

ENVI 中的 IDL、ArcGIS10.2。

8.4　实验区域与数据

8.4.1　实验数据

1）土地利用类型数据

<Gl>：松嫩沙地的土地利用类型数据。

空间分辨率是 0.004499°，DN 值是 0 和 1，1 代表草地，0 代表非草地。

2）遥感物候数据

【WhData】文件夹

<WhInc01>—<WhInc13>：2001~2013 年松嫩沙地植被生长期物候数据。

<WhMax01>—<WhMax13>：2001~2013 年松嫩沙地植被成熟期物候数据。

<WhDec01>—<WhDec13>：2001~2013 年松嫩沙地植被衰老期物候数据。

<WhMin01>—<WhMin13>：2001~2013 年松嫩沙地植被休眠期物候数据。

空间分辨率是 0.004499°，DN 值代表从 2000 年 1 月 1 日到植被物候开始时的总天数。例如，<WhInc01>中，DN 值为 367，则代表植被生长期开始的时间是 2001 年 1 月 1 日。

3）气象数据

【JsData】文件夹

<Js0101>—<Js1312>：全国 2001～2013 年的逐月降水量数据；

空间分辨率是 0.5°，DN 值代表月均降水量。

【QwData】文件夹

<Qw0309>—<Qw1312>：全国 2003～2013 年的逐月平均气温数据。

空间分辨率是 0.5°，DN 值代表月均气温。

土地利用类型数据、物候数据和气候数据的坐标系统一致，均为“WGS_84”。

8.4.2　实验区域

松嫩平原，是东北平原的组成部分，位于大、小兴安岭与长白山脉及松辽分水岭之间，主要由松花江和嫩江冲积而成，整个平原略呈菱形（图 8.1）。平原表面海拔 120~300m，中部分布众多的湿地和大小湖泊，地势比较低平，嫩江与松花江流经西部和南部，漫滩宽广。平原的西南部为闭流区，有无尾河形成。嫩江东岸，富裕到杜尔伯特蒙古族自治县一带有沙丘分布，沙地分布区生态环境十分脆弱，是松嫩平原生态环境变化的敏感地区。

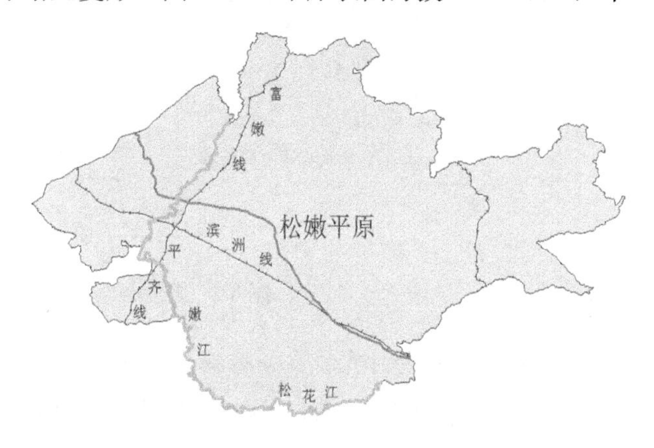

图 8.1　实验区示意图

松嫩平原土壤肥沃，黑土、黑钙土占 60%以上。盛产大豆、小麦、玉米、甜菜、亚麻、马铃薯等，是黑龙江省和国家的重要商品粮基地，粮食商品率占 30%以上；草场集中，包括齐齐哈尔、甘南、龙江、泰来、杜尔伯特、富裕、林甸、大庆、安达、肇东、肇州、肇源等市县境内草场，共 200 余万 hm^2；以羊草、小叶樟、野豌豆、星星草等优势种草组成的一、二、三等草场面积占 76%，畜牧业发达。自然生态条件下的草地与芦苇是实验区域的重要覆被类型，它们的变化能够反映气候变化对生态系统的长期潜在影响。

8.5　实验原理与分析

植被物候是指植被在一年的生长中，随着气候的季节性变化而发生萌芽、抽枝、展叶、开花、结果及落叶、休眠等规律性变化的现象。与之相适应的树木器官的动态时期称为生物气候学时期，简称为物候期。

1）植被物候对气候的响应

植被在年周期中有顺序地进行各个物候期的变化，是一个有机体与外界环境不断进行物流与能流的交换与积聚的过程，因此物候与植被的内在因素和外界环境因素关系密切。其外在环境因素包括气温、光照、水分、生长调节剂等。其中，气温、光照、水分等气候因子为主要影响因子。

本实验根据在时空上相对应的气候数据和物候数据，计算二者的相关系数矩阵，研究植被物候对气候的响应。在时间尺度上，可以将 n 年的物候数据组合到一起，当做一幅影像的 n 个波段，对气候数据做同样的处理，这样 n 年的物候数据和气候数据就是两幅 n 波段影像，每个像元上都会产生一个 $n\times1$ 的特征向量。在空间尺度上，物候数据和气候数据通过预处理后在空间范围和空间分辨率两方面保持一致，在每个像元上，物候数据存在 $n\times1$ 的列向量，

气候数据也存在 $n\times1$ 的列向量，计算这两个向量的相关系数，赋给相关系数矩阵中的相同位置，生成与气候数据和物候数据同大小的相关系数矩阵（图 8.2）。根据相关系数矩阵分析气候在空间尺度和时间尺度上对物候的影响。

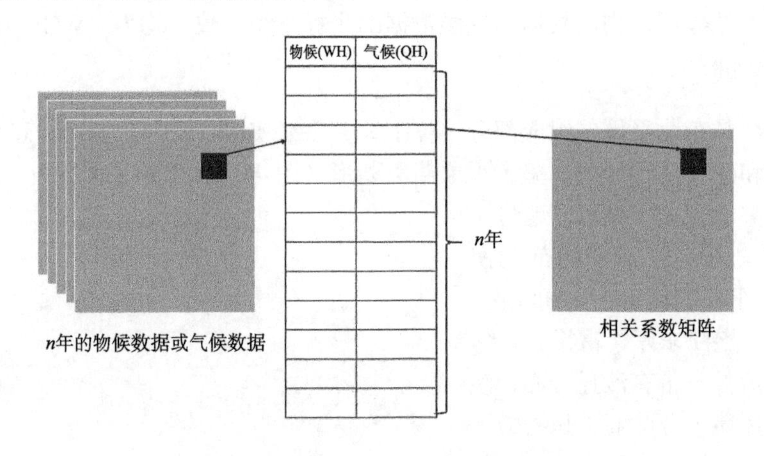

图 8.2　物候与气候相关性分析示意图

2）植被物候的时空特征分析统计量选取

这里以生长期为例。将 n 年的物候生长期数据叠加成一幅具有 n 个波段的影像，然后根据每个像元的特征向量，逐像元地计算 n 年来的最大值、最小值、标准差、极差、平均值，并生成相应的最大值影像、最小值影像、标准差影像、极差影像、平均值影像，这些统计值反映了物候的时空特征。

最小值：代表生长期 n 年来最早开始时的天数。

最大值：代表生长期 n 年来最晚开始时的天数。

平均值：代表生长期 n 年来平均开始时的天数。

标准差：代表生长期 n 年来开始天数的离散程度。

极差：代表生长期 n 年来最早开始和最晚开始的跨度。

8.6　实 验 步 骤

本实验研究植被物候的时空特征和植被物候对气候的响应，因此要用到多年的植被物候数据和气象数据。在 ENVI 中处理多年的植被物候和气象数据，操作起来会比较烦琐，而 IDL 的 ENVI 二次开发模式可以批量处理植被物候和气象数据。因此，本实验采用 IDL 软件编写程序实现 ENVI 中的图像裁剪、图像重采样、土地类型提取、剔除异常值、计算统计量和气候与物候的相关系数矩阵等操作，从而高效地研究植被物候时空特征和植被物候对气候的响应。

在 IDL 中编程：

（1）在开始菜单中打开 IDL 软件（图 8.3），IDL 界面如图 8.4 所示。

（2）在工具栏中点击【新建文件】，在 pro 文件中编写处理遥感影像的程序，然后在工具栏中点击【保存】。

（3）编译、调试程序。

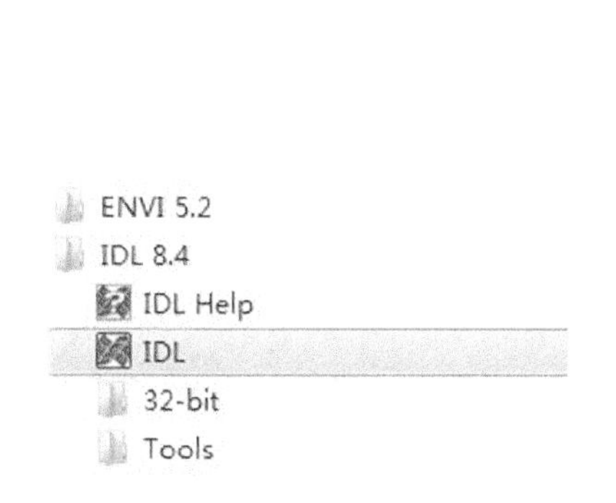

图 8.3　打开 IDL

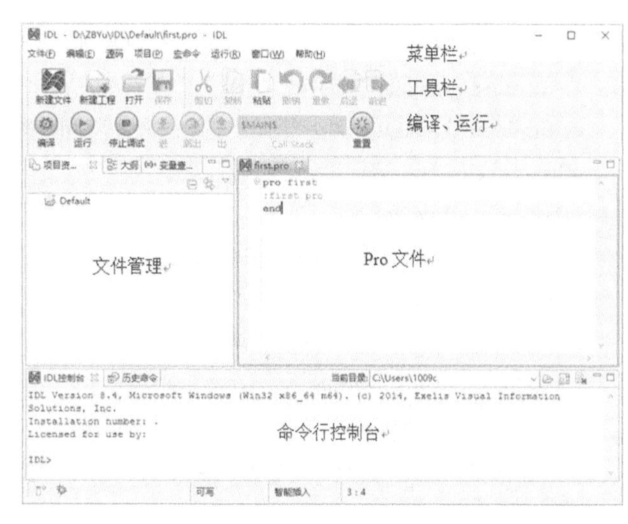

图 8.4　IDL 界面

8.6.1　植被物候的时空特征分析统计量提取

本实验提取植被生长期物候时空特征的统计量。

1. 数据预处理

数据预处理包括如下过程：①更改植被生长期物候数据的时间起点，将 2000 年 1 月 1 日到植被生长期开始时的总天数转换为当年 1 月 1 日到植被生长期开始时的总天数；②裁剪土地利用类型数据，使其与植被生长期物候数据的空间范围一致；③利用土地利用类型数据，提取植被生长期物候数据中的草地生长期物候；④剔除草地生长期物候数据中的异常值。

1）更改时间起点

（1）数据。

输入数据：2001~2013 年的 13 年植被生长期物候数据。

输出数据：更改时间起点后的植被生长期物候数据。

（2）算法设计。读取 2001~2013 年的 13 年植被生长期物候数据；根据每年的累积天数，更改植被生长期物候数据的时间起点。

每年累积天数数组：

yearday=[366,731,1096,1461,1827,2192,2557,2922,3288,3653,4018,4383,4749,5114]

（3）具体代码。

```
;==================转换时间起点
pro time_change
COMPILE_OPT IDL2
ENVI,/RESTORE_BASE_SAVE_FILES
ENVI_BATCH_INIT
;===================定义每年的天数数组
yearday=uint([366,731,1096,1461,1827,2192,2557,2922,3288,3653,4018,4383,4749,5114])
;===================读取植被生长期物候数据
```

```
  inputfiles = dialog_pickfile(title='选择植被生长期物候数据',filter='*.tif', $
    /fix_filter, /multiple_files)
  outfiledir=envi_pickfile(title='选择处理结果文件夹',/directory)
  nfiles = n_elements(inputfiles)
for i = 0l, nfiles-1 do begin
ENVI_OPEN_FILE, inputfiles[i], r_fid=fid
if fid eq -1 then return
    filename = file_basename(inputfiles[i])
    pointpos = strpos(filename,'.',/reverse_search)
if pointpos[0] ne -1 then begin
      filename = strmid(filename,0,pointpos)
endif
ENVI_FILE_QUERY,fid,dims = dims,nl = nl,ns = ns,bnames = bnames,fname = fname,$
      nb=nb,interleave=interleave
    data=ENVI_GET_DATA(fid=fid,dims=dims,pos=0)
;==================转换时间起点
    data=data-yearday[i]
;==================将转换结果写入 envi 标准格式文件中
    out_name = outfiledir +'\'+ filename+'_dh.img'
openw,lun,out_name,/get
writeu,lun,data
free_lun,lun
ENVI_SETUP_HEAD,fname=out_name,ns=ns,nl=nl,$
      nb=nb,interleave=interleave,data_type=size(data,/type),$
      /write
print,fid
endfor
end
```

（4）关键代码解析。

```
ENVI_OPEN_FILE, inputfiles[i], r_fid=fid
```

打开图像函数：inputFiles[i]，代表要打开图像的存储路径， r_fid，代表打开图像的编号。

```
ENVI_FILE_QUERY,fid,dims = dims,nl = nl,$
        ns = ns,nb = nb,interleave = interleave
```

图像信息查询函数：$是分行符号，连接上下两行代码。入口参数是 fid，代表要查找信息图像的编号；其他参数均为出口参数，dims 代表图像的范围；nl、ns、nb 代表图像的列数、行数、波段数；interleave 代表波段之间的偏移量。在“dims=dims”中，前者是函数的返回值，后者是将返回值赋给的变量名。

```
data=ENVI_GET_DATA(fid=fid,dims=dims,pos=0)
```

获取图像矩阵函数：fid 代表图像的编号；dims 代表获取图像的范围；pos 代表图像的波段；data 是图像的矩阵。

```
ENVI_SETUP_HEAD,fname=out_name,ns=ns,nl=nl,$
        nb=nb,interleave=interleave,data_type=size(data,/type),$
      /write
```

设置头文件函数：fname 是图像名，其他的主要是一些图像的基本信息，/write 代表写头文件。

2）土地利用类型数据裁剪

（1）数据。

输入数据：原始土地利用类型数据和原始植被生长期物候数据。

输出数据：裁剪后与植被生长期物候数据大小一致的土地利用类型数据。

（2）算法设计。

计算土地利用类型数据与植被生长期物候数据之间的偏移量；将经纬度偏移量转换为像元偏移量；裁剪土地利用类型数据。

（3）具体代码。

```
;============裁剪土地利用类型数据
pro grassland_resize
;============设置 ENVI 二次开发模式
COMPILE_OPT idl2
ENVI,/restore_base_save_files
ENVI_BATCH_INIT
;============读取土地利用类型数据和植被生长期物候数据
  filename=dialog_pickfile(title='选择土地利用类型数据')
ENVI_OPEN_FILE,filename,r_fid=fid
ENVI_FILE_QUERY,fid,dims=dims
  filename2=dialog_pickfile(title='选择原始植被生长期物候数据')
ENVI_OPEN_FILE,filename2,r_fid=fid2
ENVI_FILE_QUERY,fid2,dims=dims2
;============计算土地利用类型数据与植被生长期物候数据的经纬度偏移量
  mapinfo=ENVI_GET_MAP_INFO(fid=fid)
  mapinfo2=ENVI_GET_MAP_INFO(fid=fid2)
  ULlon=mapinfo.MC[2]
  size=mapinfo.PS[0]
  ULlon2=mapinfo2.MC[2]
;============将经纬度偏移量转换为像元偏移量
  sample = long(FIX(ABS((ULlon2- ULlon)/size)))
  dims3=[-1,sample,sample+dims2[2],dims2[3],dims2[4]]
;============裁剪土地利用类型数据
  outdir=dialog_pickfile(title='裁剪后的土地利用类型数据',/DIRECTORY)
```

```
  out_name=outdir+"\GL_rs.img"
ENVI_DOIT, 'resize_doit',fid=fid, pos=0, dims=dims3, $
     out_name=out_name, r_fid=r_fid,interp=0, rfact=[1,1]
print,r_fid
end
```

（4）关键代码解析。

```
mapinfo=ENVI_GET_MAP_INFO(fid=fid)
```

地图信息获取函数：读取遥感影像的地图信息到 MapInfo 结构体中，其中，包括起始坐标空间分辨率等地图信息。

```
ENVI_DOIT, 'resize_doit',fid=fid, pos=0, dims=dims3, $
        out_name=out_name, r_fid=r_fid,interp=0, rfact=[1,1]
```

图像裁剪函数：out_name 是裁剪结果的保存路径；rfact 是重采样时的缩放因子，因为土地利用类型数据和植被物候数据的空间分辨率一致，所以缩放因子为 1。

（5）裁剪结果示意如图 8.5 所示。

(a) 土地类型数据

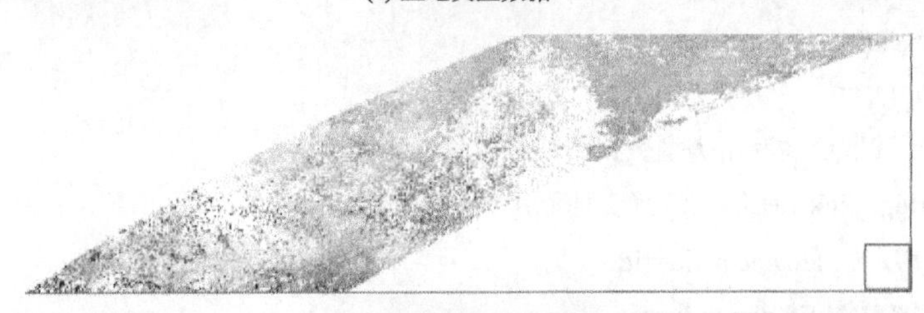

(b) 植被生长期物候数据

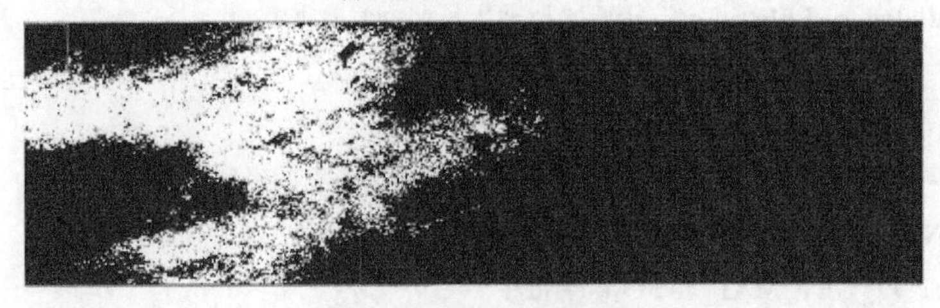

(c) 裁剪后的土地类型数据

图 8.5　裁剪结果示意图

3）在植被生长期物候数据中提取草地

（1）数据。

输入数据：裁剪后的土地利用类型数据和更改时间起点后的植被生长期物候数据。

输出数据：更改时间起点后的草地生长期物候数据。

（2）算法设计。读取裁剪后的土地利用类型数据；读取更改时间起点后的 13 年的植被生长期物候数据；在植被生长期物候数据中提取草地。

（3）具体代码。

```
;==================提取草地
pro grassland_extract
COMPILE_OPT IDL2
ENVI,/RESTORE_BASE_SAVE_FILES
ENVI_BATCH_INIT
;==================读取裁剪后的土地利用类型数据
  gfilename=dialog_pickfile(title='选择裁剪后的土地利用类型数据')
ENVI_OPEN_FILE,gfilename,r_fid=fid
ENVI_FILE_QUERY,fid,dims=dims
  data1=ENVI_GET_DATA(fid=fid,dims=dims,pos=0)
;==================读取更改时间起点后 13 年的植被生长期物候数据
  inputfiles = dialog_pickfile(title='选择更改时间起点后 13 年的植被生长期物候数据',$
    filter='*.img',/fix_filter, /multiple_files)
  nfiles = n_elements(inputfiles)
  outfiledir=dialog_pickfile(title='草地生长期物候数据',/directory)
for i = 0l, nfiles-1 do begin
ENVI_OPEN_FILE, inputfiles[i], r_fid=fid
if fid eq -1 then return
    filename = file_basename(inputfiles[i])
    pointpos = strpos(filename,'.',/reverse_search)
if pointpos[0] ne -1 then begin
      filename = strmid(filename,0,pointpos)
endif
ENVI_FILE_QUERY,fid,dims = dims,nl = nl,ns = ns,bnames = bnames,$
     fname = fname,nb = nb,interleave = interleave
;==================在植被生长期物候数据中提取草地
    data2=ENVI_GET_DATA(fid=fid,dims=dims,pos=0)
    _data=(data2 lt 366)*data2                ;通过逻辑运算提取草地
    data=_data*data1
;==================提取结果写入到 envi 标准格式文件中
    out_name = outfiledir +'\'+ filename+'_gl.img'
openw,lun,out_name,/get
writeu,lun,data
free_lun,lun
ENVI_SETUP_HEAD,fname=out_name,ns=ns,nl=nl,nb=nb,interleave=interleave,$
      data_type=size(data,/type),/write
print,fid
```

```
endfor
end
```

（4）关键代码解析。

```
_data=(data2 lt 366)*data2
data=_data*data1
```

通过逻辑运算在植被生长期物候数据中提取草地，因为植被生长期物候数据的DN值范围是0~366天，所以将植被生长期物候数据中小于366天的DN值和土地利用类型数据中的草地叠加进行逻辑运算，从而得到植被生长期物候数据中的草地。data2是植被生长期物候数据；_data是将植被生长期物候数据中大于366天的异常值剔除后的植被生长期物候数据；data是植被生长期物候数据中的草地生长期物候数据。（data lt 366）的返回值是一个和data同大小的逻辑矩阵，1代表DN值在0~366,0代表DN值在0~366之外的异常值。

（5）草地生长期物候数据提取结果如图8.6所示。

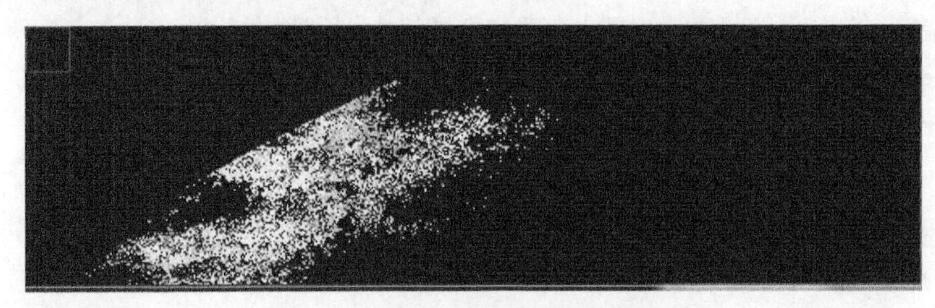

图8.6　草地生长期物候数据提取结果

4）剔除草地生长期物候数据中的异常值

本实验中剔除草地生长期物候数据中的异常值通过计算草地生长期物候数据的分位数，在箱线图中得出非异常数据的范围。

（1）数据。

输入数据：13年的草地生长期物候数据。

输出数据：剔除异常值后的草地生长期物候数据。

（2）算法设计。读取草地生长期物候数据；计算草地生长期物候数据的四分位数，获取非异常数据的范围；将草地生长期物候数据中的异常数据设置为NaN，不参与之后的计算；将剔除异常值后的草地生长期物候数据写到ENVI标准格式文件中。

（3）具体代码。

```
;==============剔除异常值
pro outliers
COMPILE_OPT IDL2
ENVI,/RESTORE_BASE_SAVE_FILES
ENVI_BATCH_INIT
;==============读取草地生长期物候数据
  inputfiles = dialog_pickfile(title='选择草地生长期物候数据',filter='*.img', $
    /fix_filter, /multiple_files)
  nfiles = n_elements(inputfiles)
```

```
  outfiledir=dialog_pickfile(title='剔除异常值结果',/directory)
for i = 0l, nfiles-1 do begin
ENVI_OPEN_FILE, inputfiles[i], r_fid=fid
if fid eq -1 then return
      filename = file_basename(inputfiles[i])
      pointpos = strpos(filename,'.',/reverse_search)
if pointpos[0] ne -1 then begin
         filename = strmid(filename,0,pointpos)
endif
ENVI_FILE_QUERY,fid,dims = dims,nl = nl,ns = ns,bnames = bnames,$
         fname = fname,nb=nb,interleave=interleave
      data=float(ENVI_GET_DATA(fid=fid,dims=dims,pos=0))
;==================计算分位数，得出正常值的范围
      data1=data[where((data gt0)and(data lt366))]
      data1=data1[sort(data1)]
      n=n_elements(data1)
      _int=(n+1)/4
      a=double(n+1)/4
      _float=a-_int
      q1=data1[_int]+(data1[_int+1]-data1[_int])*_float
      _int3=(n+1)*3/4
      b=double(n+1)*3/4
      _float3=b-_int3
      q3=data1[_int3]+(data1[_int3+1]-data1[_int3])*_float3
      h=q3-q1
      range=[q1-1.5*h,q3+1.5*h]
;==================将异常值设置为 nan
      data[where((data lt range[0])or(data gt range[1]))]='nan'
;==================将正常值的草地生长期物候数据写入 envi 标准格式文件中
      out_name = outfiledir +'\'+ filename+'_wtoutliers.img'
openw,lun,out_name,/get
writeu,lun,data
free_lun,lun
ENVI_SETUP_HEAD,fname=out_name,ns=dims[2]+1,nl=dims[4]+1,$
         nb=1,interleave=0,data_type=size(data,/type),$
         /write
print,fid
endfor
end
```

（4）正常值草地生长期物候数据结果如图 8.7 所示。

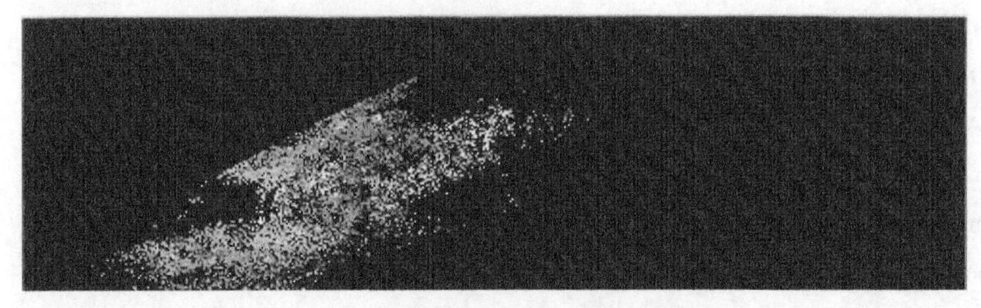

图 8.7　正常值草地生长期物候数据

2. 计算反映物候时空特征的统计量

（1）数据。

输入数据：13 年剔除异常值后的草地生长期物候数据。

输出数据：13 年草地生长期物候的最小值、最大值、平均值、极差和标准差数据。

（2）算法设计。定义三维矩阵，存储 13 年的草地生长期物候数据；计算草地生长期物候数据的统计值；将统计结果写入 ENVI 的标准格式文件中。

（3）具体代码（以最小值数据的计算为例，其他统计值与之类似）。

```
;==============计算统计量
pro stats
COMPILE_OPT IDL2
ENVI,/RESTORE_BASE_SAVE_FILES
ENVI_BATCH_INIT
;==============定义三维矩阵
  b=fltarr(13,7909,2223)
;==============读取草地生长期物候数据
  inputfiles = dialog_pickfile(title='选择正常值的草地生长期物候数据',$
    filter='*.img',/fix_filter, /multiple_files)
  nfiles = n_elements(inputfiles)
for i = 0l, nfiles-1 do begin
ENVI_OPEN_FILE, inputfiles[i], r_fid=fid
if fid eq -1 then return
    filename = file_basename(inputfiles[i])
    pointpos = strpos(filename,'.',/reverse_search)
if pointpos[0] ne -1 then begin
      filename = strmid(filename,0,pointpos)
endif
ENVI_FILE_QUERY,fid,dims = dims,nl = nl,$
      ns = ns,bnames = bnames,fname = fname,nb=nb,$
      interleave=interleave
   data=ENVI_GET_DATA(fid=fid,dims=dims,pos=0)
```

```
;==================将草地生长期物候数据赋值给三维矩阵
    b[i,*,*]=data[0:7908,0:2222]
print,fid
endfor
;==================计算草地生长期物候数据的统计值
  min=fltarr(7909,2223)
  max=fltarr(7909,2223)
  sd=fltarr(7909,2223)
  mean=fltarr(7909,2223)
  range=fltarr(7909,2223)
for i=0,7908 do begin
for j=0,2222 do begin
min[i,j]= min(b[*,i,j])
;max[i,j]= max(b[*,i,j])
;mean[i,j]=mean(b[*,i,j])
;sd[i,j]=stddev(b[*,i,j])
endfor
endfor
;range=max-min
;help,range
;==================将统计结果写入 envi 的标准格式文件中
  out_name=dialog_pickfile(title='统计值结果',/directory)+'\min.img'
openw,lun,out_name,/get
writeu,lun,min
free_lun,lun
ENVI_SETUP_HEAD,fname=out_name,ns=dims[2]+1,nl=dims[4]+1,$
    nb=1,interleave=0,data_type=size(min,/type),$
    /write
end
```

3. 在 ArcMap 上进行统计结果可视化（略）

8.6.2　草地生长期物候对气候的响应

草地的生长期通常在 4 月，本实验通过计算 4 月的降水量和气温与草地生长期物候的相关性，分析气候是如何影响草地生长期物候的。

1. 数据预处理

1）草地生长期物候影像重采样

（1）数据。

输入数据：13 年的草地生长期物候数据。

输出数据：重采样后的草地生长期物候数据。

（2）算法设计。读取 13 年的草地生长期物候数据；对草地生长期物候数据进行重采样。

（3）具体代码。

```
;===============草地生长期物候数据重采样
pro resample
COMPILE_OPT IDL2
ENVI,/RESTORE_BASE_SAVE_FILES
ENVI_BATCH_INIT
;===============读取草地生长期物候数据
  inputfiles = dialog_pickfile(title='选择 13 年的草地生长期物候数据',$
    filter='*.img',/fix_filter, /multiple_files)
  outfiledir=dialog_pickfile(title='重采样结果',/directory)
  nfiles = n_elements(inputfiles)
for i = 0l, nfiles-1 do begin
ENVI_OPEN_FILE, inputfiles[i], r_fid=fid
if fid eq -1 then return
    filename = file_basename(inputfiles[i])
    pointpos = strpos(filename,'.',/reverse_search)
if pointpos[0] ne -1 then begin
      filename = strmid(filename,0,pointpos)
endif
    out_name = outfiledir +'\'+ filename+'_rs.img'
ENVI_FILE_QUERY,fid,dims=dims
;===============对草地生长期物候数据进行重采样
ENVI_DOIT, 'resize_doit',fid=fid, pos=0, dims=dims, $
      interp=0, rfact=[110,110],out_name=out_name, r_fid=r_fid
print,r_fid
endfor
end
```

（4）关键代码解析。

```
ENVI_DOIT, 'resize_doit',fid=fid, pos=0, dims=dims, $
interp=0, rfact=[110,110],out_name=out_name, r_fid=r_fid
```

重采样函数：其中，rfact 是缩放因子，若参数大于 1，代表由高分辨率的影像重采样为低分辨率的影像；若参数小于 1，代表由低分辨率的影像重采样为高分辨率的影像。本实验试将空间分辨率为 0.004499°的草地生长期物候数据重采样为与气候数据一致的 0.5°空间分辨率的草地生长期物候数据，所以缩放因子应为 110。

（5）重采样结果如图 8.8 所示。

图 8.8　草地生长期物候数据重采样结果

2）裁剪气候数据

图像裁剪的方法有很多种，如用 ENVI 中规则的和不规则的 evf 矢量文件裁剪、用经纬度裁剪等。在本实验中，因为已知草地生长期物候数据的经纬度范围，且草地生长期物候数据与气候数据的坐标系一致，所以用草地生长期物候数据的经纬度范围裁剪气候数据。

（1）数据。

输入数据：多年 4 月的降水量数据。

输出数据：裁剪后多年 4 月的降水量数据。

（2）算法设计。根据重采样后的草地生长期物候数据，定义要裁剪的经纬度范围；读取多年 4 月的降水量数据；读取降水量数据的地图信息，获取它的起始经纬度坐标和分辨率；将草地生长期物候数据的经纬度范围和降水量数据起始坐标经纬度之间的经纬度偏移量转换为像素偏移量；构建裁剪降水量数据的像素坐标范围；裁剪降水量数据。

（3）具体代码。

```
;==================利用经纬度对降水量数据裁剪
pro resize
COMPILE_OPT IDL2
ENVI,/RESTORE_BASE_SAVE_FILES
ENVI_BATCH_INIT
;==================定义要裁剪的经纬度范围
  image_x=[104,140]
  image_y=[50,40]
;==================读取多年 4 月的降水量数据
  inputfiles = dialog_pickfile(title='选择多年 4 月的降水量数据',filter='*.tif',$
    /fix_filter, /multiple_files)
  outfiledir=dialog_pickfile(title='裁剪结果',/directory)
  nfiles = n_elements(inputfiles)
for i = 0l, nfiles-1 do begin
ENVI_OPEN_FILE, inputfiles[i], r_fid=fid
if fid eq -1 then return
    filename = file_basename(inputfiles[i])
    pointpos = strpos(filename,'.',/reverse_search)
if pointpos[0] ne -1 then begin
      filename = strmid(filename,0,pointpos)
endif
ENVI_FILE_QUERY,fid,dims=dims,pos=pos,nb=nb
;==================获取降水量数据的起始经纬度坐标
    mapinfo=envi_get_map_info(fid=fid)
    ullat=mapinfo.mc[3]
    ullon=mapinfo.mc[2]
    size=mapinfo.ps[0]
;==================计算降水量数据和草地生长期物候数据的像素坐标偏移量
```

```
    sample = long(fix(abs((image_x- ullon)/size)))
    line = long(fix(abs((image_y - ullat)/size)))
;==================构建要裁剪降水量数据的像素坐标偏移量
    dims=[-1,sample[0],dims[2],line[0],line[1]]
;==================对降水量数据进行裁剪
    out_name = outfiledir + filename+'_rs.img'
ENVI_DOIT, 'resize_doit',fid=fid, pos=0, dims=dims, $
      out_name=out_name, r_fid=r_fid,interp=0, rfact=[1,1]
print,r_fid
endfor
end
```

（4）关键代码解析。

```
dims=[-1,sample[0],dims[2],line[0],line[1]]
```

在构建被裁剪的降水量数据像素坐标范围 dims 时，要根据降水量数据和草地生长期物候数据的公共区域来构建。

（5）裁剪结果如图 8.9 所示。

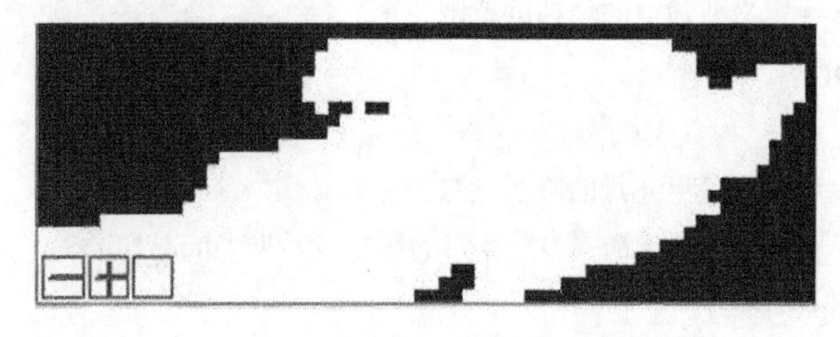

图 8.9　裁剪后的降水量数据

2. 相关系数矩阵计算

（1）数据。

输入数据：多年 4 月的降水量数据和重采样后相应年份的草地生长期物候数据。

输出数据：相关系数矩阵。

（2）算法设计。将多年 4 月的降水量数据存储到三维矩阵中；将相应年份的草地生长期物候数据存储到三维矩阵中；计算降水量数据和草地生长期物候数据的相关系数矩阵。

（3）具体代码。

```
;================相关性分析
pro cov_aly
COMPILE_OPT IDL2
ENVI,/RESTORE_BASE_SAVE_FILES
ENVI_BATCH_INIT
;================定义存储多年降水量数据的三维矩阵
  a=uintarr(11,64,20)
;================读取降水量数据并为三维矩阵赋值
```

```
  inputfiles = dialog_pickfile(title='选择多年份的降水量数据',$
    filter='*.img',/fix_filter, /multiple_files)
  nfiles = n_elements(inputfiles)
for i = 0l, nfiles-1 do begin
ENVI_OPEN_FILE, inputfiles[i], r_fid=fid
if fid eq -1 then return
    filename = file_basename(inputfiles[i])
    pointpos = strpos(filename,'.',/reverse_search)
if pointpos[0] ne -1 then begin
      filename = strmid(filename,0,pointpos)
endif
ENVI_FILE_QUERY,fid,dims = dims,nl = nl,$
      ns = ns,bnames = bnames,fname = fname,nb=nb,$
      interleave=interleave
    data1=ENVI_GET_DATA(fid=fid,dims=dims,pos=0)
    data2=data1[0:63,0:19]
    a[i,*,*]=data2*(data2 gt0)
print,fid
endfor
;================定义存储相应年份草地生长期物候数据的三维矩阵
  b=fltarr(11,64,20)
;================读取草地生长期物候数据并为三维矩阵赋值
  inputfiles = dialog_pickfile(title='选择相应年份的草地生长期物候数据',$
    filter='*.img',/fix_filter, /multiple_files)
  nfiles = n_elements(inputfiles)
for i = 0l, nfiles-1 do begin
ENVI_OPEN_FILE, inputfiles[i], r_fid=fid
if fid eq -1 then return
    filename = file_basename(inputfiles[i])
    pointpos = strpos(filename,'.',/reverse_search)
if pointpos[0] ne -1 then begin
      filename = strmid(filename,0,pointpos)
endif
ENVI_FILE_QUERY,fid,dims = dims,nl = nl,$
      ns = ns,bnames = bnames,fname = fname,nb=nb,$
      interleave=interleave
    data3=ENVI_GET_DATA(fid=fid,dims=dims,pos=0)
    data3=data3*(data3 gt0)
    b[i,*,*]=data3[0:63,0:19]
```

```
print,fid
endfor
;==================计算降水量和草地生长期物候的相关系数矩阵
  cov=fltarr(64,20)
for i=0,63 do begin
for j=0,19 do begin
      cov[i,j]= correlate(float(a[*,i,j]),b[*,i,j])
endfor
endfor
;==================将相关系数矩阵写入 envi 的标准格式文件中
  out_name=dialog_pickfile(title='select image data folder',/directory)+'js_wh_cov.img'
openw,lun,out_name,/get
writeu,lun,cov
free_lun,lun
```

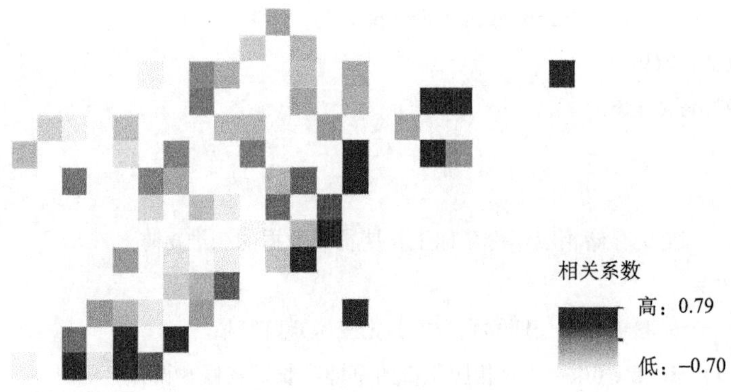

(a) 气温与草地生长期物候的相关系数影像

(b) 降水量与草地生长期物候的相关系数影像

图 8.10　相关系数矩阵可视化结果

```
ENVI_SETUP_HEAD,fname=out_name,ns=64,nl=20,$
    nb=1,interleave=0,data_type=size(cov,/type),$
    /write
end
```

（4）关键代码解析。

```
cov[i,j]= correlate(float(a[*,i,j]),b[*,i,j])
```

对多年气候数据的三维矩阵和多年草地物候数据的三维矩阵某一位置的像元计算相关系数，并赋值给相关系数矩阵的相同位置。

3. 相关系数矩阵可视化

相关系数矩阵可视化如图 8.10 所示。

8.7 练 习 题

（1）统计草地成熟期物候数据，并分析 2001~2013 年草地成熟期物候最小值、最大值、标准差和极差的空间分布特征。

（2）使用草地成熟期物候数据和相应年份的 7 月气候数据（草地成熟期通常在 7 月），计算二者的相关系数矩阵，并分析气候对草地成熟期物候的影响。

8.8 实 验 报 告

（1）完成练习题（1）。

（2）完成练习题（2）。

8.9 思 考 题

（1）如何在植被生长期物候数据中提取出草地？

（2）在剔除草地生长期物候数据中的异常值时，除了采用箱线图的方法，还有哪些方法？

（3）根据草地生长期物候数据，分析松嫩沙地中草地生长期物候的时空特征。

（4）根据气温和降水量与草地生长期物候的相关系数影像，分析气候是如何影响草地生长期物候的？

第三篇　植被与生态环境遥感

实验 9　植被覆盖度遥感监测

9.1　实 验 要 求

根据山西省忻州市的高分一号遥感影像数据，完成下列分析：

（1）计算归一化植被指数 NDVI。

（2）运用像元二分法模型计算植被覆盖度。

（3）运用植被指数法计算植被覆盖度。

（4）制作植被覆盖度的分级图。

9.2　实 验 目 标

（1）掌握植被覆盖度的遥感计算方法。

（2）理解植被覆盖度与区域生态环境之间的关系。

9.3　实 验 软 件

ENVI 5.2、ArcGIS 10.2。

9.4　实验区域与数据

9.4.1　实验数据

<GF_May>：2013 年 5 月山西省忻州市高分一号遥感影像。

<GF_Sep>：　2013 年 9 月山西省忻州市高分一号遥感影像。

【XZ_Shp】文件夹：山西省忻州市边界矢量数据。

9.4.2　实验区域

忻州市位于山西省中北部，山岳纵横，地貌多样。山区、高原约占全市面积的 87%，川地约占 13%。南、西、北三面环山。南有系舟山、阴山，属太行山支脉，西部云中山、马圈山系吕梁山余支，北部金山、大青山，为五台山支脉。东部自北向南分布有恒山、五台山、太行山、系舟山，中部有管涔山、芦芽山、云中山。平川区面积较大的有忻定盆地和五寨盆地。

忻州市属于温带大陆性季风气候。全年平均气温在 4.3～9.2℃。年降水量为 345～588mm。忻州市自然植被资源丰富，全区森林面积约 4.07×10^5hm^2，森林覆盖率为 16.4%。区内吕梁山、恒山、五台山、管涔山的天然次生林植被丰富，主要有白杆林、青杆林、华北落叶松、白桦林、山杨林、油松林等。此外还有灌木丛和草丛植被，以及人工林等。全市中，耕地、园地、林地、牧草地等植被覆盖区约占总面积的 60%。实验区域如图 9.1 所示。

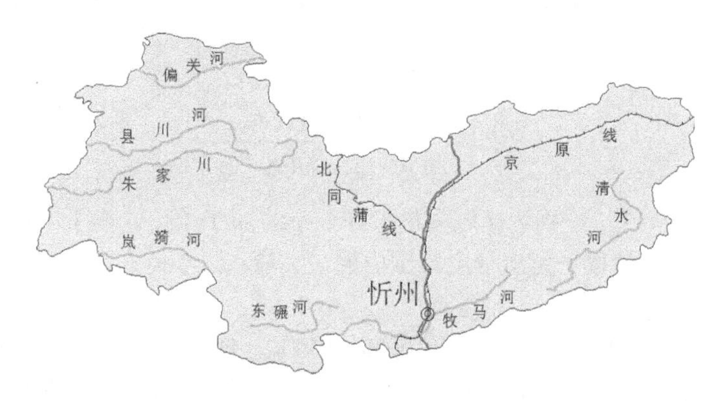

图 9.1　实验区示意图

9.5　实验原理与分析

植被覆盖度（fractional vegetation cover，FVC）是指植被（包括叶、茎、枝）在地面的垂直投影面积占统计区总面积的百分比，是植被的直观量化指标。遥感技术能够对植被覆盖度进行大范围长时间观测。目前利用遥感测量植被覆盖度的方法，主要有经验模型法、植被指数法与像元分解模型法。

本实验采用的方法是植被指数法和像元分解模型法中的像元二分模型。像元二分模型理论简单，制约条件少，在估算植被动态变化方面具有较高的精度；植被指数法不需要建立相关模型，直接选取与植被覆盖度有良好相关性的植被指数运算即可，此方法适用于大尺度范围，小范围的估算精度相对较低。这两种方法都是利用植被指数近似估算植被覆盖度，其中最广泛使用的为归一化植被指数（normalized difference vegetation index，NDVI），它主要是利用红光和近红外波段对植被敏感的特性，其计算公式为

$$\mathrm{NDVI}=\frac{\mathrm{NIR}-\mathrm{R}}{\mathrm{NIR}+\mathrm{R}} \tag{9.1}$$

其中，NIR 和 R 分别为遥感影像中近红外波段和红光波段的反射率数据。$-1\leqslant\mathrm{NDVI}\leqslant1$，负值表示地面覆盖为云、水、雪等；0 表示有岩石或裸土等，NIR 和 R 近似相等；正值表示有植被覆盖，且随覆盖度增大而增大。

实验要求（1）计算 NDVI，实验要求（2）利用像元二分法计算植被覆盖度，计算公式为

$$\mathrm{FVC}=\frac{\mathrm{NDVI}-\mathrm{NDVI}_{\mathrm{soil}}}{\mathrm{NDVI}_{\mathrm{veg}}-\mathrm{NDVI}_{\mathrm{soil}}} \tag{9.2}$$

实验要求(3)利用像元二分法和植被指数法计算植被覆盖度，计算公式为

$$FVC = \frac{NDVI - NDVI_{soil}}{\left(NDVI_{veg} - NDVI_{soil}\right)^2} \tag{9.3}$$

其中，$NDVI_{soil}$为完全是裸土或无植被覆盖区域的 NDVI 值；$NDVI_{veg}$为完全被植被所覆盖像元的 NDVI 值，即纯植被像元的 NDVI 值。利用这两种方法计算植被覆盖度的关键是计算$NDVI_{soil}$和$NDVI_{veg}$。根据已有的像元二分模型的研究，这里有两种假设：

（1）当区域内可以近似取FVC_{max}=100%，FVC_{min}=0%时，式（9.2）和式（9.3）变为

$$FVC = \frac{NDVI - NDVI_{min}}{NDVI_{max} - NDVI_{min}} \tag{9.4}$$

$$FVC = \frac{NDVI - NDVI_{min}}{\left(NDVI_{max} - NDVI_{min}\right)^2} \tag{9.5}$$

其中，$NDVI_{max}$和$NDVI_{min}$分别为区域内最大和最小的 NDVI 值。由于不可避免存在噪声，$NDVI_{max}$ 和$NDVI_{min}$一般取一定置信度范围内的最大值和最小值，置信度的取值主要根据图像实际情况来定。

（2）当区域内不能近似取 FVC_{max}=100%，FVC_{min}=0%时，当有实测数据的情况下，取实测数据中的植被覆盖度的最大值和最小值作为FVC_{max}和 FVC_{min}，这两个实测数据对应图像的 NDVI 作为$NDVI_{max}$和$NDVI_{min}$。

实验要求（4）根据植被覆盖度分级标准制作分级图，分级标准如下：裸地<10%；低覆盖 10%~30%；中低覆盖 30%~45%；中覆盖 45%~60%；高覆盖>60%。

9.6 实验步骤

9.6.1 计算归一化植被指数

（1）打开 ENVI 软件，点击【File】→【Open Image File】，选择图像<GF_May>，以 Band4、3、2 合成 RGB 显示在 Display 中。

（2）在 ENVI 主菜单中，点击【Basic Tools】→【BandMath】，打开【Band Math】对话框。在【Band Math】对话框的输入栏中输入：(float(b1)–float(b2))/(float(b1)+float(b2))，点击【Add to List】，再点击【OK】。

@注意：在 b1、b2 前加 float，是为了防止计算时出现字节溢出错误。

（3）在弹出的【Variables to Bands Pairings】对话框中，为 b1、b2 赋值，b1 选择 Band 4、b2 选择 Band 3，设置存储路径，如图 9.2 所示。

@注意：高分一号影像 Band 4 和 Band 3 分别对应近红外波段和红色波段。

9.6.2 像元二分法模型计算植被覆盖度

（1）在 ENVI 主菜单中，点击【File】→【Open Image File】，加载上一步得到的 NDVI 图像。

（2）在主菜单点击【Basic Tools】→【Statistics】→【Compute Statistics】，在文件选择对话框中，选择图像 NDVI，在弹出的【Compute Statistics Parameters】对话框选中【Histograms】，点击【OK】，得到 NDVI 统计结果柱状图。如图 9.3 所示，NDVI 结果在–1~1，可知没有异常点。

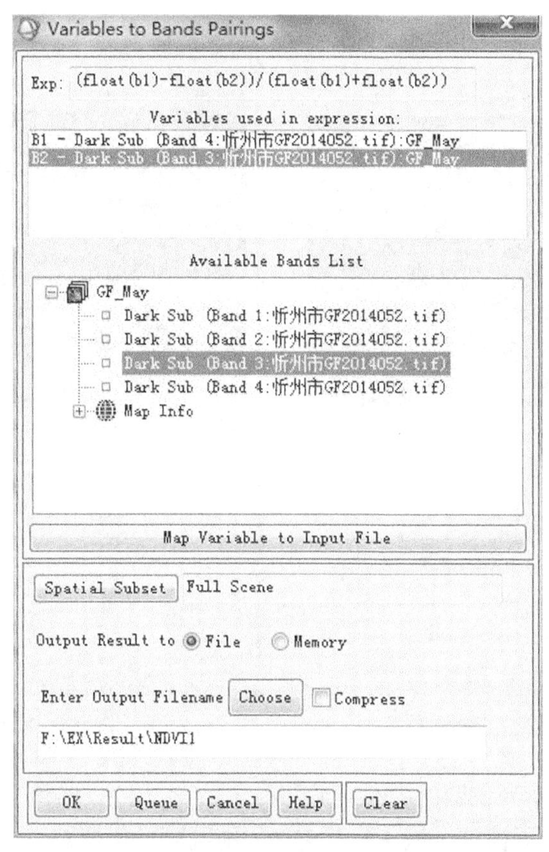

图 9.2　【Variables to Bands Pairings】对话框

（3）在统计结果中，最后一列【Acc Pct】表示对应 NDVI 值的累积概率分布。根据已有的研究结果，本实验分别取累积概率为 5%和 95%的 NDVI 值作为 $NDVI_{min}$ 和 $NDVI_{max}$。由图 9.4 和图 9.5 可知，$NDVI_{min}$= –0.098039，$NDVI_{max}$=0.474510。

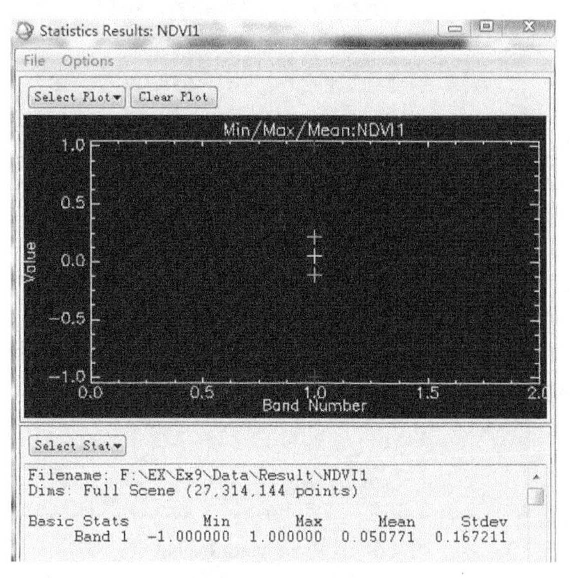

图 9.3　结果统计

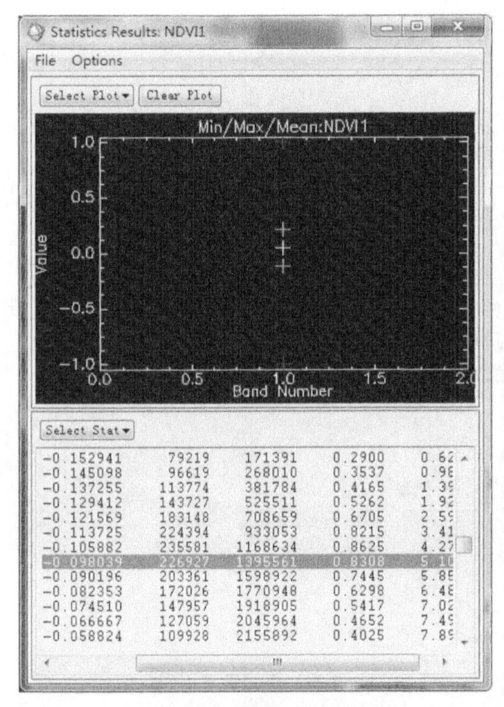

图 9.4　$NDVI_{min}$ 结果

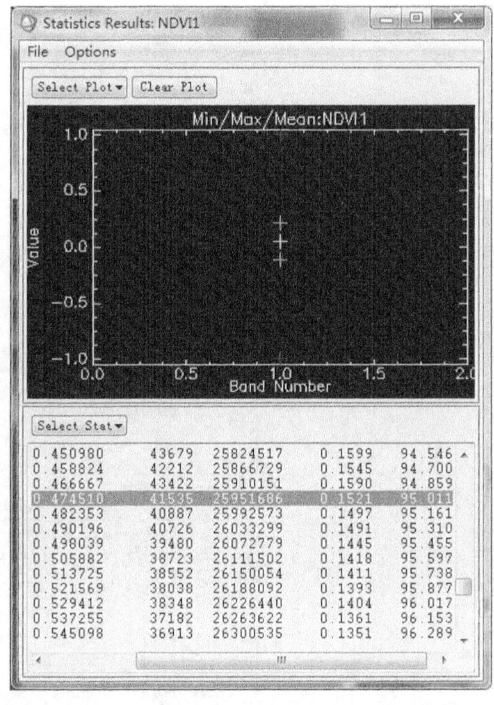

图 9.5　$NDVI_{max}$ 结果

@注意：取累计概率为 5%和 95%，而不是所占百分比为 5%和 95%；因为累计概率小于 5%的地区可看作裸地或无植被区域，大于 95%的地区可看作植被完全覆盖区，所以可取累计概率 5%和 95%作为 $NDVI_{min}$ 和 $NDVI_{max}$。

（4）对计算的 NDVI 进行二值化处理。在 ENVI 主菜单中，点击【Basic Tools】→【Band Math】，在公式输入栏中输入：(b1 lt –0.098039)*0+(b1 gt 0.474510)*1+(b1 ge –0.098039 and b1 le 0.474510)* ((b1+0.098039)/(0.474510+0.098039))，如图 9.6 所示。

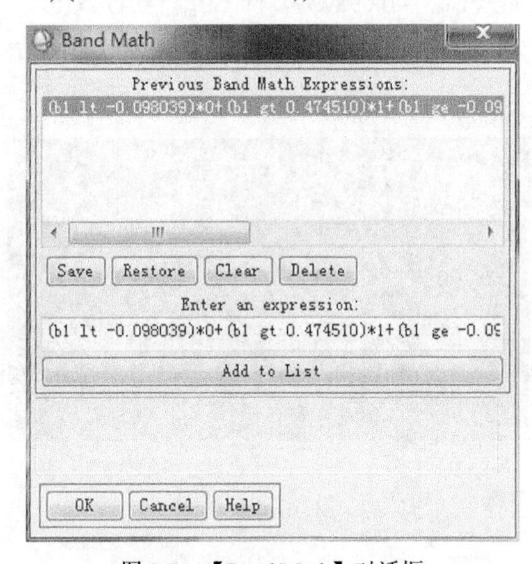

图 9.6　【Band Math】对话框

@注意：lt、gt、ge、le 分别表示小于、大于、大于等于、小于等于。公式的含义：当括号内值为真时，返回 1，当括号内值为假时，返回 0。当 NDVI 小于–0.098039 时，FVC 取值为 0，NDVI 大于 0.474510 时，FVC 取值为 1；当 NDVI 在两者之间时，$FVC=(b1-NDVI_{min})/(NDVI_{max}-NDVI_{min})$。

（5）在弹出的【Variables to Bands Pairings】对话框中，b1 选择 NDVI 图像。设置存储路径，点击【OK】，如图 9.7 所示。

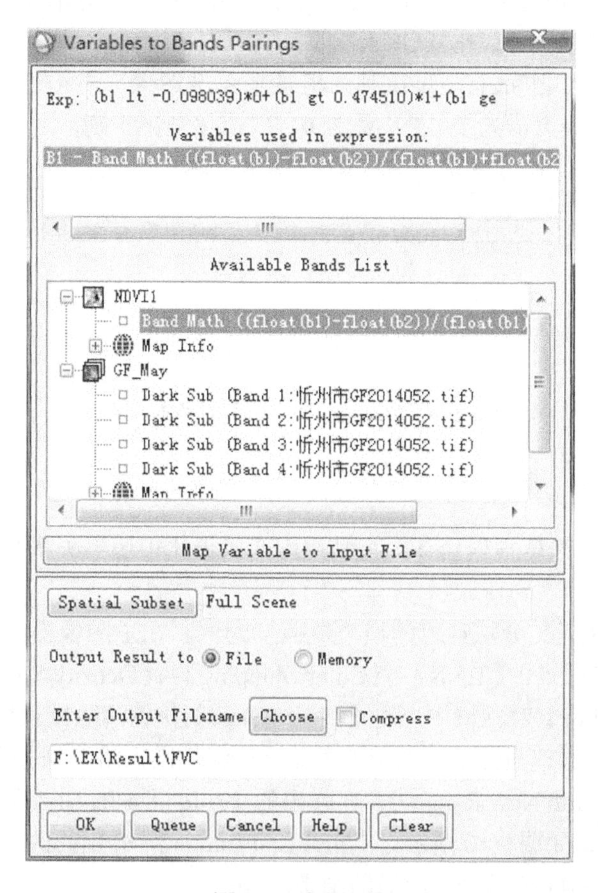

图 9.7　波段赋值

（6）在主图像窗口加载上一步得到的植被覆盖度图像，右击选择【Quick Stats】，如图 9.8 所示，NDVI 的最大值为 1，最小值为 0，所以二值化结果正确。

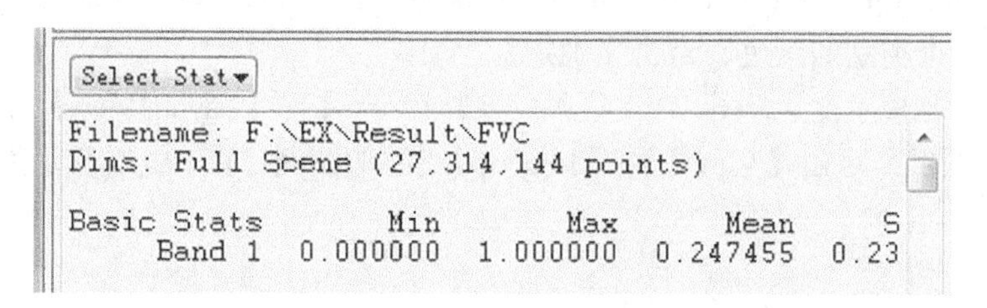

图 9.8　【Statistics Results】对话框（1）

9.6.3 植被指数法计算植被覆盖度

（1）用同样的数据<GF_May>进行操作，计算植被覆盖度步骤参考“像元二分法”，接下来进行二值化处理。在 ENVI 主菜单中，点击【Basic Tools】→【Band Math】，在公式输入栏中输入：(b1 lt –0.098039)*0+(b1 gt 0.474510)*1+(b1 ge –0.098039 and b1 le 0.474510)*(((b1+0.098039)/(0.474510+0.098039))*((b1+0.098039)/(0.474510+0.098039)))

（2）在弹出的【Variables to Bands Pairings】对话框中，b1 选择 NDVI1 图像，结果命名为<FVC2>，设置存储路径，点击【OK】。

（3）在主图像窗口加载上一步得到的植被覆盖度图像，右击选择【Quick Stats】，如图 9.9 所示，NDVI 的最大值为 1，最小值为 0，二值化结果正确。

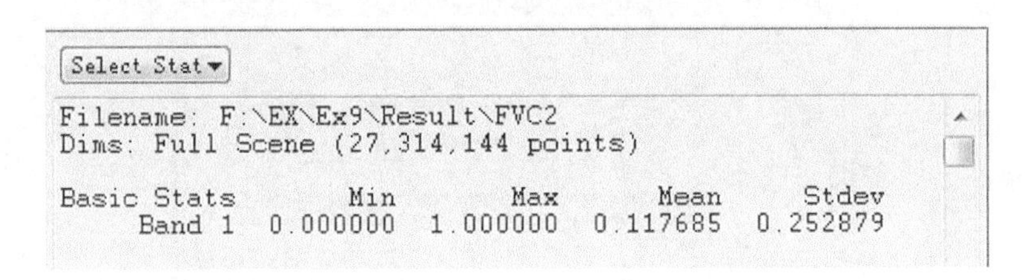

图 9.9　【Statistics Results】对话框（2）

9.6.4 植被覆盖度分级

@注意：为排除背景值被误统计，可利用山西省忻州市边界矢量数据进行掩膜处理，可参考实验 7 的 7.6.3 节。

（1）本实验以像元二分法计算的植被覆盖度为例。在主图像窗口加载植被覆盖度图像<FVC>，在主图像窗口，点击【Tools】→【Color Mapping】→【Density Slice】，选择图像<FVC>，在弹出的【Density Slice】对话框中点击【Clear Range】按钮清除默认区间。

（2）根据“实验原理与分析”的植被覆盖度分级标准，将类别分为 5 类，操作如下：点击【Options】→【Add New Ranges】，在弹出的【Add Density Slice】对话框中设置相关参数，将类别分为 5 类，如图 9.10 所示。点击【Edit Range】，分别修改 5 个类别的最大、最小值，并设置颜色，图 9.11 所示为修改后的结果。

（3）在【Density Slice】对话框中，点击【Apply】，得到密度分割后的结果。点击【File】→【Output Ranges to Class Image】，设置存储路径，点击【OK】，保存密度分割后的图像。

（4）在 ArcMap 中加载上一步密度分割后得到的图像，右击图层，点击【Properties】，在弹出的【Layer Properties】对话框点击【Symbology】→【Unique Values】，点击【Add All Values】，修改 5 个类别的颜色，点击【确定】。

（5）制作植被覆盖度分级图。在主菜单栏点击【View】→【Layout View】，点击【Insert】→【Title】，添加题目；点击【View】→【Legend】，添加图例。图 9.12 所示为制作完成的分级图。

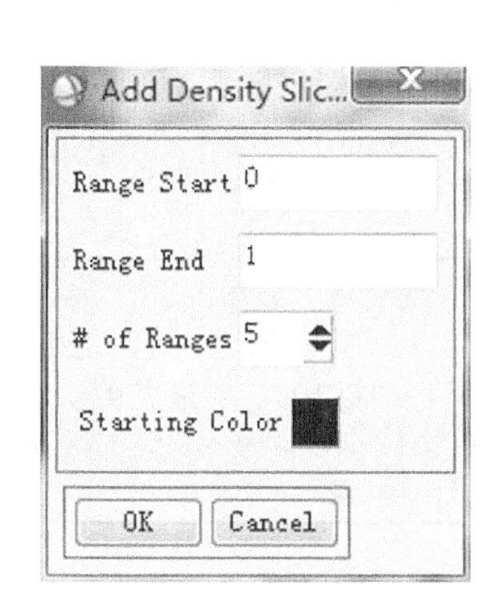

图 9.10　添加类别

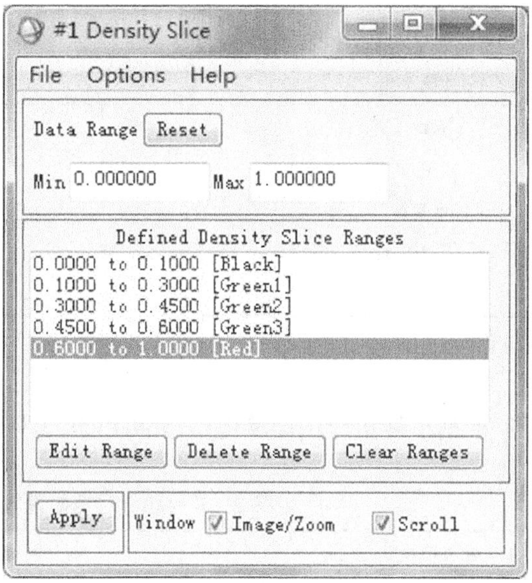

图 9.11　类别添加结果

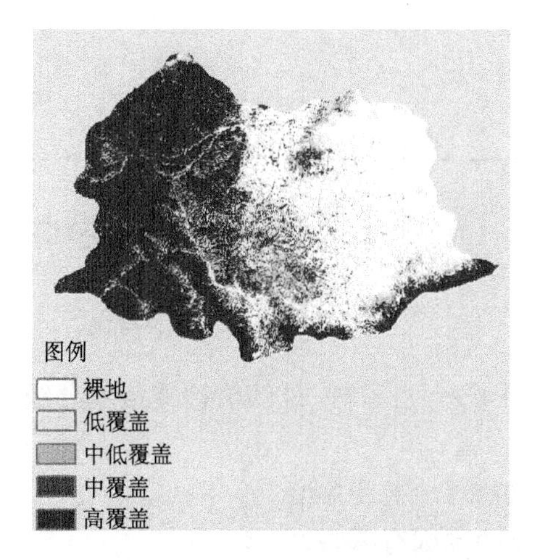

图 9.12　植被覆盖度分级图

9.7 练 习 题

（1）根据忻州市 9 月的遥感影像数据<GF_Sep>，利用像元二分法计算植被覆盖度，并根据植被覆盖度分级标准将二值化后的植被覆盖度分为 5 个级别。

（2）根据忻州市 9 月的遥感影像数据<GF_Sep>，利用植被指数法计算植被覆盖度，并根据植被覆盖度分级标准将二值化后的植被覆盖度分为 5 个级别。

9.8 实 验 报 告

（1）根据像元二分法计算忻州市 2013 年 5 月和 9 月植被覆盖度，完成表 9.1。

表 9.1 5月和9月植被覆盖度百分比对比表

植被覆盖度	5月（%）	9月（%）
裸地		
低覆盖		
中低覆盖		
中覆盖		
高覆盖		

（2）根据植被指数法计算忻州市2013年5月和9月植被覆盖度，完成表9.2。

表 9.2 5月和9月植被覆盖度百分比对比表

植被覆盖度	5月（%）	9月（%）
裸地		
低覆盖		
中低覆盖		
中覆盖		
高覆盖		

（3）根据像元二分法的计算结果，制作忻州市9月植被覆盖度分级图。

9.9 思 考 题

（1）比较本实验中忻州市 5 月和 9 月的植被覆盖度分级图，分析植被的分布和变化趋势。

（2）为什么用NDVI来估算植被覆盖度？

（3）引起植被覆盖变化的原因有哪些？

（4）为了提高植被覆盖度估算精度，可以采用哪些方法？

（5）除了NDVI，还有哪些植被指数可以用来计算植被覆盖度？

实验 10　土壤旱情遥感监测

10.1　实 验 要 求

根据若尔盖地区的遥感影像数据和降水量数据，完成下列分析：

（1）计算温度植被干旱指数（temperature vegetation dryness index，TVDI）。

（2）根据 TVDI 划分干旱等级。

（3）分析干旱程度和降水量之间的关系。

10.2　实 验 目 标

（1）掌握温度植被干旱指数 TVDI 的计算方法。

（2）掌握作物水分胁迫遥感监测方法。

10.3　实 验 软 件

ENVI 5.2、ArcGIS 10.2。

<TVDI_main>：一个插件，主要功能有 NDVI-LST 的散点图生成、干湿边方程的拟合、TVDI 影像的计算和生成。

10.4　实验区域与数据

10.4.1　实验数据

【LST 文件夹】

<RegLST00>:2000 年 12 月 23~30 日若尔盖地区地表温度(land surface temperature,LST),空间分辨率为 1km。

<RegLST05 >：2005 年 12 月 23~30 日若尔盖地区地表温度，空间分辨率为 1km。

<RegLST10 >：2010 年 8 月 23~30 日若尔盖地区地表温度，空间分辨率为 1km。

<RegLST14 >：2014 年 12 月若尔盖地区地表温度，空间分辨率为 1km。

【EVI 文件夹】

<RegEVI00>：2000 年 12 月 23~30 日若尔盖地区 EVI 数据，空间分辨率为 1km。

<RegEVI05 >：2005 年 12 月 23~30 日若尔盖地区 EVI 数据，空间分辨率为 1km。

<RegEVI10>：2010 年 8 月 23~30 日若尔盖地区 EVI 数据，空间分辨率为 1km。

<RegEVI14 >：2014 年 12 月若尔盖地区 EVI 数据，空间分辨率为 1km。

【NDVI 文件夹】

<RegNDVI00>：2000 年 12 月 23~30 日若尔盖地区 NDVI 数据，空间分辨率为 1km。

<RegNDVI05 >：2005 年 12 月 23~30 日若尔盖地区 NDVI 数据，空间分辨率为 1km。

<RegNDVI10>：2010 年 8 月 23~30 日若尔盖地区 NDVI 数据，空间分辨率为 1km。

<RegNDVI14 >：2014 年 12 月若尔盖地区 NDVI 数据，空间分辨率为 1km。

【Pdata 文件夹】

<RegPC00>：若尔盖地区 2000 年下半年降水数据。

<RegPC05>：若尔盖地区 2005 年下半年降水数据。

<RegPC10>：若尔盖地区 2010 年下半年降水数据。

@注意：如果对 2000 年、2005 年和 2014 年不同年份实验区域的干旱进行对比分析，考虑利用 12 月的地表温度和植被指数数据。

10.4.2 实验区域

本实验选取具有代表性、湿地比较集中的若尔盖县、红原县、阿坝县和玛曲县为实验区（31°50′~34°30′N，100°40′~103°40′E），位于青藏高原东北部。

若尔盖高原的地貌类型以低山、丘陵、河谷与阶地为主，位于本实验区内的若尔盖湿地自然保护区总面积为 16670.6hm^2，最高海拔 3697m，最低海拔 3422m，气候寒冷湿润，泥炭沼泽广泛发育，生物多样性丰富。实验区为高原亚寒带半湿润大陆性季风气候，四季不分明，寒冷潮湿，昼夜温差大。区内年平均温度 0.96°C，7 月最热，平均温度 10.7°C，最冷月 1 月平均温度为 –10.7°C。年降水量为 660~750mm，每年 5~10 月为雨季，降水量占全年降水量的 90%左右。该地区自 20 世纪 90 年代，表现出气温升高、降水量减少、蒸发量增大的暖干化趋势，干旱频发。实验区域为黄河流域重要水源涵养区，土壤垂直变化明显，分布有沼泽土、草甸土壤、高原褐土和人工草地土壤，植被分为沼泽植被、草甸植被、灌丛植被、森林植被和栽培植被五大类。由于地面平坦低洼，地表水排泄不畅，沼泽湿地分布广泛，但近年来，沼泽湿地呈现减少的趋势。实验区域如图 10.1 所示。

图 10.1 实验区示意图

10.5 实验原理与分析

目前，基于遥感的土壤旱情监测方法有光学方法、光学与热红外结合方法和基于微波遥感方法。因为 NDVI 对植被干旱反应有滞后效应，很难实时反映干旱状况，所以仅利用遥感地热辐射信息探测土壤水分状况无法排除其他因素对地面温度造成的影响。因此，有必要结合 NDVI 和地表温度(land surface temperature，LST)对干旱进行监测，温度植被干旱指数（temperature vegetation dryness index，TVDI）是一种基于光学与热红外遥感通道数据进行植被覆盖区域表层土壤水分反演的方法。作为同时与归一化植被指数(NDVI)和地表温度相关的干旱指数，TVDI 可用于干旱监测，尤其是监测特定年内某一时期整个区域的相对干旱程度，并可用于研究干旱程度的空间变化特征。增强型植被指数（enhanced vegetation index，EVI）

与归一化植被指数（NDVI）相比具有更高的高覆盖度植被敏感性，而且，EVI 抗大气干扰能力强，对区域植被的季节差异性表达较好。因此，本实验选择 EVI、NDVI 和陆地表面温度相结合的方式计算 TVDI，从而描述若尔盖高原湿地的干旱情况。

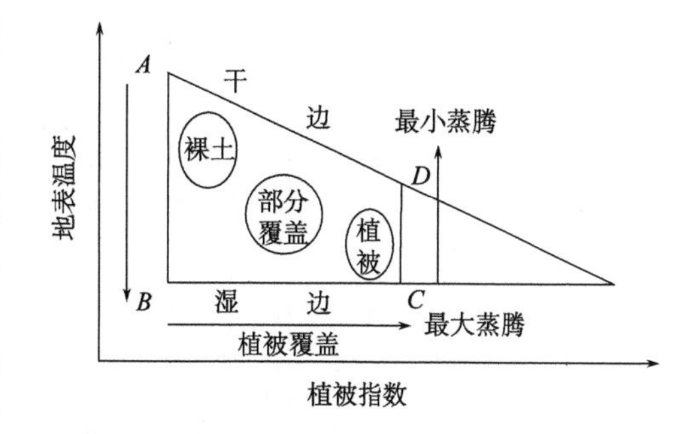

图 10.2　NDVI-LST 特征空间

对于一个区域而言，若地表覆盖从裸土到密闭的植被冠层，土壤湿度由干旱到湿润，则该区域每个像元的NDVI和LST组成的散点图为梯形，如图 10.2 所示。

裸土表面温度的变化与表层土壤湿度变化密切相关。一般随着植被覆盖度的增加，表面温度降低。图 10.2 点 *A* 表示干燥裸露土壤，点 *B* 表示湿润裸露土壤；点 *D* 表示干旱密闭植被冠层，土壤干旱、植被蒸腾弱；点 *C* 表示湿润密闭冠层，土壤湿润、植被蒸腾强。*AD* 是干边，*BC* 是湿边，分别代表干旱状态和湿润状态。区域内每一像元的 NDVI 与 LST 值将分布在 *A*、*B*、*C*、*D* 4 个极点构成的 NDVI-LST 特征空间内。TVDI 计算公式为

$$\text{TVDI} = \left(\text{TS} - \text{TS}_{\min}\right) / \left(\text{TS}_{\max} - \text{TS}_{\min}\right) \tag{10.1}$$

式中，TS 为任意像元的地表温度；$\text{TS}_{\max}$ 为某 EVI 或者 NDVI 值对应的地表温度最高值；$\text{TS}_{\min}$ 为某 EVI 或者 NDVI 值对应的地表温度最低值。TVDI 的值域为[0，1]，TVDI 越大，土壤湿度越低；TVDI 越小，土壤湿度越高。

本实验利用 TVDI 监测土壤旱情，综合考虑实验区内归一化植被指数不同及归一化植被指数相同情况下不同的地表温度，在监测地表土壤水分及旱情方面效果较好。实验要求（1）计算 TVDI 指数，需要注意式（10.1）中 $\text{TS}_{\max}$、$\text{TS}_{\min}$ 的获取，它们依据 NDVI 和 EVI 与 LST 拟合的效果，选择效果较好的指数计算 $\text{TS}_{\max}$ 和 $\text{TS}_{\min}$。实验要求（2）参考已有的研究成果，将旱情分为 5 级，分别是湿润（0<TVDI<0.2）、正常（0.2<TVDI<0.4）、轻旱（0.4<TVDI<0.6）、干旱（0.6<TVDI<0.8）和重旱（0.8<TVDI<1.0）。实验要求（3）探讨干旱程度与降水量之间的关系。

10.6　实 验 步 骤

10.6.1　干旱指数 TVDI 的计算

（1）获取干湿边方程的系数与拟合相关系数（R^2）。将<TVDI_main>插件置于安装目录下的\ENVI52\classic\save_add 下，打开 ENVI，这里以 2000 年 EVI 为例，在主菜单点击【Transform】→【TVDI 计算】，在【Select a NDVI or EVI File】对话框中选择文件<RegEVI00>，点击【OK】，在弹出的【Select a LST File】对话框选择文件<RegLST00>，点击【OK】，得到【TVDI 计算】对话框，如图 10.3 所示，选择输出路径，点击【确定】。

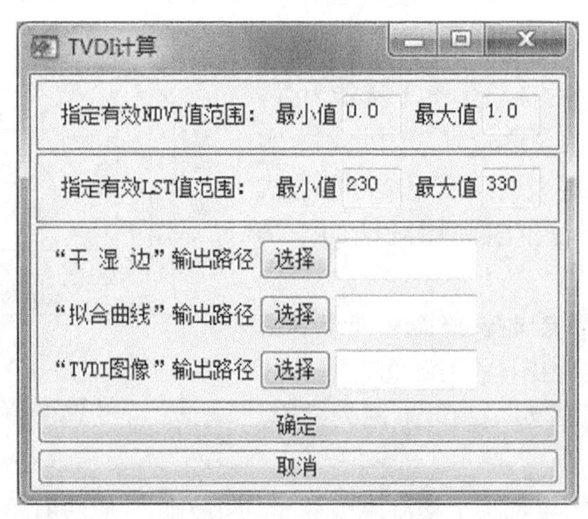

图 10.3　TVDI 计算插件

（2）用同样的方法得到 4 个年份的 EVI-LST 和 NDVI-LST"干湿边"图，如图 10.4 所示。

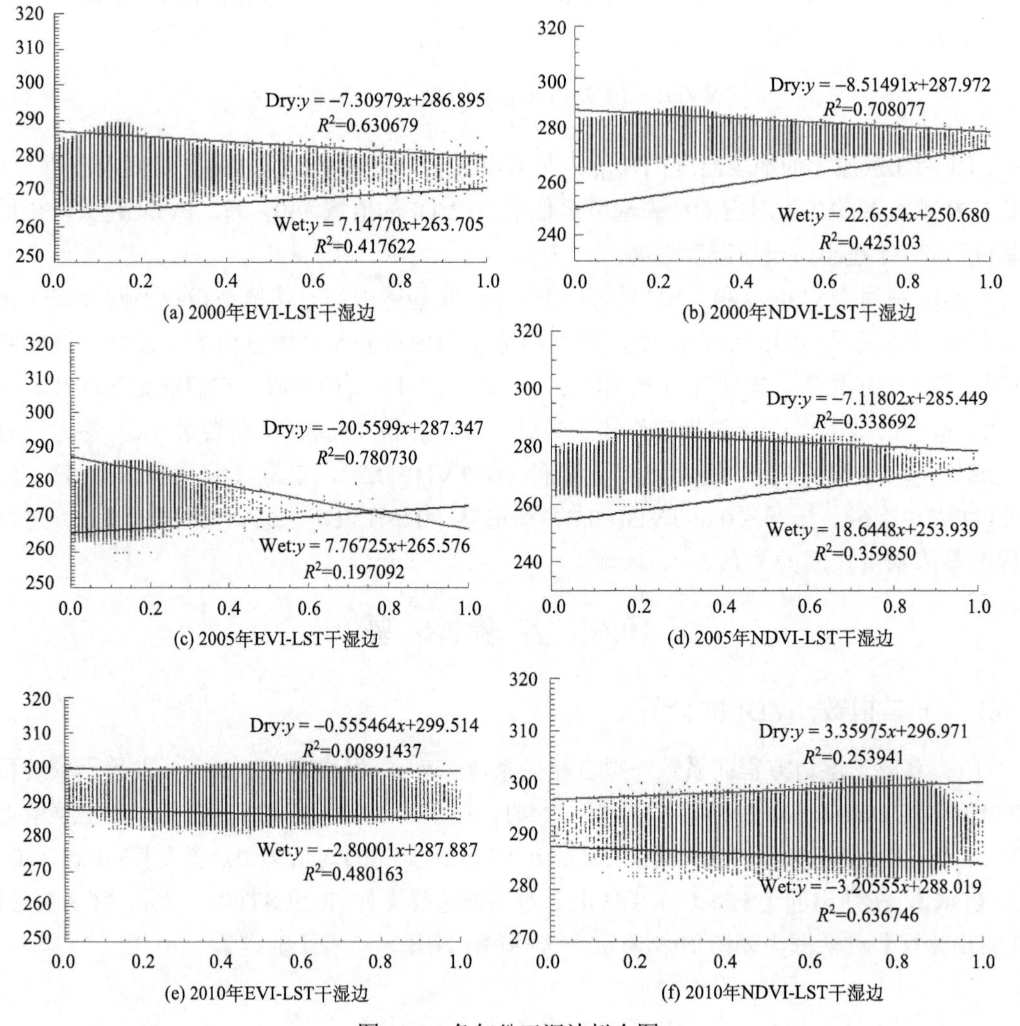

图 10.4　各年份干湿边拟合图

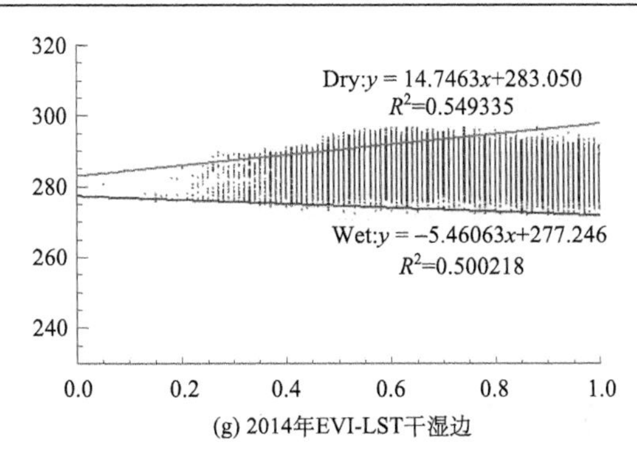

(g) 2014年EVI-LST干湿边

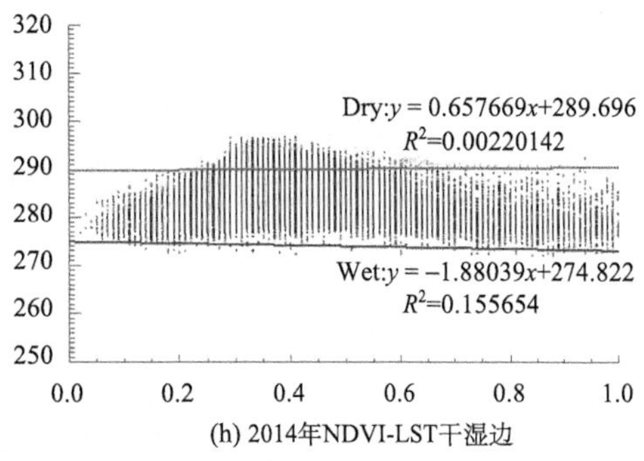

(h) 2014年NDVI-LST干湿边

图 10.4（续）

（3）选取拟合程度较好的结果。拟合原理： EVI 计算干湿边方程时，干边方程是通过 EVI 值及该 EVI 值对应的所有像元中最高的地表温度值进行拟合得到的，湿边方程是通过 EVI 值及该 EVI 值对应的所有像元中最低的地表温度值进行拟合得到的。NDVI 计算干湿边方程时，干边方程是通过 NDVI 值及该 NDVI 值对应的所有像元中最高的地表温度值进行拟合得到的，湿边方程是通过 NDVI 值及该 NDVI 值对应的所有像元中最低的地表温度值进行拟合得到的。R^2 越接近于 1，拟合效果越好。这里以 2014 年的 TVDI 为例，根据图 10.4 2014 年 EVI-LST 干湿边和 NDVI-LST 干湿边图像可以看出，EVI-LST 的 R^2 大于 NDVI-LST 的 R^2，认为 EVI 的拟合程度较好，所以选择 EVI 计算 TVDI。图像中红边为干边，黑边为湿边，a1= –5.46063， b1=277.246，a2=14.7463，b2=283.050。

（4）计算 TS_{max}、TS_{min}。TS_{max} 和 TS_{min} 的计算公式为 $TS_{min} = a1 \times (\text{EVI或者NDVI}) + b1$，$TS_{max} = a2 \times (\text{EVI或者NDVI}) + b2$，其中，a1，b1 为湿边拟合方程的系数；a2，b2 为干边拟合方程的系数。在 ENVI 主菜单点击【Basic Tools】→【Band Math】，在波段运算窗口输入：–5.46063*b1+277.246，点击【Add to List】，点击【OK】，在弹出的对话框中为 b1 选择波段，设置存储路径，如图 10.5 所示。用同样的方法得到 TS_{max}。

（5）计算 TVDI。TVDI 计算公式为 $\text{TVDI} = (\text{TS} - TS_{min}) / (TS_{max} - TS_{min})$，其中，TS 表示任意像元的地表温度。在主菜单点击【Basic Tools】→【Band Math】，在波段运算窗口输入：(b1–b2)/(b3–b2)，在接下来的窗口中，b1 选择 LST，b2 选择 TS_{min}，b3 选择 TS_{max}，输出存储路径，点击【OK】。

（6）获取 TVDI 的有效值。TVDI 取值范围为[0，1]，湿边 TVDI 值最小，值为 0，表示土壤的含水量与田间持水量几乎相等；干边的 TVDI 值最大，值为 1，表示土壤的含水量与萎蔫点接近。但是在前述处理过程中会有一些像元值溢出该范围，需要进行有效值运算。在 ENVI 主菜单点击【Basic Tools】→【Band Math】，在波段运算窗口输入：(b1 lt 0)*0+(b1 ge 0 and b1 lt 1)*b1+(b1 ge 1)*1，表示将小于 0 的像元值赋值为 0，0~1 的像元值保持不变，大于 1 的像元值赋值为 1。在接下来的窗口中为 b1 选择 TDVI 波段，设置存储路径保存成 tif 格式，点击【OK】。

（7）将结果在 Display 中显示，在主图像窗口双击鼠标，查看 TVDI 值是否在（0，1）之间，如图 10.6 所示。利用同样的方法将其他 3 年的 TVDI 计算出来。

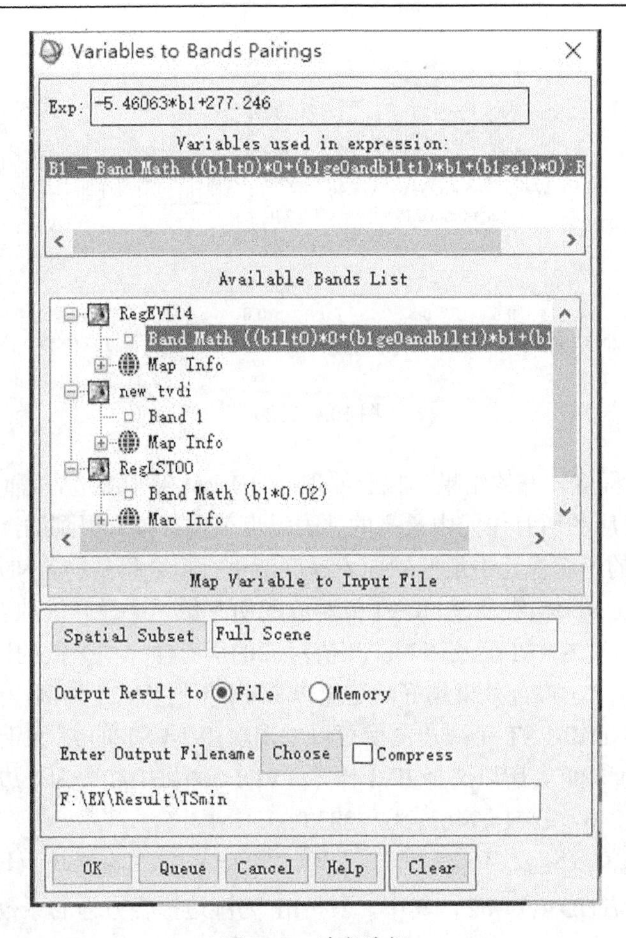

图 10.5　波段选择

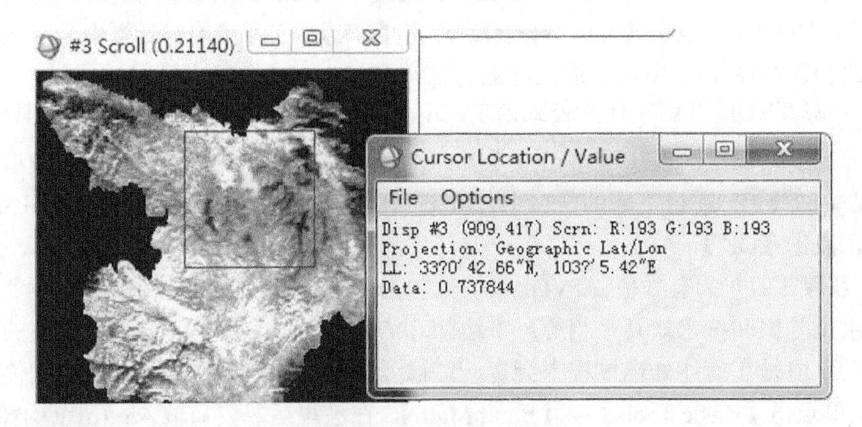

图 10.6　2014 年 TVDI 值

10.6.2　干旱指数分级

（1）（以 2014 年为例）打开 ArcMap，点击【Add Data】，加载 2014 年 TVDI 数据，在【Table of Contens】右击图层名，选择【Properties】，在弹出的对话框中选择【Symbology】→【Classified】，在【Class】下拉框中选择分类类别，这里设置为 5，点击【Classification】，在

[Exclusion]中排除 0 值，在弹出的对话框中，设置【Method】为【Manual】，在【Break Values】选项中手动添加阈值，如图 10.7 所示。

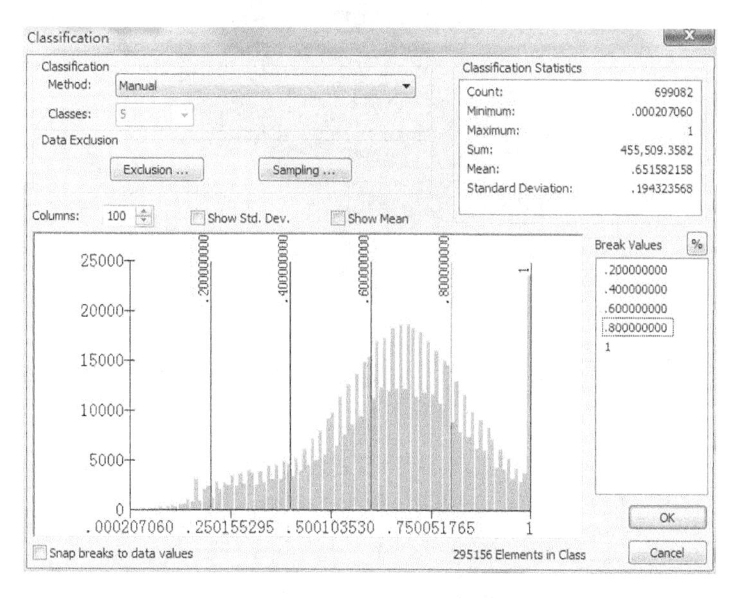

图 10.7　干旱程度分级

（2）在【Layer Properties】对话框，【Symbol】栏下设置颜色，如图 10.8 所示，点击【应用】，再点击【确定】。

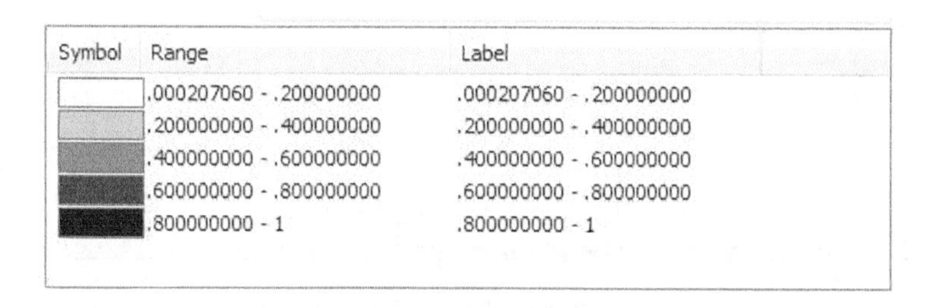

图 10.8　设置分级颜色

（3）在 ArcGIS【Layout View】视图中进行图例和标题的设置，图 10.9 所示为 2014 年若尔盖地区干旱分级图。

10.6.3　干旱程度与降水量之间的关系分析

（1）生成等降水量线。在 ArcMap 中加载降水量数据，本实验以 2000 年下半年数据<RegPC00>为例。在【ArcToolbox】中点击【Spatial Analyst Tools】→【Surface】→【Contour】，在弹出的对话框中选择输入图层和输出路径，间隔设置为 10，点击【OK】，如图 10.10 所示。

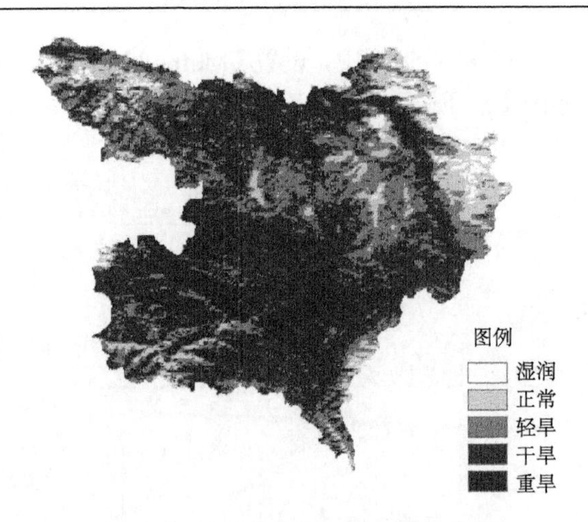

图 10.9　若尔盖地区干旱分级图(2014 年)

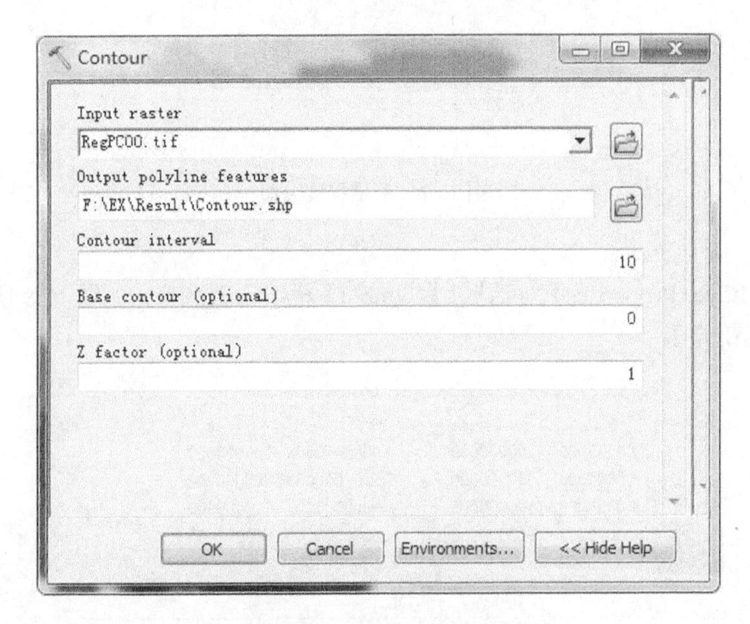

图 10.10　生成等降水量线

（2）右击上一步得到的图层，点击【Properties】→【Labels】，在弹出的【Labels】选项卡中勾选【Label features in this layer】，在【Label Field】下拉框选择【CONTOUR】，并自行设置字体和字体大小，点击【确定】，如图 10.11 所示。

（3）在【Layout View】下添加图例、标题等，制作降水量专题图，图 10.12 所示为 2000 年下半年若尔盖地区的降水量分布图。

（4）对比干旱程度分级图和每年下半年降水量图，可以看出，2000 年整个若尔盖地区降水量很少，干旱程度较严重，大部分地区为中旱和重旱；2005 年降水量明显增多，若尔盖地区的干旱程度得到明显改善，主要为轻旱和湿润。

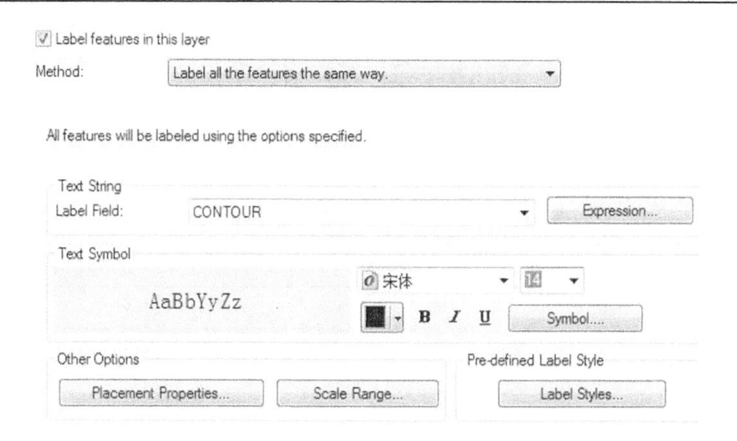

图 10.11　添加标注

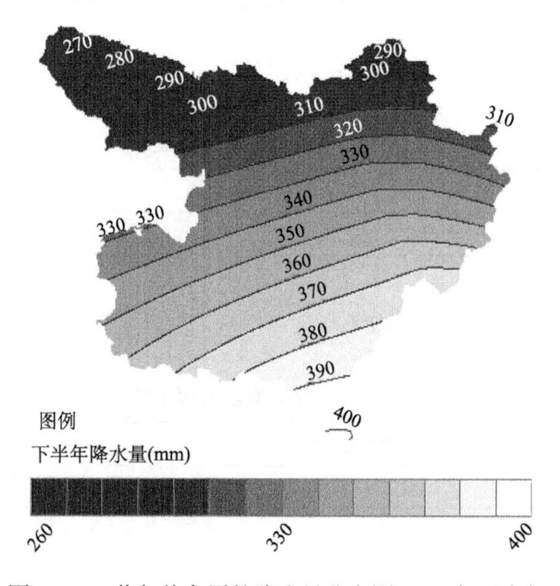

图 10.12　若尔盖高原的降水量分布图(2000 年下半年)

10.7　练　习　题

（1）计算 2000 年、2005 年、2010 年和 2014 年的 EVI-LST 和 NDVI-LST 的干湿边拟合方程。

（2）选取拟合程度较好的结果（EVI 或者 NDVI），计算 TVDI。

（3）将所有的年份采用 NDVI 值计算干旱指数 TVDI，即 $TS_{min} = a1 \times NDVI + b1$，$TS_{max} = a2 \times NDVI + b2$，$TVDI = (TS - TS_{min})(TS_{max} - TS_{min})$。

（4）将所有年份采用 EVI 值计算干旱指数 TVDI，即 $TS_{min} = a1 \times EVI + b1$，$TS_{max} = a2 \times EVI + b2$。

10.8 实验报告

（1）练习练习题（1），完成表 10.1。

表 10.1　拟合方程干湿边决定系数（R^2）

年份	EVI-LST 拟合方程		NDVI-LST 拟合方程	
	干边 R^2	湿边 R^2	干边 R^2	湿边 R^2
2000				
2005				
2010				
2014				

（2）比较拟合相关系数 R^2，选取拟合效果较好的结果，即 EVI 或 NDVI，填入表 10.2。

表 10.2　拟合方式选取表

年份	2000	2005	2010	2014

（3）练习练习题（2），完成表 10.3。

表 10.3　干湿边拟合方程系数

年份	湿边拟合方程的系数		干边拟合方程的系数	
	a1	b1	a2	b2
2000				
2005				
2010				
2014				

（4）根据实验步骤计算的 TVDI 值和干旱等级划分标准，完成表 10.4。

表 10.4　不同干旱等级比例

年份	百分比（%）				
	湿润	正常	轻旱	干旱	重旱
2000					
2005					
2010					
2014					

（5）制作 2000 年、2005 年和 2010 年若尔盖地区干旱等级专题图。

10.9　思　考　题

（1）除了本实验使用的 TVDI，还有哪些遥感指数可用于干旱监测？
（2）为什么实验中得到的 NDVI 和 LST 组成的散点图并非理想情况下的梯形？
（3）在生成降水量等值线时，为什么间隔设置为 10？
（4）在生成降水量等值线时，哪些原因会导致等值线不显示在图中？
（5）基于温度干旱植被指数（TVDI）的旱情监测有什么优势？

实验 11　农作物高光谱遥感分析

11.1 实验要求

根据实验区域的蓖麻、大豆、花生、绿豆和玉米高光谱数据，完成下列分析：

（1）绘制各农作物的 ASD 高光谱反射率曲线。

（2）根据表 11.1 的植被指数计算公式，计算各农作物的植被指数。

（3）分析和筛选出可以用来区分各作物的波段或植被指数。

（4）运用统计方法，建立水稻冠层叶绿素高光谱反演模型。

（5）依据（4）构建的水稻叶绿素高光谱反演模型，计算区域内水稻冠层叶绿素空间分布状况。

表 11.1　植被指数计算公式

植被指数	波段(nm)	计算公式
NDVI[670,800]	670,800	$\mathrm{NDVI}[670,800]=\dfrac{R_{800}-R_{670}}{R_{800}-R_{670}}$
OSAVI[670,800]	670,800	$\mathrm{OSAVI}=(1+0.5)(R_{800}-R_{670})/(R_{800}+R_{670}+0.5)$
MCARI[550,700]	550,670,700	$\mathrm{MCARI}=[(R_{720}-R_{670})-0.2(R_{700}-R_{550})](R_{700}/R_{670})$
MTVI[550,712]	550,670,712	$\mathrm{MTVI}=1.5[1.2(R_{712}-R_{550})-2.1(R_{670}-R_{550})]$

@注意：R_i 表示第 i 个波段的反射率，NDVI、OSAVI(optimized soil-adjusted vegetation index)、MCARI（modified chlorophyll absorptionratio index)、MTVI(modified triangle vegetation index)分别表示归一化植被指数、优化土壤调整植被指数、改进型叶绿素吸收指数和改进型三角形植被指数。

11.2 实验目标

（1）掌握绿色植被/作物的光谱响应特征。

（2）掌握植被指数的计算方法，并利用植被指数进行作物类型的区分。

（3）掌握作物生理生化参数遥感反演的基本思路与方法。

11.3 实验软件

ViewSpecPro、ENVI 5.2、Excel 软件。

11.4　实验区域与数据

11.4.1　实验数据

1）ASD 数据

【ASD 数据】文件夹

<Castor-oil ASD>：蓖麻 ASD 00-49 高光谱数据。

<Peanut ASD>：花生 ASD 00-119 高光谱数据。

<Mungbean ASD>：绿豆 ASD 00-59 高光谱数据。

<Corn ASD>：玉米 ASD 00-79 高光谱数据。

<Bean ASD>：大豆 ASD 00-29 高光谱数据。

2）Hyperion 及实测数据

【Hyperion 及实测数据】文件夹

<Rice-aHyperion>:2009 年 9 月水稻 Hyperion 高光谱数据。

<Fuse>：研究区域监督分类和融合后的数据。

<Clip.dat>：研究区域的植被裁剪结果。

<Measuredata.xlsx>：研究区域的实测数据，第 1~4 列光谱指数，第 5 列叶绿素含量。

11.4.2　实验区域

选取长春市作为实验区，其地理位置为 43°15'N～44°04'N，125°19'E～127°43'E。吉林省长春市地处松辽平原腹地，属大陆性季风气候，光照充足，年均气温 4.9℃，年均降水量 522~615mm，区内薄层黑土分布。实验区域有蓖麻、花生、绿豆、玉米、大豆和水稻等各种作物，在实验区选择了具有若干代表性的样本点，测量参数主要包括作物叶片的光谱数据和叶绿素含量。实验区域如图 11.1 所示。

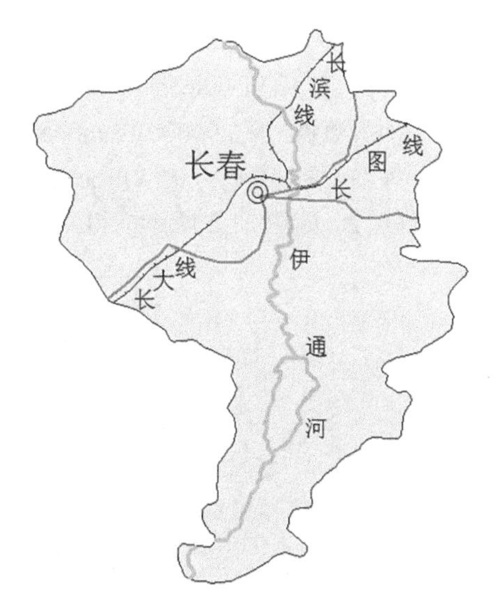

图 11.1　实验区示意图

11.5　实验原理与分析

本实验包含既相互联系又有区别的两类问题。实验要求（1）、（2）和（3）属于高光谱作物类型识别分析，实验要求（4）和（5）属于作物生理生态参数高光谱反演。实验要求（1）是农作物光谱响应曲线的绘制，在野外实测的高光谱数据中，往往由于仪器、大气污染和水汽的影响，出现了噪声带，主要位于 1400 nm、1800 nm 和 2500 nm 附近，在光谱响应曲线绘制时，需要剔除掉。实验要求（2）和（3）是植被指数的计算与应用，往往要根据实际应用目标，选择构建植指数的波段，如本实验中选择了对叶绿素敏感的可见光光谱波段中一些特定波段进行指数的构建。实验要求（4）和（5）是植被生理生态参数（如叶面积指数 LAI、植被覆盖度、光合有效辐射、叶绿素等）的反演，它是植被指数的另一个重要应用，目前利用遥感数据来估算植被生理生态参数主要采用两种方法：一是理论模型——几何光学模型与辐射传输模型，它物理意义明确，但模型反演复杂；二是统计模型——建立植被指数与植物生理生态参数的回归方程，它简单易行，被广泛应用。

本实验采用统计模型来进行水稻冠层叶绿素含量的反演，首先选取对叶绿素敏感的一个或者多个植被指数（如 NDVI、MCARI）作为自变量，叶绿素作为因变量；然后采用统计模型（对数、多项式、乘幂、指数、人工智能模型）建立自变量与因变量的数学关系模型；最后将该模型应用到区域尺度上。地面光谱建立的模型应用到卫星遥感需要注意尺度转换和尺度效应，本实验采取了简化处理，进行直接推广与应用。

11.6 实验步骤

11.6.1 绘制各农作物的 ASD 高光谱曲线

1. 求反射率（以大豆为例）

（1）打开 ViewSpecPro 软件，点击【File】→【Open】，打开数据<Bean ASD >，按住 Ctrl 键，加载数据<bean00000-bean00009>。

（2）在主菜单点击【Process】→【Statistics】，在【Statistics】面板中选中【Mean】，点击【OK】，如图 11.2 所示，得到大豆反射率数据，将数据命名为<Bean_mean>。

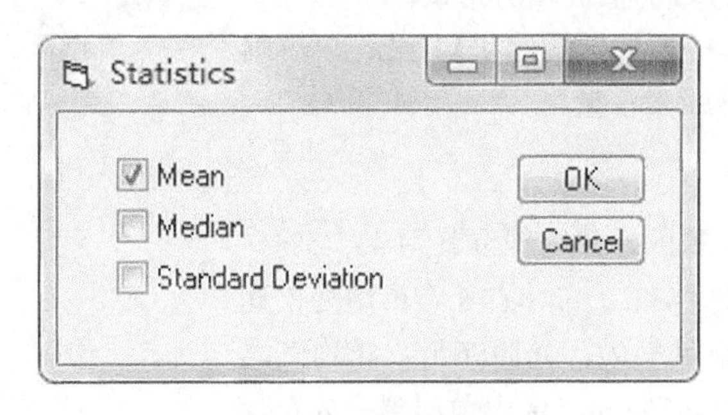

图 11.2　选择函数

（3）在主菜单点击【Process】→【ASCII Export】，在弹出的窗口中选中【Reflectance】，其余设置为默认值，点击【OK】将数据文件转化成 txt 文件，如图 11.3 所示，保存为默认的存储路径（可通过【Setup】→【Output Directory】查找）。用同样的方法获取其余 4 种作物的反射率。

@注意：当需要重新加载数据时，必须关闭已处理的数据，即【File】→【close】，再对后续的数据（其余 4 种作物数据）进行相类似的处理，即重复上述步骤。

2. 在 Excel 中绘制作物反射率曲线

（1）在 Excel 中打开 5 种作物的 txt 文件，点击【文件】→【打开】，注意打开文件时文件类型设置为所有文件，跳出文件导入向导，选择最合适的文件类型时，选择分隔符号，点击【下一步】，如图 11.4 所示。

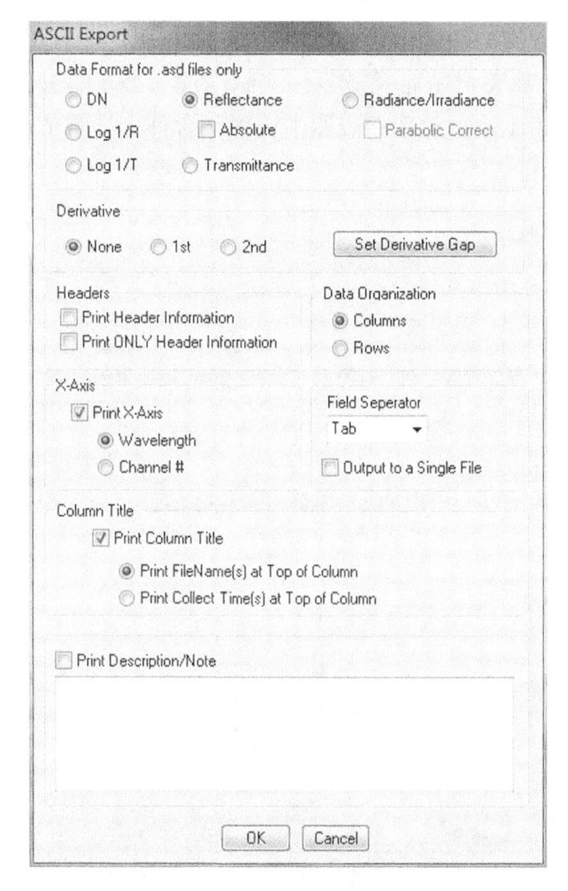

图 11.3　保存为 txt 数据格式

（2）在弹出的窗口中，勾选 Tab 键和空格键，点击【下一步】，列数据类型选择【常规】，点击【完成】即完成 txt 文件的导入。如图 11.5 所示，第 1 列为波段，第 2 列为作物反射率值。

（3）将所有的数据综合到一个 Excel 表格后，在主菜单中点击【插入】→【图表】→【散点图】，建立散点图，将结果命名为<Data.xls>，图 11.6 所示为 5 种作物的反射率散点图。

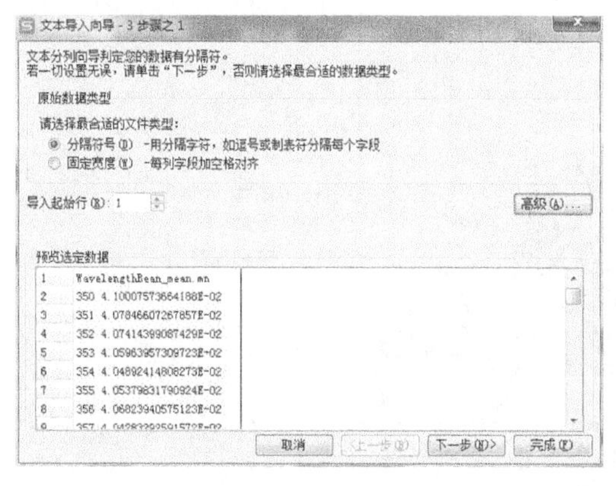

图 11.4　选择文件类型

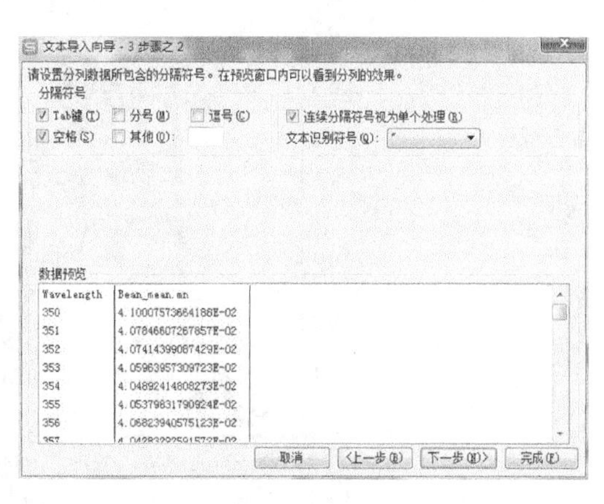

图 11.5　数据预览

（4）剔除受大气、水汽影响的异常值。点击 Excel 中程序中的【数据】→【筛选】→【数字筛选】，将小于等于 1 和大于 0 的值筛选出来制作成一个新的 Excel 表格。作不同作物反射率曲线图，如图 11.7 所示，反射率曲线图中仍然包含部分异常值。

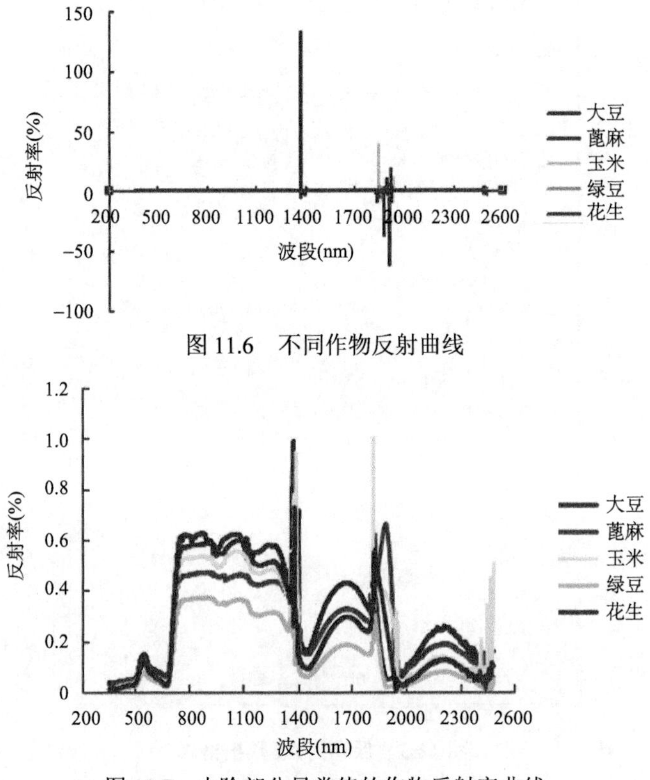

图 11.6　不同作物反射曲线

图 11.7　去除部分异常值的作物反射率曲线

（5）手动剔除 1361~1407nm、1816~1945nm、1950~1953nm、1967~1968nm、2476~2500nm 波段的数据（根据 FieldSpec 4 光谱仪使用说明书，反射率光谱中会存在两个大的噪声带，主要位于 1400nm 和 1800nm 附近，还有一小部分位于 2500nm 附近，造成该噪声带的原因是在区间大气中水蒸气的吸收作用较为明显）。图 11.8 所示为剔除异常值之后的作物反射率曲线图。

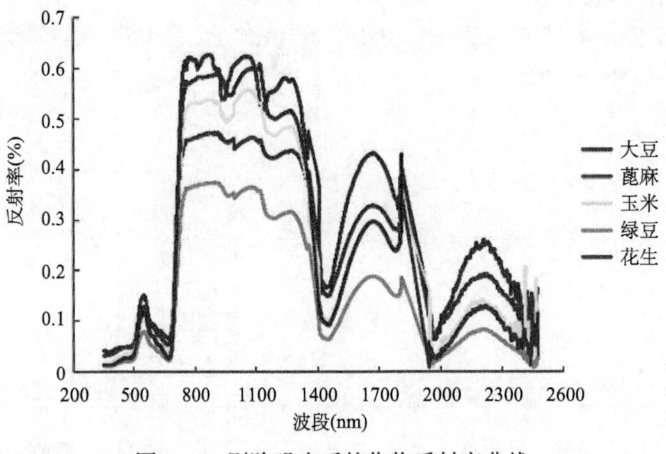

图 11.8　剔除噪声后的作物反射率曲线

11.6.2　计算各农作物的植被指数

（1）从<Data.xls>数据文件中选择各作物在波段 550nm、670nm、700nm、712nm、800nm 处所对应的反射率数据复制到新的 excel 表格中，命名为<NDVI.xls>并添加 4 行，首列分别为 NDVI[670,800]、OSAVI[670,800]、MCARI[670,700]、MTVI[550,712]。

（2）在 B8 单元格中输入：=(B6–B3)/(B3+B6)（其中，B3 和 B6 代表单元格的位置，分别为 B 列第 3 行和 B 列第 6 行），回车得到正确的 NDVI 数值，将鼠标箭头位于单元格右下角，当出现“十”字时向右拉伸复制单元格，从而得到不同作物 NDVI 的值，如图 11.9 所示。

	A	B	C	D	E	F
1	Wavelengt	大豆	蓖麻	玉米	绿豆	花生
2	550	0.141794592	0.145165771	0.098063551	0.0696	0.119834125
3	670	0.0462	0.0693	0.0444	0.0232	0.0555
4	700	0.133015543	0.156922966	0.0849	0.07	0.10893742
5	712	0.265991598	0.280200988	0.145897821	0.14349663	0.196120113
6	800	0.566909611	0.544886231	0.422789961	0.34443977	0.438555807
7						
8	NDVI	0.849292853	0.774335547	0.809927423	0.8737895	0.775329025
9	OSAVI					
10	MCARI					
11	MTVI					

图 11.9　各农作物植被指数的计算

（3）同理，根据表 11.1 中的植被指数计算公式，以输入函数的方式可以得到其他的植被指数，此处不再赘述。

11.6.3　分析和筛选出可以用来区分各作物的波段或植被指数

根据不同植被反射率曲线图的差异，可以进行不同植被种类的识别。

根据 11.6.1 的步骤，将绿豆的第一组 ASD 数据（00~09）和第二组 ASD 数据（10~19）分别求平均值，得到两条光谱曲线（绿色曲线）。同理，求出蓖麻的第一组 ASD 数据（00~09）和第二组 ASD 数据（10~19）的平均值，得到两条光谱曲线（橙色曲线）。其中，相同颜色的曲线代表了同种地物，如图 11.10 所示，通过图像可以看出，不同地物的反射率曲线分布具有明显的差异。

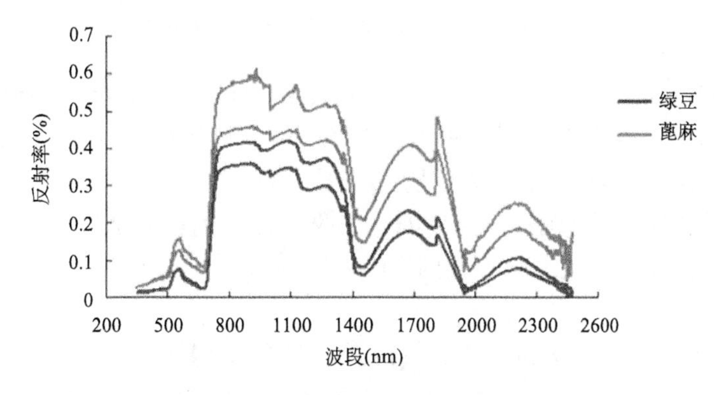

图 11.10　两组绿豆、蓖麻反射率曲线

从图 11.10 可以看出，从 750nm 开始，不同的作物开始出现一些差异，主要表现在 750~1400nm、1500~1900nm、2000~2400nm 三个波段区间，不同作物的反射率曲线分布形状大体相似，但反射率值会存在差异。无论在可见光、近红外和短波红外光谱段内，蓖麻的反射率均高于绿豆的反射率。根据绿豆、蓖麻的反射率曲线差异可以完成对两者的识别，其他的植被也可以通过这种方法或者构造植被指数进行区分和识别。如果通过单波段数据对作物类型无法区分，也可以将各种作物的光谱数据分别绘制在多变量空间（二维特征空间）中，以便有效地区分各作物类型。本实验让读者了解了作物类型识别的思路和一般方法，表明高光谱遥感是进行植被精准识别的有效手段。但值得注意的是，图 11.10 展示的两种作物的光谱差异仅仅是针对该实验区域的，作物处于不同生长环境、不同品种和不同生长周期，其差异均会不一样。

11.6.4 建立水稻叶绿素高光谱反演模型

1. 选择合适的植被指数

利用 Excel 计算植被指数与叶绿素含量相关系数。

相关性一般用来衡量两种变量之间的相互关系及这两种变量相互关系的大小，统计学中，相关性大小一般用“相关系数”来从数量上描述两个变量之间的相关程度，用符号“R”来表示。相关系数取值范围限于：$-1 \leqslant R \leqslant +1$，$R$ 绝对值越大，表明两者相关性越高。

（1）在 Excel 中打开<Measuredata.xlsx>文件，如图 11.11 所示，A~F 列为不同植被指数，G 列为叶绿素含量数据。

	A	B	C	D	E	F	G	H
1	MCARI	MTVI2	NDVI	OSAVI	MTVI2/OSAVI	MTVI/MCARI	ch-concetration	
2	0.53	1.42	0.5	0.29	4.90	2.68	1.99936	
3	0.64	1.54	0.5	0.32	4.81	2.41	2.5704	
4	0.52	1.5	0.4	0.26	5.77	2.88	1.13284	
5	0.46	1.4	0.4	0.26	5.38	3.04	1.6491	
6	0.59	1.46	0.4	0.27	5.41	2.47	1.63914	
7	0.61	1.56	0.5	0.29	5.38	2.56	1.34698	
8	0.66	1.53	0.5	0.29	5.28	2.32	1.71882	
9	1.03	1.62	0.7	0.44	3.68	1.57	2.2398	
10	0.74	1.46	0.6	0.37	3.95	2.37	1.23908	
11	0.6	1.48	0.5	0.3	4.93	2.47	1.8108	
12	0.58	1.53	0.5	0.29	5.28	2.64	1.24572	
13	0.39	1.34	0.4	0.24	5.58	2.44	1.67234	
14	0.68	1.58	0.5	0.29	5.45	2.32	1.28938	

图 11.11　植被指数和叶绿素含量数据

（2）相关系数计算。以 MCARI 为例，在 Excel 中运用 CORREL 函数计算相关系数。首先选中一个空白单元格，输入“=”和“CORREL”，当单元格下方出现该函数时双击选中，点击第一组数据，选择 MCARI 下方的所有数据，输入“,”，再选中第二组数据，即 ch-concetration 下的数据，回车即算出 MCARI 与预测值之间的相关系数 R，如图 11.12 所示。其余植被指数与叶绿素的相关系数 R 由同样的方法得到。

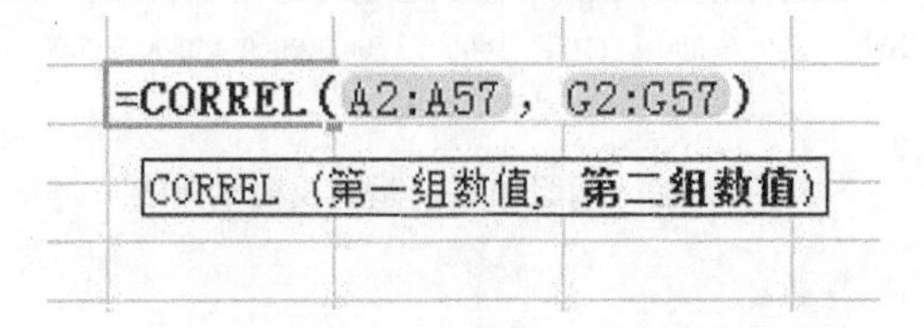

图 11.12　MCARI 与预测值之间的相关系数 R

（3）相关性分析。不同植被指数与叶绿素含量的相关性差别较大，其中呈现正相关的指数有 MCARI、NDVI、OSAVI，呈现负相关的指数有 MTVI2、MTVI2/OSAVI、MTVI/MCARI。6 种植被指数与叶绿素相关性排序为 NDVI > OSAVI > MTVI2/OSAVI > MTVI/MCARI > MCARI > MTVI2，其中，NDVI 模型与叶绿素含量的相关性最高，因此采用 NDVI 进行作物叶绿素含量的反演。

2. 绘制散点图

（1）确定自变量和因变量，本实验中自变量为植被指数 NDVI，因变量为叶绿素含量。为了方便分析，将原文件<Measuredata.xlsx>中的 NDVI 和 ch-concetration 两列数据拷贝到一个 Excel 中新的工作表格中。在 Excel 的菜单栏点击【插入】→【图表】，弹出图表向导对话框，在标准类型中选择【XY 散点图】，如图 11.13 所示，点击【下一步】。

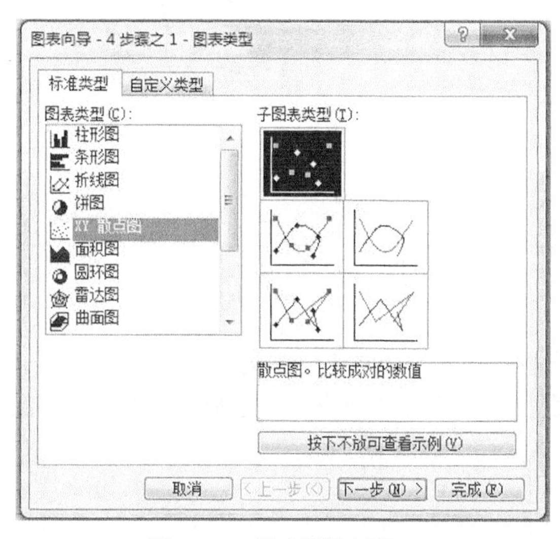

图 11.13　散点图绘制窗口

（2）在弹出的源数据对话框中选择散点图数据，选中 Excel 表中所有的数据，于是在源数据对话框中有【数据区域】和【系列产生在“列”】提示，如图 11.14 所示，点击【下一步】。

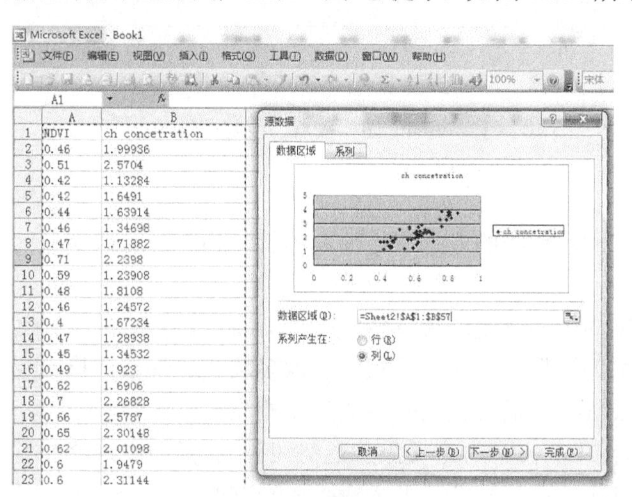

图 11.14　数据源选择

（3）在弹出的图表选项对话框中，对不同的图表选项进行设置，在标题选项卡中，将标题设为“叶绿素含量与 NDVI 的关系”，X 轴设为“NDVI”，Y 轴设为“叶绿素含量”，如图 11.15 所示，将图例选项卡中的显示图例前面的“√”去掉，其他设置为默认值，点击【下一步】。

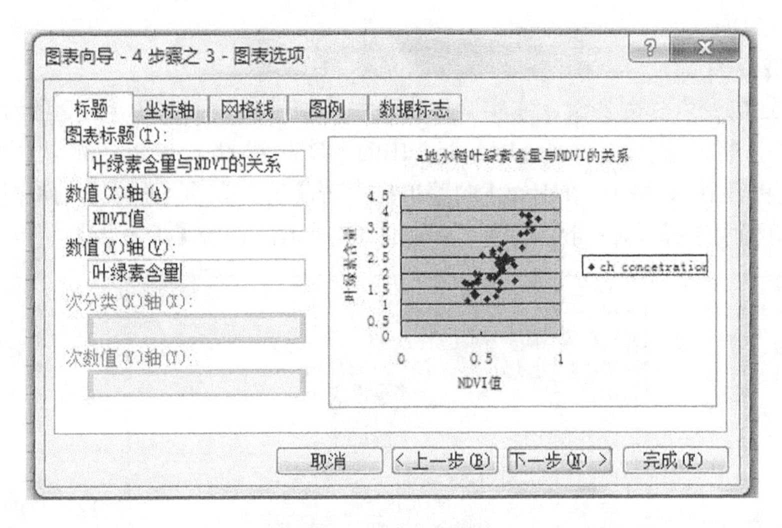

图 11.15　图表选项设置

（4）在弹出的图表位置对话框中点击“作为其中的对象插入”，名称为“叶绿素含量与 NDVI 的关系”，点击【完成】，则完成散点图的绘制，图 11.16 所示为绘制完成后的散点图。

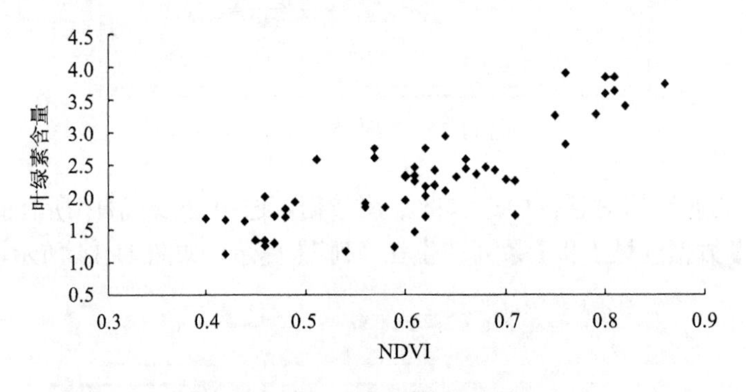

图 11.16　散点图绘制结果

3. 曲线拟合

在散点图中用添加趋势线的方式进行曲线估计，趋势线的自变量为 NDVI 值，因变量为叶绿素含量。

曲线估计的精度由 R^2 来衡量，R^2 越接近于 1，说明趋势线的拟合效果越好。本次实验中所采用的趋势线类型为对数、二次多项式、三次多项式、乘幂、指数等类型，通过比较几种趋势线拟合的值，最终确定最合适的叶绿素反演模型。

（1）选中散点图中的点，右击【添加趋势线】，在类型中选择线性（L），如图 11.17 所示，在【选项】中勾选“显示公式”和“显示 R 平方值”，点击【确定】得到如图 11.18 所示线性关系下的趋势线，其中，回归方程为 $y = 5.1427x - 0.8704$， $R^2 = 0.6818$。

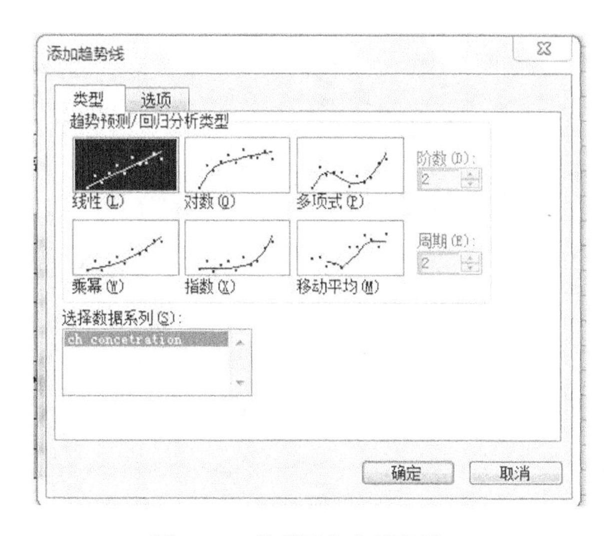

图 11.17　选择回归分析类型

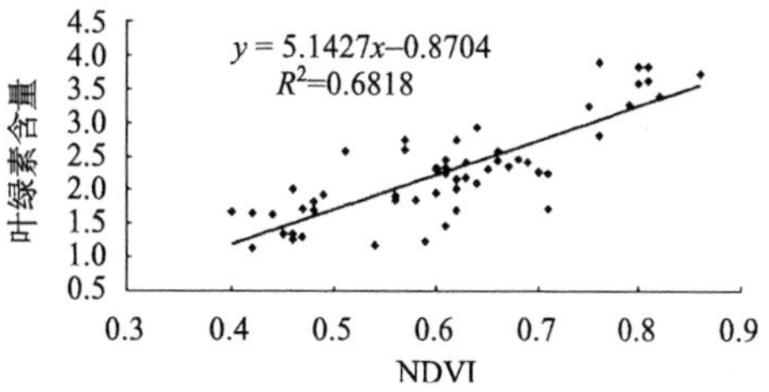

$y = 5.1427x - 0.8704$
$R^2 = 0.6818$
叶绿素含量
NDVI

图 11.18　回归方程

（2）运用同样的方法可以得到对数、多项式、乘幂、指数类型的趋势线和对应的 R^2 值。值得注意的是，三次多项式类型的趋势线需要将类型选择旁边的阶数设为 3，图 11.19 所示为三次多项式回归分析类型。

图 11.19　三次多项式回归分析类型

4. 选择模型

由上一步得到的模型汇总和参数估计量可知，三次模型的 R^2 最大，说明三次模型的拟合效果最好，由参数估计值可得最终拟合的表达式为 $y = 20.683x^3 - 29.157x^2 + 16.805x - 1.9512$，其中，$x$ 为 NDVI 值；y 为植被叶绿素含量，最终添加趋势线的散点如图 11.20 所示。

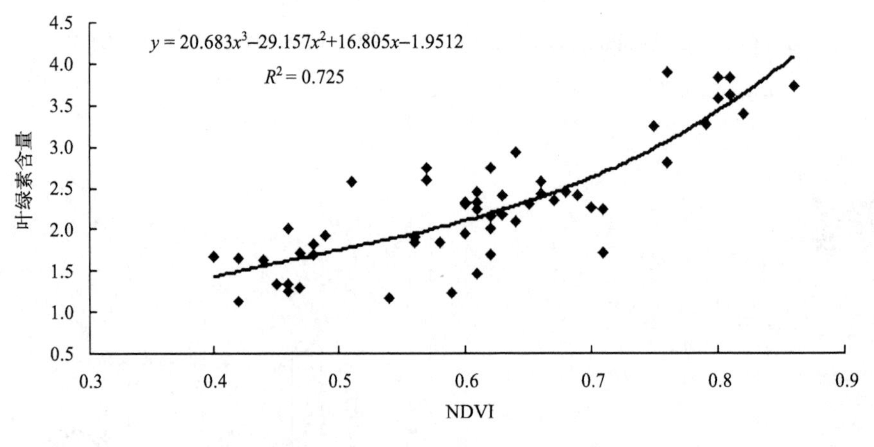

图 11.20　三次多项式拟合结果

11.6.5　计算水稻叶绿素空间分布状况

根据数据实验区域<Clip> (Clip 数据是 Hyperion 高光谱数据<Rice-aHyperion>监督分类后提取的水稻数据)，采用三次多项式模型在 ENVI 5.2 中计算水稻叶绿素空间分布。

（1）打开 ENVI 软件，在主菜单点击【File】→【Open Image File】，加载数据<Clip>，点击【Load Band】，在主图像窗口显示图像。

（2）在主菜单点击【Transform】→【NDVI】，在弹出的【NDVI Calculation Input File】窗口选择数据< Clip>，点击【OK】。在弹出的【NDVI Calculation Parameters】窗口中，【NDVI Bands】的 Red 选项选择 25，Near IR 选项选择 38（注：670nm 和 800nm 分别对应于 25 和 38 波段），如图 11.21 所示，设置存储路径，点击【OK】，生成 NDVI 文件。

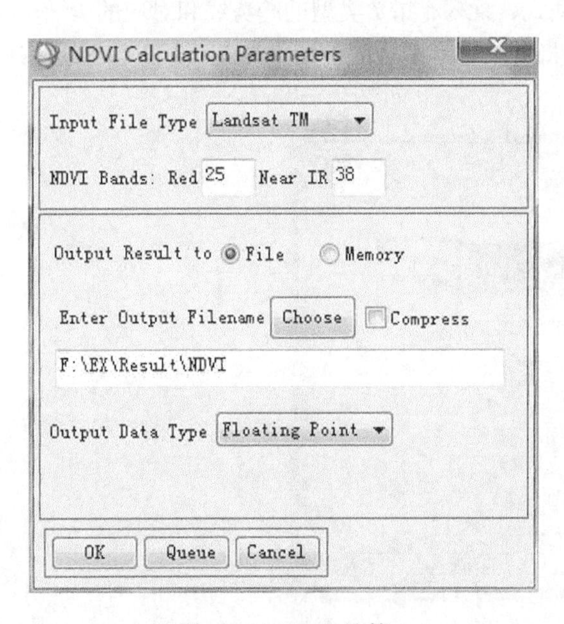

图 11.21　NDVI 计算

（3）将<NDVI>在主图像窗口显示，在主菜单点击【Basic Tools】→【Band Math】，在输入栏中输入表达式：float(20.683*b1*b1*b1)–float(29.157*b1*b1)+float(16.805*b1)–1.9512，点击【Add to List】，再点击【OK】。在弹出的【Variables to Bands Pairings】窗口中，b1 选择 NDVI，设置存储路径，点击【OK】。

（4）将计算后的结果加载在主图像窗口，为了更直观地显示叶绿素的含量，对结果图进行密度分割，得到如图 11.22 所示的结果。

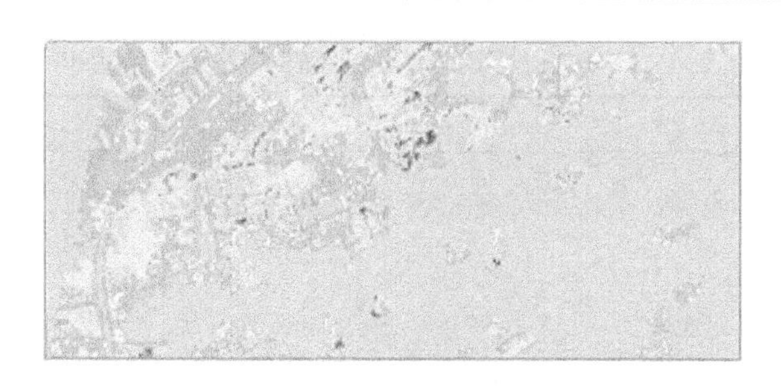

图 11.22　叶绿素空间分布

11.7 练 习 题

（1）利用玉米 ASD 00-09 高光谱数据<Corn ASD>，并在 Excel 中绘制玉米的反射率曲线图。

（2）根据植被指数 OSAVI 的计算公式，计算 5 种作物的 OSAVI。

（3）利用植被指数 OSAVI 构建水稻叶绿素高光谱反演模型，根据 R^2 值，选择出拟合效果最好的模型。

（4）根据实验区水稻 Hyperion 高光谱数据<Rice-aHyperion>，采用 OSAVI 指数中的对数模型计算实验区的水稻叶绿素含量。

11.8 实 验 报 告

（1）根据表 11.1 植被指数的计算公式，完成表 11.2。

表 11.2　植被指数计算

植被指数	大豆	蓖麻	玉米	绿豆	花生
NDVI					
OSAVI					
MCARI					
MTVI					

（2）计算各植被指数与叶绿素含量相关性，完成表 11.3。

表 11.3　各植被指数与叶绿素含量相关性

植被指数	MCARI	MTVI2	NDVI	OSAVI	MTVI2/OSAVI	MTVI/MCARI
相关性（*R* 值）						

（3）利用植被指数 NDVI 构建水稻叶绿素高光谱反演模型，完成表 11.4。

表 11.4　基于 NDVI 的水稻叶绿素高光谱反演模型

回归方程类型	方程式	R^2 值
线性		
对数		
二次多项式		
三次多项式		
乘幂		
指数		

（4）根据实验区水稻 Hyperion 高光谱数据<Rice-aHyperion>，采用 OSAVI 指数中的对数模型计算实验区域的水稻叶绿素含量。

11.9　思　考　题

（1）高光谱遥感在植被监测中有哪些主要的应用？

（2）简述利用遥感统计反演模型计算作物生理生态参数的时空分布的基本步骤与思路。

（3）利用 ENVI 计算实验区域内的水稻叶绿素含量之前，如果未进行水稻的提取会有什么影响？

（4）水稻叶绿素空间分布状况的计算误差来源可能有哪些?

第四篇 水体与水环境遥感

实验 12 水域面积及水量的遥感计算

12.1 实 验 要 求

根据实验区域的 Landsat 影像数据，进行如下分析：

（1）利用水体光谱指数提取区域的水体，计算其水域面积及水量变化状况。

（2）运用区域生长法提取各区域的水体，计算其水域面积及水量变化状况。

（3）采用缨帽变换提取各区域的水体，计算其水域面积及水量变化状况。

12.2 实 验 目 标

（1）熟悉水体的光谱响应特征及其与其他地物光谱特征的差异。

（2）掌握水体精确提取的一般思路与方法。

12.3 实 验 软 件

ENVI 5.2、ArcGIS 10.2。

12.4 实验区域与数据

12.4.1 实验数据

【Bst】文件夹

<Y2003>：2003 年 7 月博斯腾湖 Landsat 7 ETM+多光谱影像数据。

<Y2004>：2004 年 7 月博斯腾湖 Landsat 7 ETM+多光谱影像数据。

<Y2006>：2006 年 7 月博斯腾湖 Landsat 7 ETM+多光谱影像数据。

<Y2007>：2007 年 7 月博斯腾湖 Landsat 7 ETM+多光谱影像数据。

<Bst_lake_level>：博斯腾湖 2003 年、2004 年、2006 年、2007 年的水位数据。

其他区域数据

<Mjzd>：2000 年 5 月闽江中段 Landsat ETM+多光谱影像数据。

<Bjmy>：2000 年 5 月北京密云水库 Landsat ETM+多光谱影像数据。

12.4.2　实验区域

在西北干旱地区、东部湿润地区选取湖泊、水库和河流作为水域提取的实验区域（图12.1）。

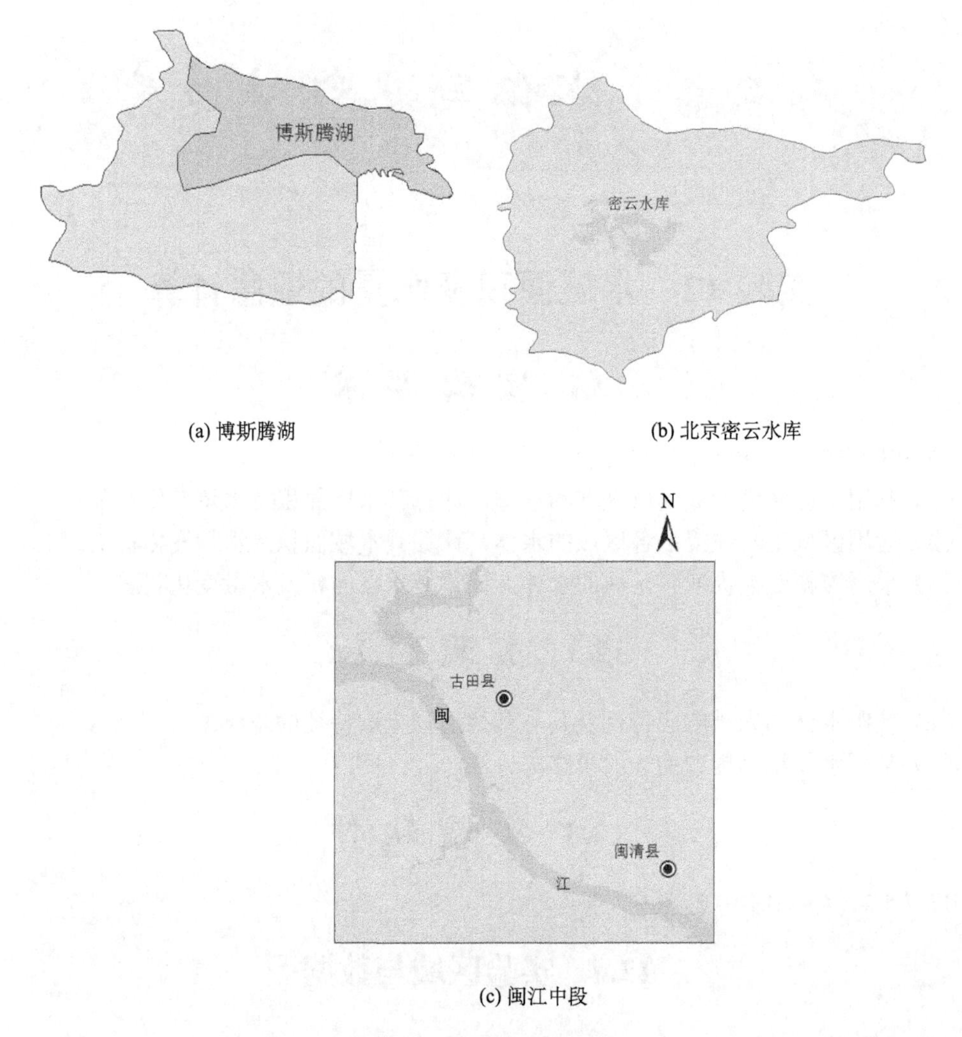

(a) 博斯腾湖　　(b) 北京密云水库

(c) 闽江中段

图 12.1　实验区示意图

（1）博斯腾湖。博斯腾湖位于中国新疆维吾尔自治区焉耆盆地东南面博湖县境内，是中国最大的内陆淡水吞吐湖。博斯腾湖属于山间陷落湖，主要补给水源是开都河，同时又是孔雀河的源头。博斯腾湖的湖体可分为大湖区和小湖区两部分，大湖的面积近千平方千米，小湖的面积仅有百余平方千米。湖区周围生长着茂盛的芦苇，是中国重要的芦苇生产基地。博斯腾湖盛产各种淡水鱼，是新疆最大的渔业生产基地。过去几十年，随着当地社会经济的快速发展，人类不断进行大规模的水土开发，湖区生态环境受气候变化和人类活动的共同影响，水域面积处于不断变化之中。

（2）密云水库。密云水库，位于北京市东北部、密云区中部，面积 180km^2，水库平均水深 30m，是北京最大的也是唯一的饮用水源供应地。水库坐落在潮、白河中游偏下，系拦白河、潮河之水而成，库区跨越两河。密云水库建成后，在防洪、灌溉、供应城市用水、发电及养鱼、旅游等多方面产生了巨大效益。

（3）闽江。闽江总长 2959km，干流长 577km，流域面积 6.09 万 km^2，位于中国东南部，约占福建省总面积的一半。闽江发源于武夷山脉杉岭南麓，流出琅岐岛注入东海，全长 541km，流经 35 县（市），中游主要有尤溪、古田溪和大樟溪。

12.5　实验原理与分析

水体总体呈现出较低的反射率，具体表现为在可见光的波长范围内（480～580 nm，相当于 TM/ETM+的 Band 1 和 Band 2），其反射率为 4%～5%，到 580 nm 处，则下降为 2%～3%；当波长大于 740 nm 时，几乎所有入射能量均被水体吸收。清澈水在不同波段的反射率由高到低可近似表示为：蓝光>绿光>红光>近红外>中红外。因为水体在近红外及中红外波段（740～2500nm，相当于 TM/ETM+的 Band 4、Band 5 和 Band 7）具有强吸收的特点，而植物、土壤等在这一波长范围内则具有较高的反射性，所以这一波长范围可被用来区分水体与土壤、植被等其他地物。提取水体的方法有很多种，常用的有水体指数法、区域生长法、缨帽变换法。

1）水体指数法

水体指数法，利用水体的光谱特征，采取波段组合的方法抑制其他地物的信息，从而达到突出水体的目的。常用的水体指数有归一化差异水体指数（normalized difference water index，NDWI）、改进的归一化水体指数（modified NDWI，MNDWI），公式如下。在构建 NDWI 指数时，着重于采集植被因素，却忽略了地表的另一个重要地类——土壤、建筑物。MNDWI 则可以有效地抑制建筑物和土壤信息，减少噪声。通常选择直方图两个峰间的谷所对应的灰度值求出阈值。

$$\mathrm{NDWI}=\frac{\mathrm{Green}-\mathrm{NIR}}{\mathrm{Green}+\mathrm{NIR}} \tag{12.1}$$

式中，Green 对应 ETM+影像的 Band 2，NIR 对应 Band 4。

$$\mathrm{MNDWI}=\frac{\mathrm{Green}-\mathrm{MIR}}{\mathrm{Green}+\mathrm{MIR}} \tag{12.2}$$

式中，MIR 对应 ETM+影像的 Band 5。

2）区域生长法

区域生长法，是指将成组的像素或区域发展成更大区域的过程。区域生长能提供很好的边界信息和分割结果，所以能够很好地区分出河流及河流边界。具体思想为：对每个需要分割的区域找一个种子像素作为生长的起点，然后将种子像素周围与其有相似性质的像素合并到种子像素所在的区域。水体的性质与其他地物的性质显然不同，所以在提取水体时，可以将种子像素放置在水体上，然后进行区域生长，直至生长到水体的边缘。若研究区域内有多块水体，则尽量在每一块水体内放置种子像素。

3）缨帽变换法

缨帽变换法，根据多光谱遥感影像中水体、植被等信息在多维光谱空间中信息分布结构对图像做的经验性线性变换。经过缨帽变换可以得到与波段数相同的几个分量，其中前三个分量与地面景物密切相关，分别为亮度分量、绿度分量、湿度分量，因为水体区域的湿度较高、亮度较低，所以可以采用湿度分量、湿度分量与亮度分量比值来提取水体。

实验要求（1）、（2）和（3）采用水体指数法、区域生长法、缨帽变换法提取水域面积，旨在让读者学会用不同的方法提取水域的基本步骤及不同方法的区域适宜性。

12.6 实 验 步 骤

12.6.1 水体指数法

1. 波段计算

（1）在 ENVI 主菜单中，点击【File】→【Open Image File】，加载 2003 年博斯腾湖数据<Y2003>。

（2）在 ENVI 主菜单中，点击【Basic Tools】→【Band Math】，在【Enter an expression】下输入波段运算公式：(float(b2)–float(b4))/(float(b2)+float(b4))，点击【Add to List】将表达式加入列表中，点击【OK】。在弹出的窗口为 b2 和 b4 选择波段，设置存储路径，点击【OK】。图 12.2 所示为 NDWI 计算结果。同理，根据 MNDWI 的计算公式，计算出 MNDWI 的结果。

图 12.2　NDWI 计算结果

2. 水体提取

（1）确定阈值范围。在主窗口中点击【Tools】→【Cursor Location/Value...】，查看水体的像素值，如图 12.3 所示，水体的像素值大于 0。在影像上右击，选择【Quick Stats】，弹出 NDWI 的直方图，如图 12.4 所示，点击【Select Plot】→【Histogram：Band1】。通常根据直方图波峰两端点的灰度值设定阈值。综合水体的灰度值和直方图端点的灰度值，将非水体的阈值范围设置为–1～0，水体的阈值范围设置为 0～1。

（2）在主影像窗口点击【Overlay】→【Density Slice】，选择数据源，点击【OK】，进行密度分割，如图 12.5 所示。点击【Clear Ranges】，删除默认分割区间，点击【Options】→【Add New Ranges】。输入水体的阈值，将【Range Start】设置为 0，【Range End】设置为 1，颜色设置为白色。再输入非水体的阈值，将【Range Start】设置为–1，【Range End】设置为 0，颜色设置为黑色，如图 12.6 所示。

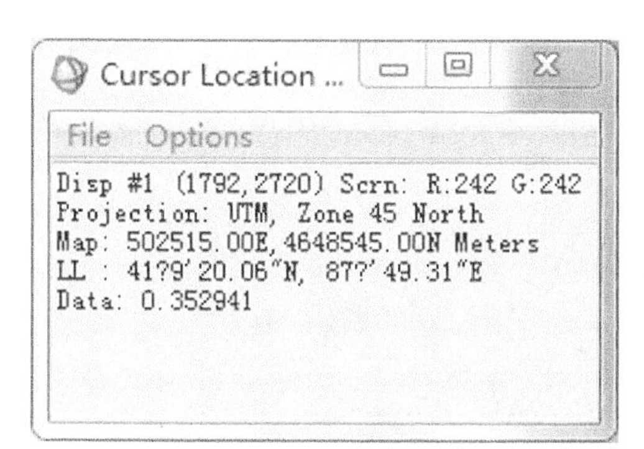

图 12.3　查看水体的像素值

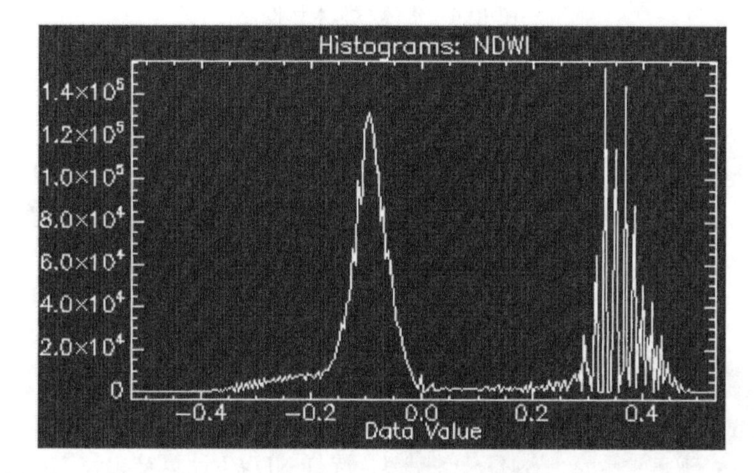

图 12.4　NDWI 直方图

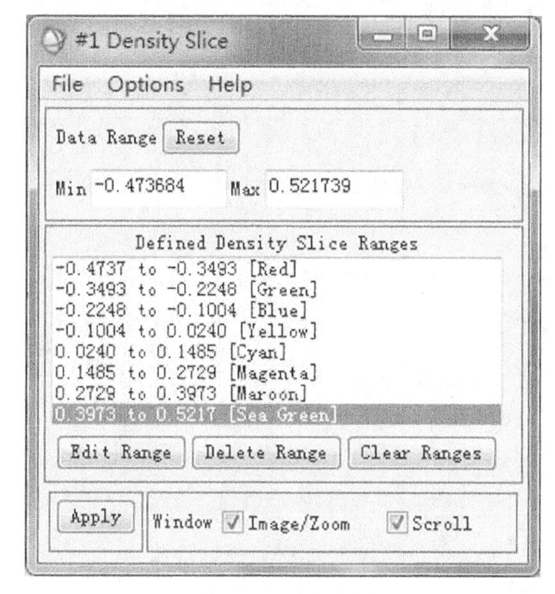

图 12.5　密度分割

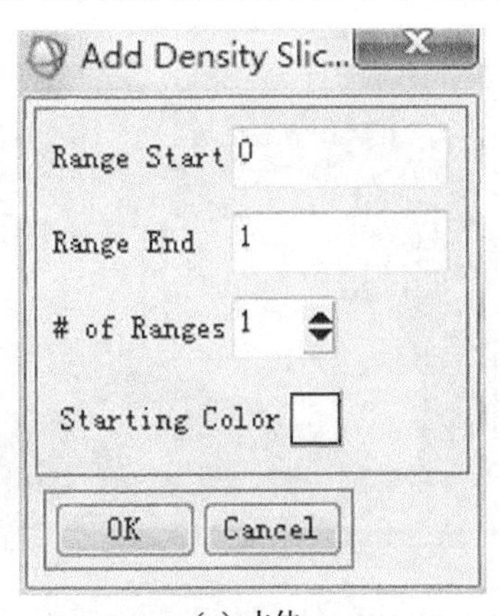

(a) 水体

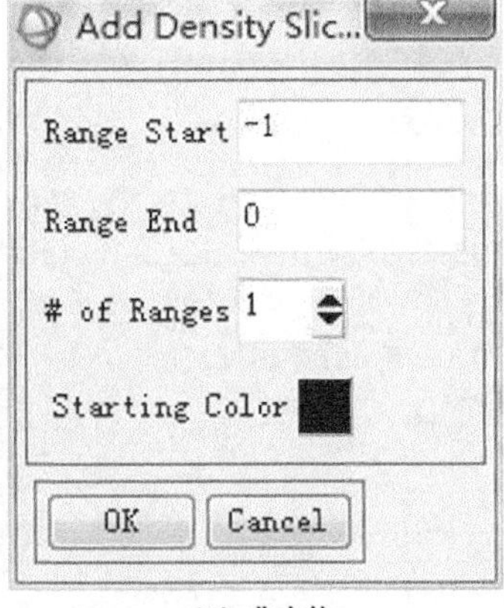

(b) 非水体

图 12.6　水体与非水体设置

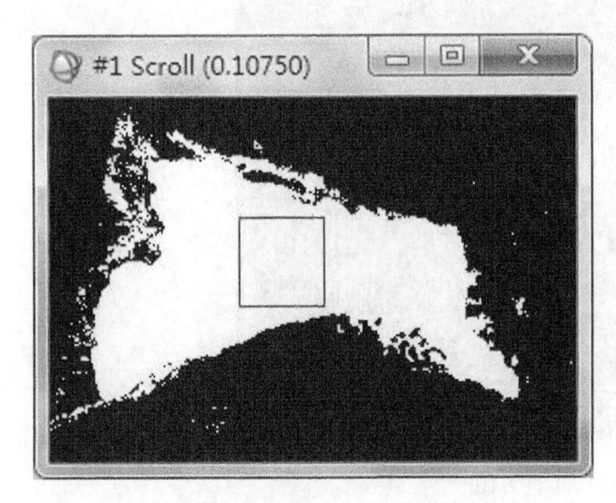

图 12.7　NDWI 计算结果

（3）点击【Apply】，NDWI 的结果如图 12.7 所示。 对 MNDWI 水体提取结果进行同样的操作。在【Density Slice】中，点击【File】→【Output Ranges to Class Image】，设置 NDWI 水体计算结果的保存路径，注意在保存文件名后加“.tif”以生成 GeoTIFF 数据。

3. 面积统计

在 ENVI 主菜单中点击【Classification】→【Post Classification】→【Class Statistics】，选择 NDWI 计算结果，点击【OK】，如图 12.8 所示。对 MNDWI 进行同样的操作，查看统计结果。勾选【Output to a Text Report File】可以将统计结果导出到文本中。

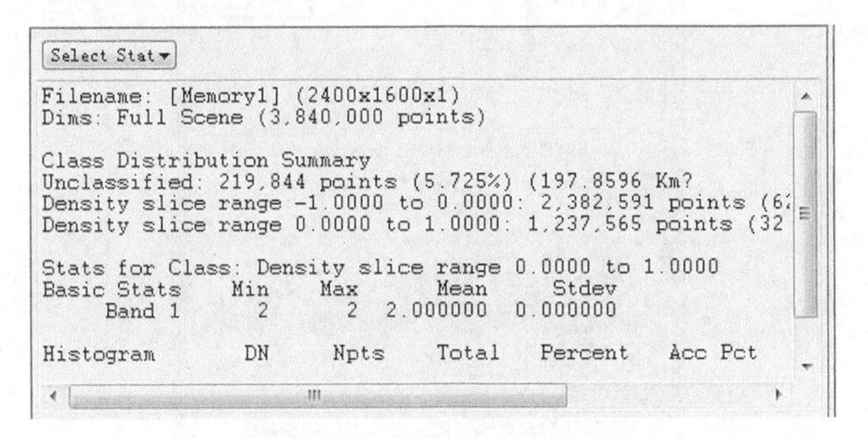

图 12.8　NDWI 统计结果

4. 提取博斯腾湖区域

（1）打开 ArcMap，加载<NDWI.tif>数据。

（2）在【ArcToolbox】中，点击【Conversion Tools】→【From Raster】→【Raster to Polygon】，打开栅格数据转面工具，如图 12.9 所示。在【Input raster】下输入 NDWI.tif 栅格影像，在【Output polygon features】下设置输出面数据的路径，点击【OK】。在生成的矢量文件中选中博斯腾湖的面状区域，在内容列表中右击生成的矢量文件，选择【Data】→【ExportData】，【Export】后选择【Selected features】，如图 12.10 所示。点击【OK】，生成博斯腾湖矢量数据，如图 12.11 所示。

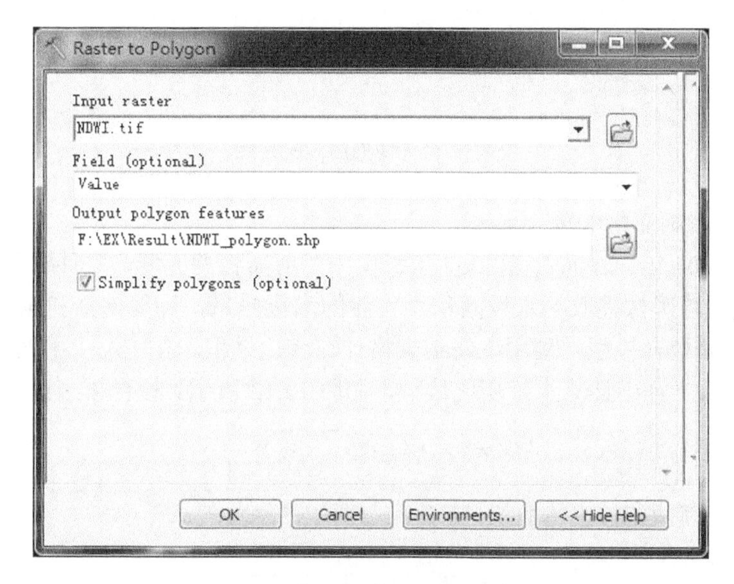

图 12.9　栅格转面工具

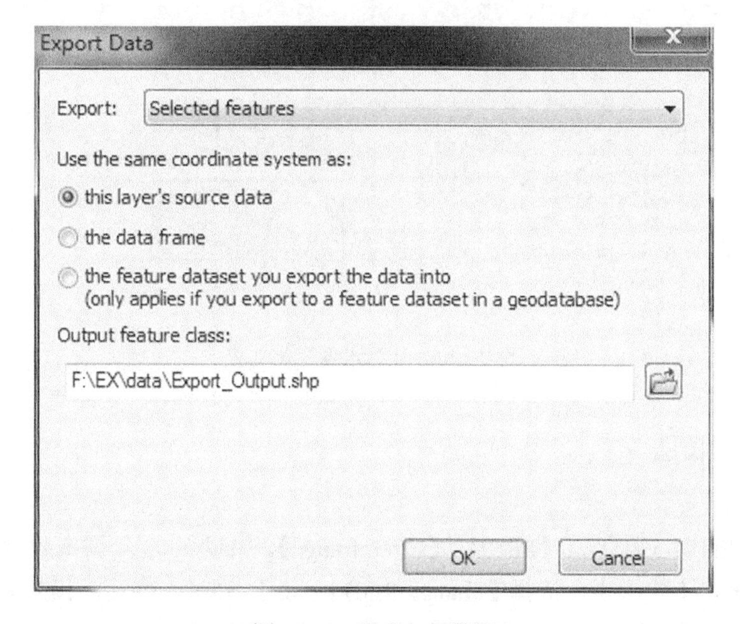

图 12.10　导出矢量数据

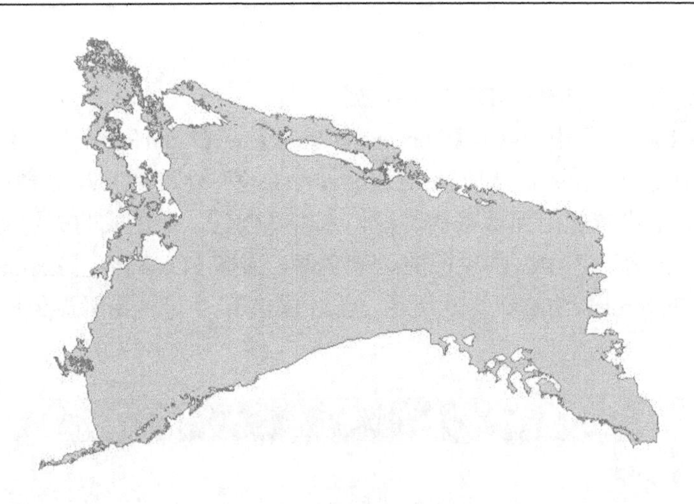

图 12.11　博斯腾湖矢量图

5. 计算博斯腾湖变化水量

（1）提取 2004 年、2006 年、2007 年影像中的博斯腾湖区域，并计算其面积。

（2）根据遥感影像提取的水域面积及实测的水位信息，计算博斯腾湖的水量变化，水量可以近似看做是棱台模型，利用 Excel 表格计算变化体积。在 Excel 中输入各年份的水位和面积信息，在后一列中计算水量变化体积，如图 12.12 所示。棱台模型计算体积公式如下：

$$V=\left(s_1+s_2+\sqrt{s_1\times s_2}\right)\times\frac{h}{3} \tag{12.3}$$

式中，s_1、s_2 为相邻两年的水体面积；h 为相邻两年的水位差。

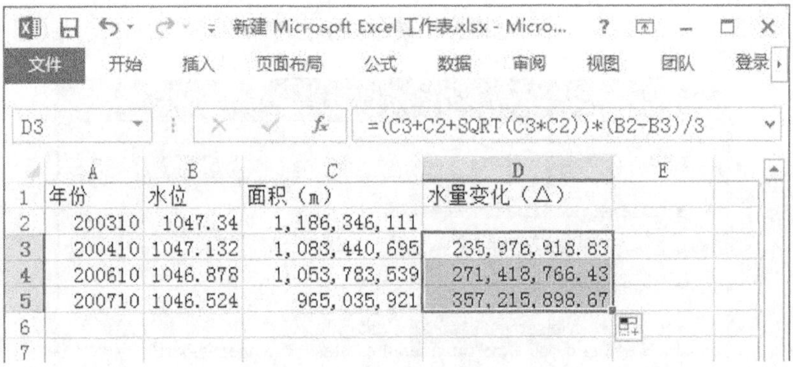

新建 Microsoft Excel 工作表.xlsx - Micro...

文件　开始　插入　页面布局　公式　数据　审阅　视图　团队　登录

D3　=(C3+C2+SQRT(C3*C2))*(B2-B3)/3

	A	B	C	D	E
1	年份	水位	面积（m）	水量变化（△）	
2	200310	1047.34	1,186,346,111		
3	200410	1047.132	1,083,440,695	235,976,918.83	
4	200610	1046.878	1,053,783,539	271,418,766.43	
5	200710	1046.524	965,035,921	357,215,898.67	
6					
7					

图 12.12　计算水量变化体积

12.6.2　区域生长法

1. 水体识别

（1）启动 ENVI 5.2，点击【File】→【Open Image】，加载 2003 年博斯腾湖数据<Y2003>。在【Layer Manager】中右击，选择【change RGB bands】，以 4、3、2 波段加载影像，并将（Stretch Type）改为 Linear 2%（方便 ROI 选取），如图 12.13 所示。

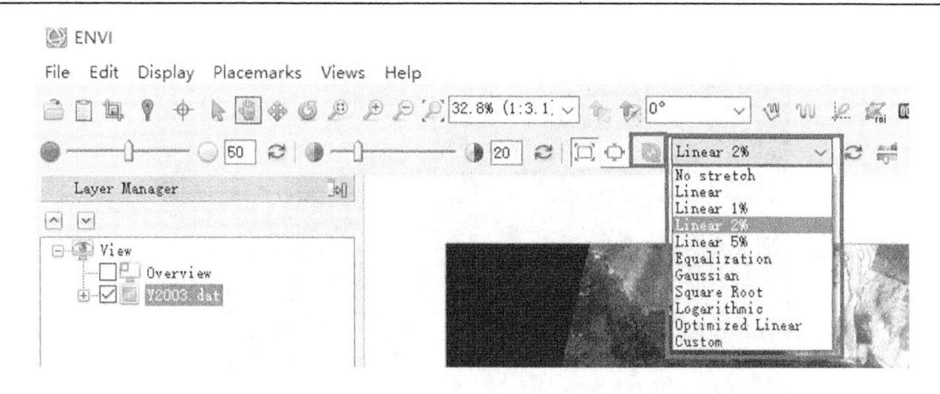

图 12.13 以线性拉伸 2%显示影像

@注意：区域生长法在 ENVI classic 5.2 中不方便操作，请打开这个版本的 ENVI 5.2 进行操作。

（2）在图层管理器中，右击加载的博斯腾湖数据，选择【New Reigon Of Interest】。点击（New ROI），在【ROI Name】后输入“water”，然后点击【ROI color】选择水体颜色，在 Geometry 选项卡中选择（Polygon），如图 12.14 所示。

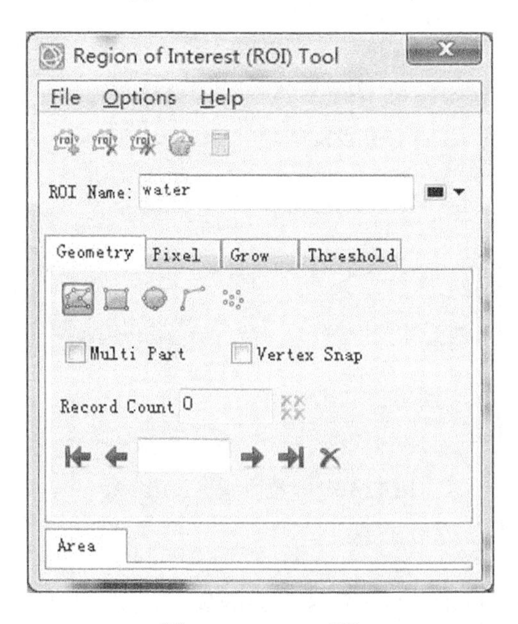

图 12.14 ROI 工具

（3）在影像上选择水体，双击完成采样，如图 12.15 所示。采样应该尽量覆盖全图的水体，并且采样的水体颜色要一致。

（4）在 ROI 工具中点击【Grow】选项卡，在【Max Growth Size】后输入：10000×10000，如图 12.16 所示。【Max Growth Size】表示最大生长尺寸，【Std Dev Multiplier】表示标准差乘数，【Iterations】表示迭代次数，【Eight Neighbors】表示八邻域生长。点击【Apply】，反复调整标准差乘数，直至 ROI 较好地覆盖了水体，得到区域生长法的水体提取结果。

图 12.15　水体 ROI 选取结果

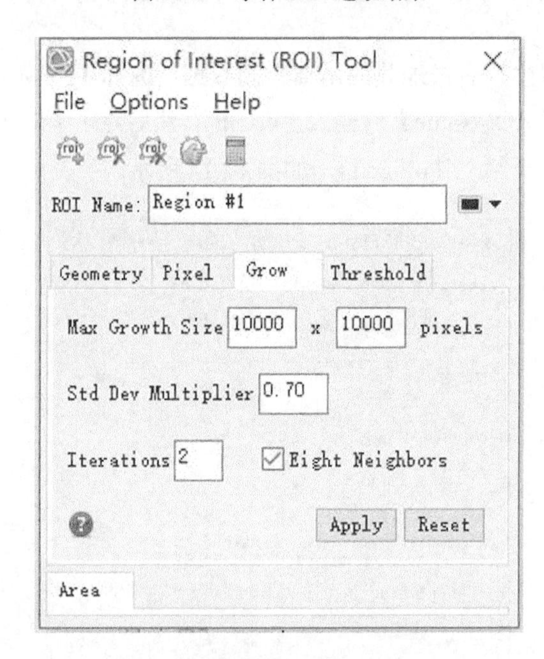

图 12.16　设置区域生长法参数

2. 面积统计

（1）在 ROI 面板中，点击【Area】→【Units】，选择面积显示的单位，如图 12.17 所示，本实验选择平方米。区域生长法提取的水体面积为 1149182100m^2，如图 12.18 所示。

12.6.3　缨帽变换法

1. 缨帽变换

（1）在 ENVI 主菜单，点击【File】→【Open Image File】，加载 2003 年博斯腾湖数据 <Y2003>。

（2）在 ENVI 的主菜单中，选择【Transform】→【Tasseled Cap】，选择输入图像，点击【OK】，在弹出的缨帽变换窗口中，将【Input File Type】选择为“Landsat 7 ETM”，设置

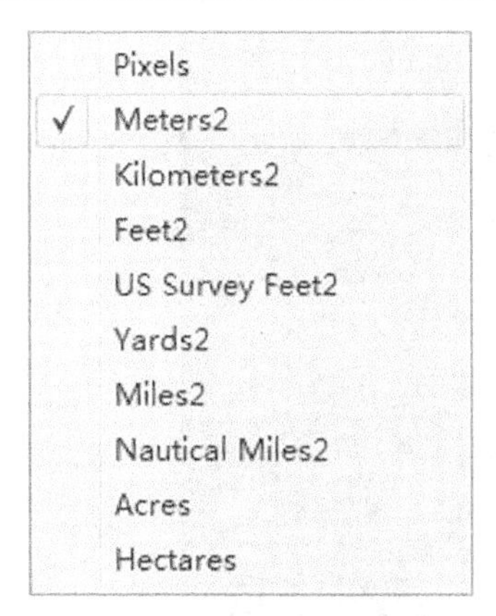

图 12.17　面积单位

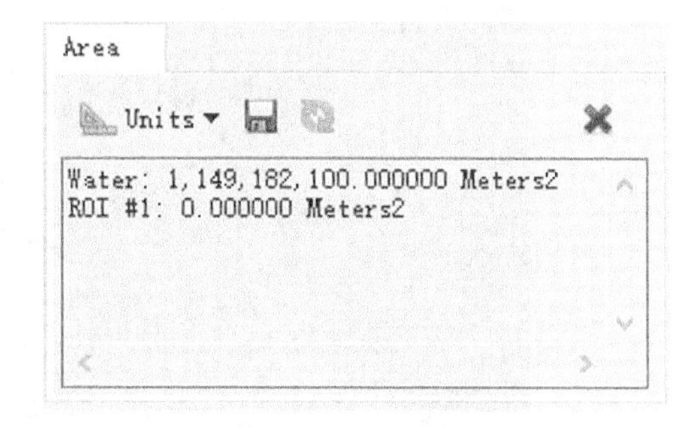

图 12.18　水体面积

存储路径，点击【OK】，如图 12.19 所示。缨帽变换后，得到 6 个分量，前三个分量分别为亮度、绿度和湿度分量。

2. 波段计算

波段计算的操作同水体指数法。根据经验，水体的湿度较高，亮度较低，二者作差可以更好地突出水体与非水体的差异，因此可以更好地提取水体。利用波段计算器【Band Math】进行波段运算，在输入框中输入：float(b3)–float(b1)，将变量 b1 指定为 Brightness、变量 b3 指定为 Wetness，结果如图 12.20 所示。

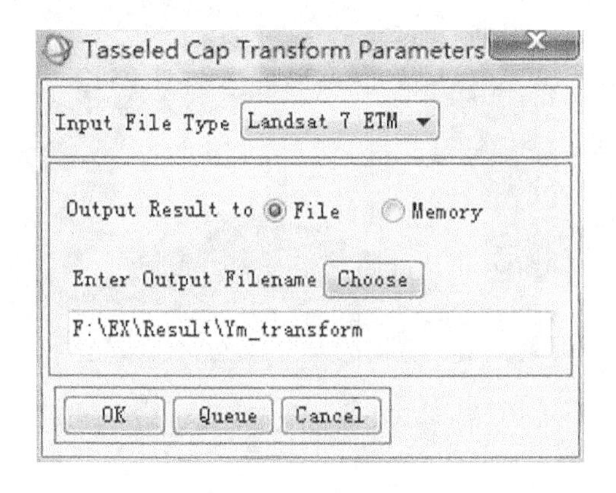

图 12.19　缨帽变换

图 12.20　湿度与亮度分量之差

3. 阈值分割

阈值分割的操作同水体指数法。通过查看水体灰度值，可知水体值分布在–45~ –30，通过查看直方图（图 12.21），选取两个波谷–100 和 0 之间的值为水体的阈值。通过密度分割，如图 12.22 所示，设置分割区间，得到缨帽变换法水体提取结果（图 12.23）。

4. 面积统计

面积统计的操作同水体指数法。在主菜单点击【Classification】→【Post Classification】→【Class Statistics】，得到类别统计结果，如图 12.24 所示，其中–45～–30 阈值范围代表水体，面积为 1050747391m^2。

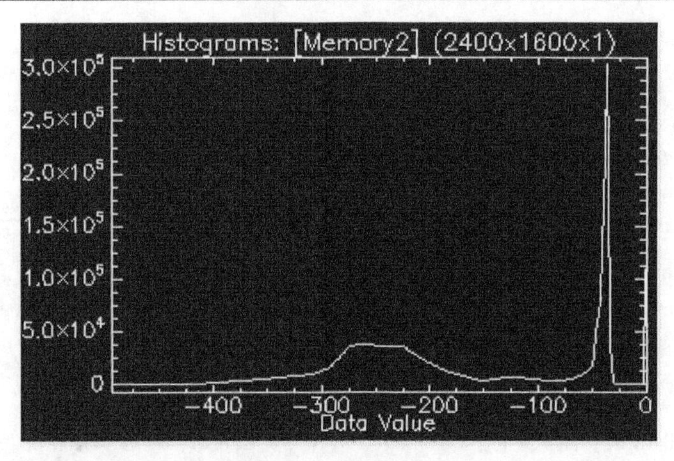

图 12.21　查看直方图

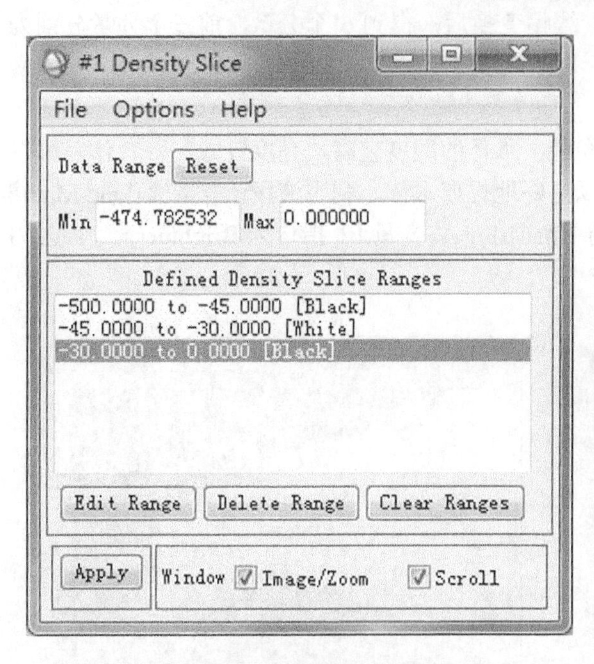

图 12.22　阈值分割

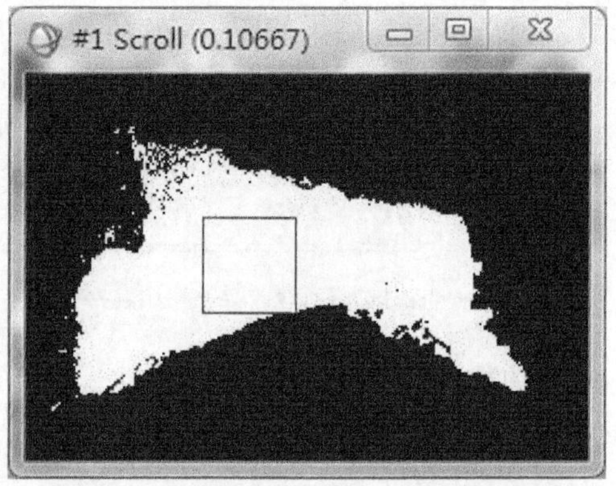

图 12.23　缨帽变换法水体提取结果

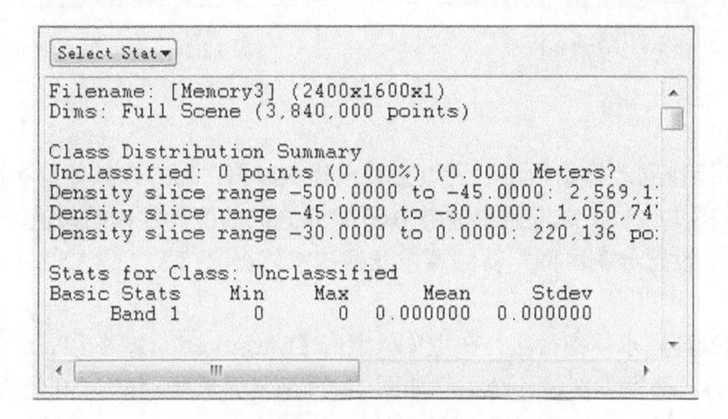

图 12.24　缨帽变换法水体提取统计结果

12.7 练 习 题

（1）根据实验数据<Mjzd>，利用水体指数法、区域生长法、缨帽变换法提取闽江中段的水体，并统计水体面积。

（2）根据实验数据<Bjmy>，利用水体指数法、区域生长法、缨帽变换法提取北京密云水库的水体，并统计水体面积。

12.8 实 习 报 告

（1）练习练习题（1）和（2），完成表 12.1。

表 12.1　各区域采用不同水体提取方法的面积对比

方法	面积（m^2）	
	闽江中段	密云水库
NDWI		
MNDWI		
区域生长法		
缨帽变换法		

（2）根据博斯腾湖 2003 年、2004 年、2006 年、2007 年的水位数据<Bst_lake_level>，计算博斯腾湖的水量变化体积，完成表 12.2。

表 12.2　博斯腾湖的水量变化体积

年月	水位（m）	面积（m^2）	水量变化（m^3）
2003.10	1047.340	1186346111	
2004.10	1047.132	1083440695	
2006.10	1046.878	1053783539	
2007.10	1046.524	965035921	

注：水量变化是指后一时期相对于前一时期水量的变化。

（3）应用四种方法提取闽江中段和北京密云水库的水体，并展示其结果。

12.9 思 考 题

（1）本实验采用的水体指数法和区域生长法，如何提高水体的提取精度？

（2）区域生长法在 ROI 采样点的选取上应遵循什么样的原则？

（3）在使用 NDWI 指数提取水域时，实际情况下由于水体表面植被等多种影响，区分水体与其他地物的阈值往往不为 0，应该怎么确定合适的阈值？

（4）采用缨帽变换方法提取水体时，应该如何设计波段计算公式？

（5）比较本实验采取的三种方法各自有什么特点？

实验 13　水环境遥感监测

13.1　实 验 要 求

根据实验区域的遥感影像数据和实测数据，完成下列分析：

（1）运用遥感影像数据，定性分析太湖湖泊水质污染/水华状况。

（2）运用实测数据和遥感数据，建立香港海域悬浮颗粒物浓度遥感定量反演模型。

13.2　实 验 目 标

（1）掌握湖泊/海域水质状况的遥感识别方法。

（2）掌握水色要素（如叶绿素、悬浮泥沙）遥感反演模型构建的思路与步骤。

13.3　实 验 软 件

ENVI 5.2、ArcMap 10.2、Excel 软件。

13.4　实验区域与数据

13.4.1　实验数据

【TaihuLandsat7】文件夹

<Taihu_TM>：2008 年 6 月太湖 Landsat 7 ETM+多光谱影像数据。

<Taihu.shp>：太湖矢量数据。

【Hongkongccdimage】文件夹

<HK_115>：2010 年 1 月 HJ-1 CCD 影像数据，代表冬季影像。

<HK_321>：2010 年 3 月 HJ-1 CCD 影像数据，代表春季影像。

【Hongkongsea】文件夹

<Hongkongsea.shp>：香港海域矢量数据。

<Shicepoint.txt>：香港海域水质参数观测位置坐标数据。

<悬浮颗粒含量.xlsx>：2010 年 1 月、3 月香港海域监测点悬浮颗粒含量。

13.4.2　实验区域

1）太湖

太湖是我国第三大淡水湖，在江苏省南部，长江三角洲的南部，浙江省北部，是华东最大湖泊，全部水域在江苏省境内。太湖古称震泽、具区。太湖平均水深 2 m，实际水域面积约 2338km^2，整个流域面积为 36500km^2。太湖的水源主要有二：一来自浙江省天目山的苕溪，在湖州市多条港湾注入；另一来自江苏省的北麓荆溪，分由太浦等 60 多条港湾入湖。实验区选用的数据为 2008 年 6 月，2008 年太湖营养状况总体评价为中度富营养，6~7 月由于进入梅雨季节，降水量较大，蓝藻水华发生程度有所缓解，主要分布在西部沿岸区。实验区域如图 13.1 所示。

2）香港近岸海域

香港岛附近海域，范围为 22°8′N~22°23′N，113°49′E~114°4′E，水深 4~38m，总面积约 970km²，包括西北部珠江入海口的一部分海域及大屿山东部维多利亚湾和南部毗邻南海的部分近岸海域。海底表层沉积物类型以粉砂质黏土为主，为典型的二类水体。珠江由西北部携带大量泥沙汇入该区域内的水域，有虎门、蕉门、洪奇沥、横门四大珠江入海口。

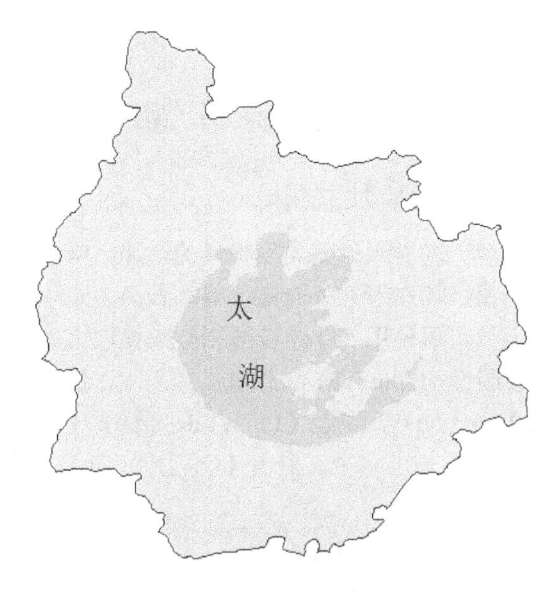

图 13.1　实验区示意图

13.5　实验原理与分析

水质是指水和其中所含的杂质共同表现出来的综合特征，水环境遥感监测是基于水质的光谱效应。对水体而言，其光谱特征主要由水体中浮游生物含量（叶绿素浓度）、悬浮固体含量（浑浊度）、营养盐含量（黄色物质、溶解有机物质、盐度指标）及其他污染物、底部形态（水下地形）、水深等因素决定。被污染水体具有不同于清洁水体的光谱特征，这些光谱特征体现在对特定波段的吸收或反射，如地表天然水体对近红外波段的吸收比可见光波段更高，由泥沙、天然有机物和浮游生物组成的浑浊水体通常比清澈水体的光谱反射率要高一些等。水污染遥感监测方法分为定性方法和定量方法。定性分析，是通过分析遥感图像的色调特征或异常对水环境化学现象进行分析评价。定量方法，是在定性分析基础上，建立定量数学模型。值得注意的是，大气对水质遥感信息的影响十分严重，在可见光波段大气的分子及气溶胶的后向散射占了传感器接收辐射量的 90%以上，即使是很小的大气校正误差也能引起很大的水质参数反演误差。因此，进行高精度的大气校正是水质遥感成功应用的关键。

实验要求（1）是利用遥感分析湖泊水华状况。水华指淡水水体中藻类（蓝藻、绿藻、硅藻）大量繁殖的一种自然生态现象，是水体富营养化的一种特征，致使水体颜色、密度、透明度等产生差异。利用这一特性，选择恰当的水华响应波段或指数，就可识别水华分布的范围、面积等。本实验使用归一化植被指数（NDVI）来提取水华信息，因为随着水体藻类生物量的增加，水体呈现类似植被的光谱特征。实验要求（2）建立悬浮颗粒物浓度遥感定量反演模型。与清水相比，含悬浮物的水体，水中可见光的吸收能力降低，反射能力增加，二者差距与悬浮固体浓度值成正比，并且随着悬浮固体浓度值的增大，光谱反射率的峰值向长波方向发生移动（“红移”）。因而可以根据可见光波段构建水体指数进行悬浮固体含量的监测，也可将悬浮固体出现峰值的波段作为遥感监测水体浑浊度的最佳波段。

13.6 实 验 步 骤

13.6.1 基于遥感影像水质状况定性监测

利用 NDVI 提取水华信息。随着水体藻类生物量的增加，叶绿素浓度升高，水体光谱反射率在红光波段的吸收峰明显，而在近红外光谱反射率升高，水华生成并堆积后，水体呈现类似植被的光谱特征。因而，可以使用 NDVI 植被指数来提取水华信息。

（1）打开 ENVI，加载图像<Taihu_TM>，以波段 4、3、2 合成 RGB 显示在主图像窗口，在主菜单点击【Transform】→【NDVI】，在【Input File Type】中选择【Landsat TM】，【Red】填写 3，【Near IR】填写 4，设置输出路径，点击【OK】，如图 13.2 所示。

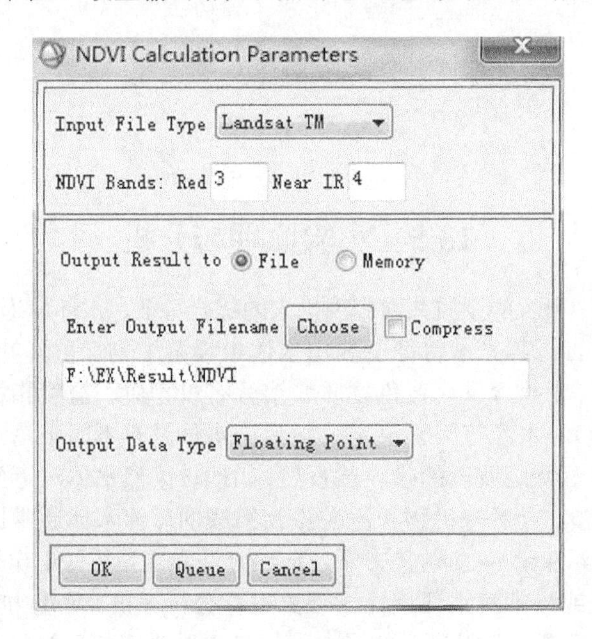

图 13.2　计算 NDVI

（2）加载计算 NDVI 后的图像<NDVI>，如图 13.3 所示，（a）中白色区域的值大于 0，即含有蓝藻的区域，（b）中粉红色区域与周边蓝色水体有明显差别，为蓝藻聚集区域。

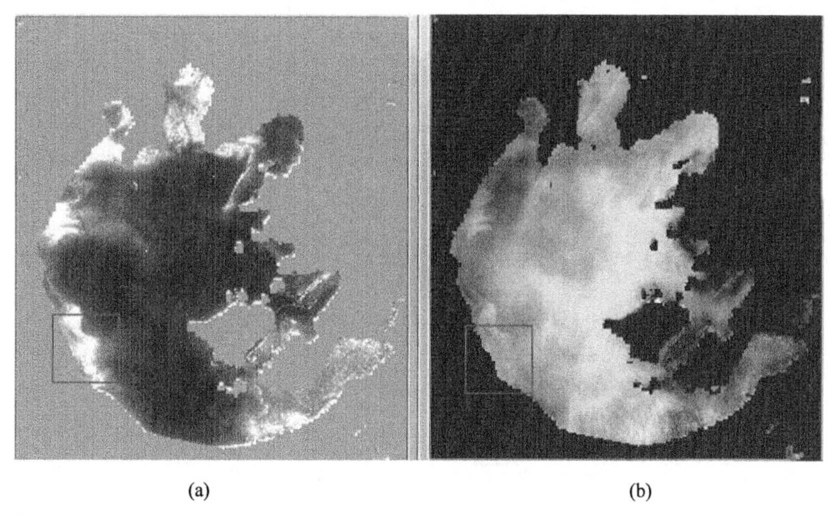

(a)　　(b)

图 13.3　水华分布对比

13.6.2　融合实测与影像数据的水质参数定量反演

1. 建立掩膜提取水体

（1）以 1 月的 CCD 影像为例。加载图像<HK_115>，点击主菜单【File】→【Open Vector File】，打开<Hongkongsea.shp>矢量文件，将 Hongkongsea.shp 文件转化为 Hongkongsea.evf 文件格式保存，点击【OK】。在弹出的【Available Vectors List】对话框中选中<Hongkongsea.shp>，点击【File】→【Export Layers to ROI…】，如图 13.4 所示。在弹出的窗口中选择要裁剪的 CCD 影像<HK_115>，点击【OK】。在【Export EVF Layers to ROI】对话框中选择【Convert all records of an EVF layer to one ROI】，点击【OK】。

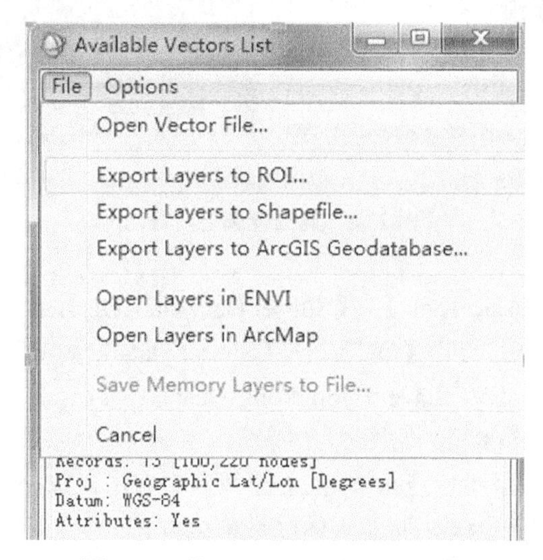

图 13.4　【Export Layers to ROI…】

（2）在主菜单中点击【Basic Tools】→【Masking】→【Build Mask】，选择影像<HK_115>，在【Mask Definition】对话框中点击【Options】→【Import ROI】，选择<Hongkongsea.evf>，点击【OK】，如图 13.5 所示。

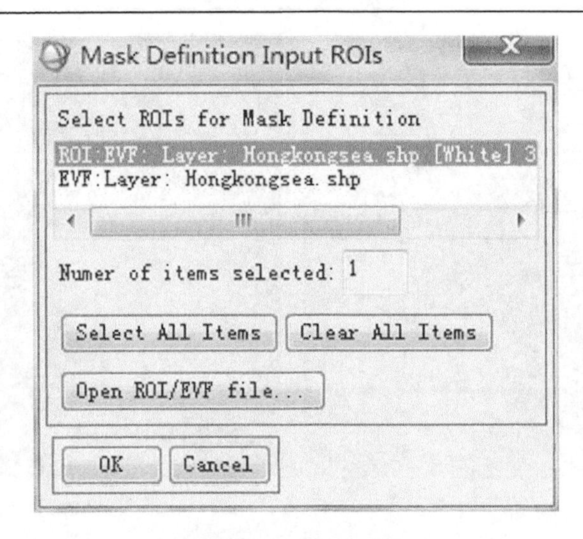

图 13.5　ROI 选择

（3）在【Mask Definition】对话框中点击【Apply】，图 13.6 所示为掩膜后的结果，通过图 13.6（a）和（b）对比，（a）中白色的区域为水体。

（a）掩膜前　　（b）掩膜后

图 13.6　建立掩膜前后对比

（4）在主菜单点击【Basic Tools】→【Subset Data via ROIs】，在【Select Input File to Subset via ROI】中选择<HK_115>，点击【OK】，在【Subset Data from ROIs Parameters】对话框中，【Select Input ROIs】选择<EVF:Layer: Hongkongsea.shp>，【Mask pixels output of ROI】选择【Yes】，输出文件，点击【OK】，如图 13.7 所示。

（5）加载裁剪后的图像<HK_sea>，在主图像窗口右击，选择【Cursor Location/Value】，如图 13.8 所示，水体的值不为 0，而非水体区域值为 0。

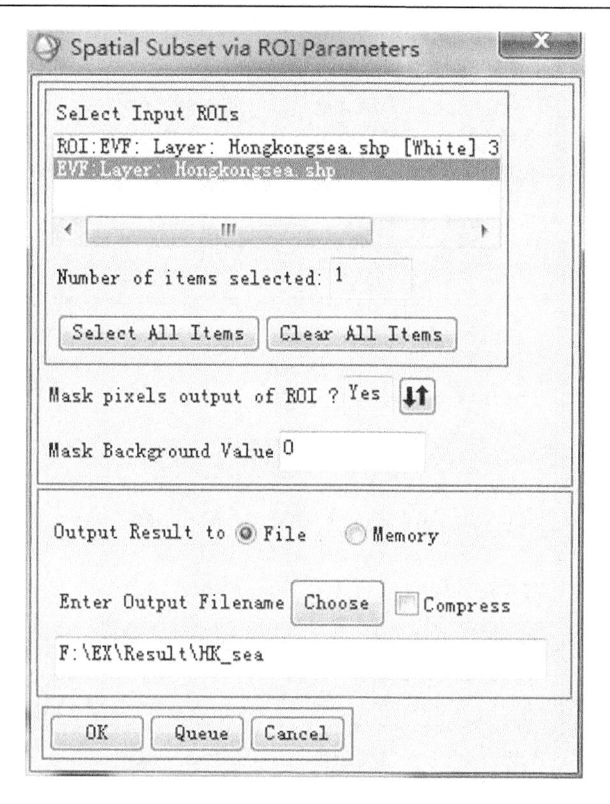

图 13.7　Spatial Subset via ROI parameters

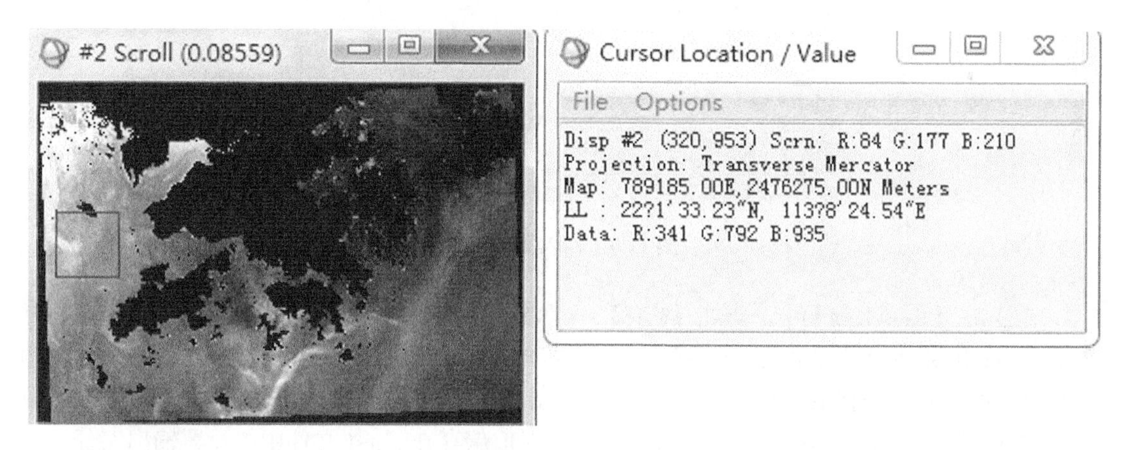

图 13.8　提取水体

2. 提取波段反射率

（1）在主图像窗口点击【Overlay】→【Region Of Interest】打开 ROI Tool 窗口，点击【ROI_Type】→【Input Points from ASCII】，选择文本格式的<Shicepoint.txt>。【x point column】选择经度列；【y point column】选择纬度列；【These point comprise】选择【Individual Points】；【Select Map Based Projection】选择【Geographic Lat/Lon】，点击【OK】，如图 13.9 所示。

@注意：投影坐标与实测数据中坐标值的投影参数应保持一致。

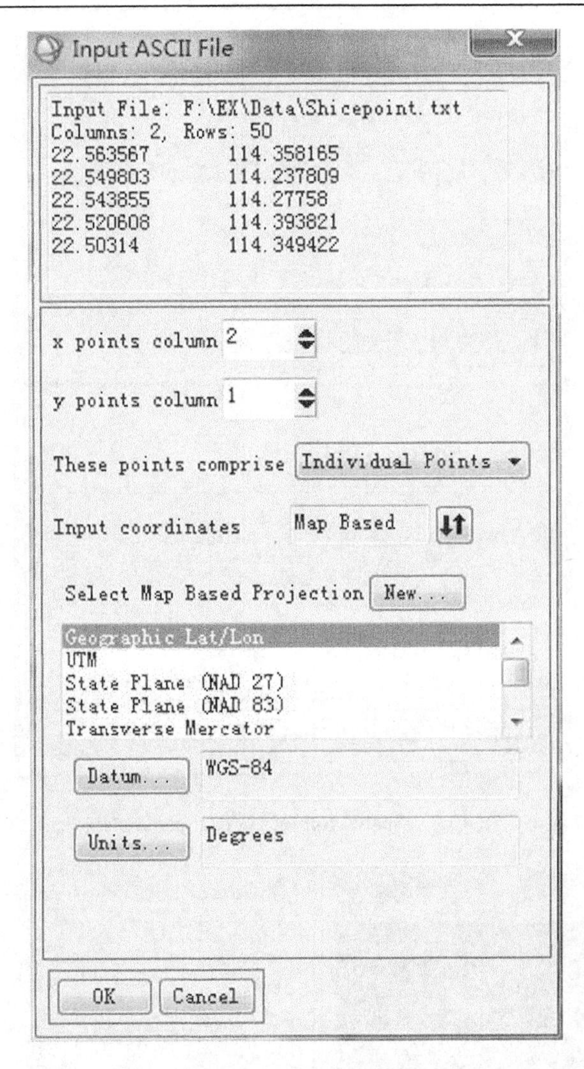

图 13.9　输入文本文件

（2）在【ROI Tool】中，点击【File】→【Output ROIs to ASCII】，选择图像<HK_sea>。在【Output ROIs to ASCII Parameters】中选择 ROI 点，单击【Edit Output ASCII Form】，在输出内容设置面板中选择 ID、Geo Location 和 Band Values，并设置合适的精度值，点击【OK】，如图 13.10 所示。这样，所求坐标点的波段反射率值保存在了.txt 文件中，设置输出路径，点击【OK】，如图 13.11 所示。

（3）设置输出路径打开文本文档<Output.txt>，如图 13.12 所示，B1、B2、B3 和 B4 为 1 月影像的 4 个波段的反射率×10000。

3. 悬浮颗粒含量与各波段相关性分析

（1）打开 Excel 软件，点击【新建】建一个新的 Excel 表格。将<悬浮颗粒含量.xlsx>文件中的“1 月”数据拷贝到新建表格的第一列，将所得的 1 月影像的 4 个波段的反射率拷贝到同一个工作表格中。对波段反射率数据与 1 月实测数据进行相关性分析，计算相关系数。

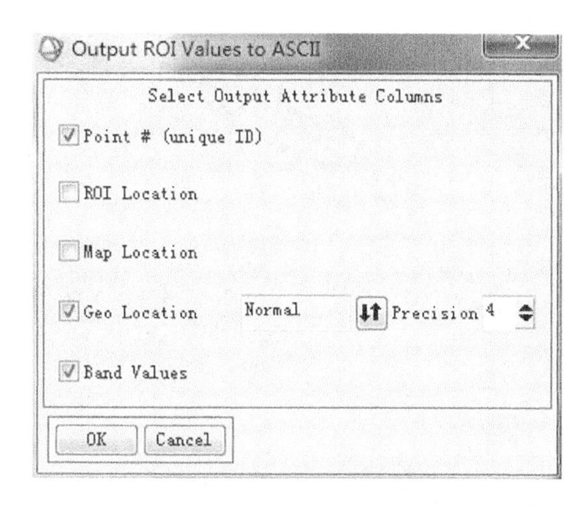

图 13.10　输出 ROI 点

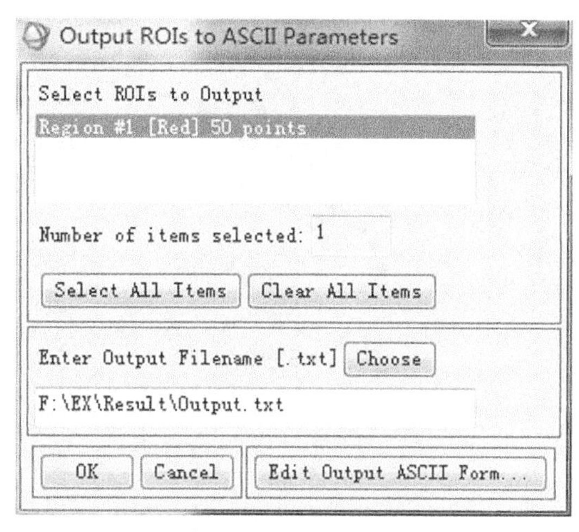

图 13.11　设置输出路径

ID	Lat	Lon	B1	B2	B3	B4
1	22.5636	114.3582	680	530	383	291
2	22.5498	114.2378	473	388	343	315
3	22.5439	114.2776	542	416	346	298
4	22.5206	114.3938	656	502	357	241
5	22.5031	114.3494	577	470	321	277
6	22.4733	114.3001	662	540	436	405
7	22.4555	114.3500	508	343	284	203
8	22.4570	114.2243	536	412	335	314
9	22.4555	113.9322	860	866	704	331
10	22.4445	114.4487	614	463	326	242

图 13.12　4 个波段的反射率×10000

（2）在空白表格处输入公式：=CORREL(A2:A51,E2:E51)，点击【Enter】，获得 b1 波段与实测数据间的偏相关系数。b2、b3、b4 波段使用相同方法获得，结果如表 13.1 所示。

表 13.1　各波段与悬浮物浓度相关性分析结果

波段	b1	b2	b3	b4
相关系数	0.759732	0.785813	0.834949	0.789053

（3）从表 13.1 中可以看出，b1、 b2、b3、b4 与实测数据均具有较高的相关性。为了能够得到更高精度的反演模型，实验将 b1、b2、b3 三个波段进行组合，并选取出具有代表性的几种水体指数，利用 Excel 将选出的波段组合与悬浮颗粒含量进行相关性分析。本实验选用(b2+b3)/b1，(b2×b3)/(b1+b3)，(b2+b3)/(b2/b3)三种波段组合构建水体指数，观察对比拟合效果，图 13.13 所示为波段组合的散点图，表 13.2 为波段组合数据与悬浮物浓度相关性分析结果。

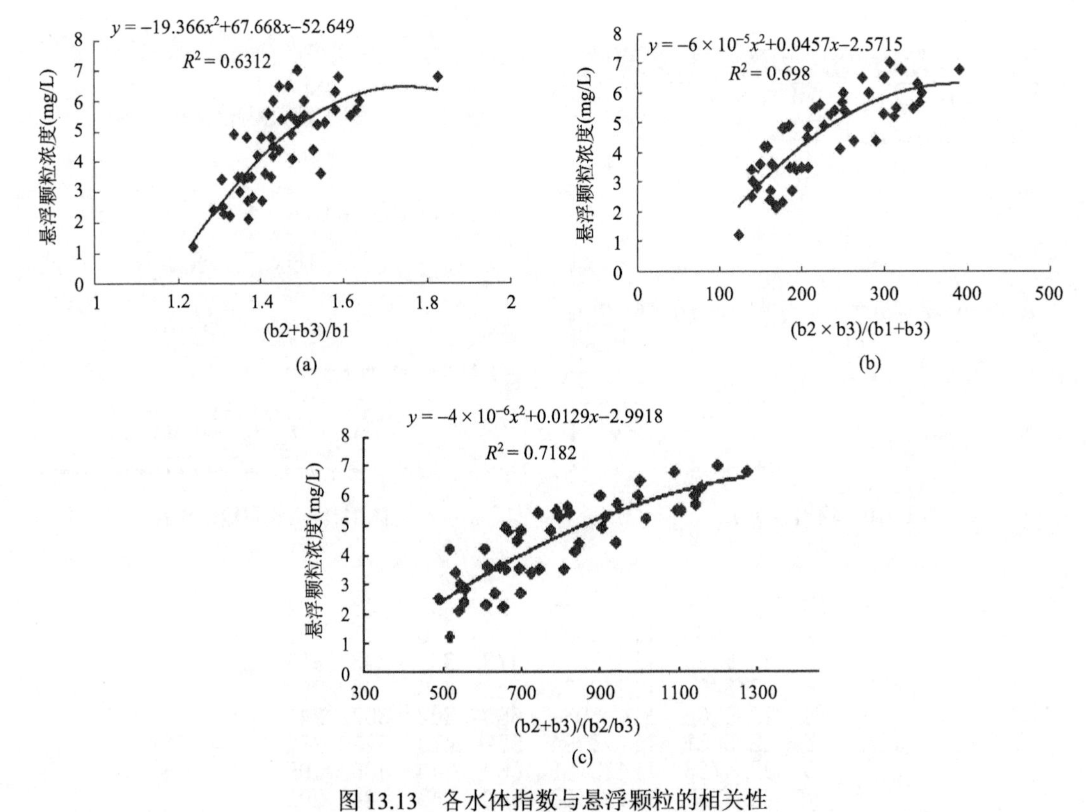

图 13.13　各水体指数与悬浮颗粒的相关性

表 13.2　波段组合数据与悬浮物浓度相关性分析结果

波段	(b2+b3)/b1	(b2×b3)/(b1+b3)	(b2+b3)/(b2/b3)
决定系数	0.6312	0.6980	0.7182

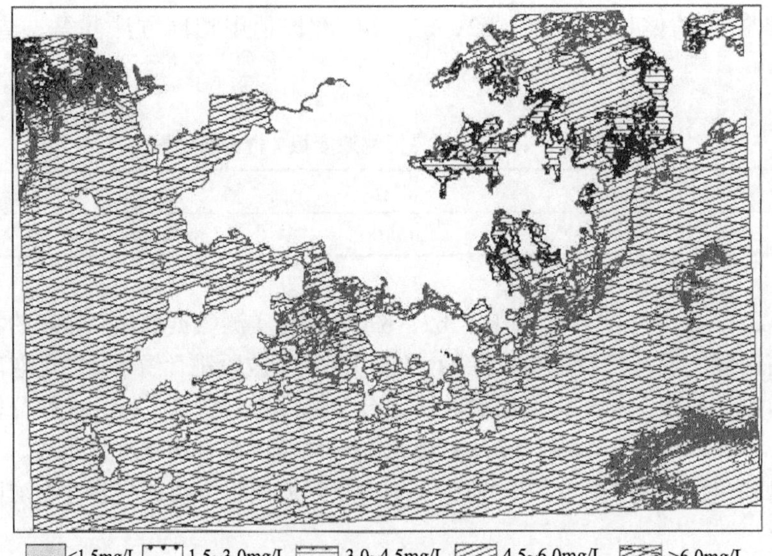

图 13.14　固体悬浮颗粒含量及分布图

分析结果显示，在多种波段组合中，(b2+b3)/(b2/b3)与实测数据的相关性较好。

4. 悬浮颗粒的空间分布

将(b2+b3)/(b2/b3)波段组合所得拟合公式应用到整个香港水域中，估算固体悬浮颗粒含量及分布情况（图 13.14）。由 1 月香港海域悬浮颗粒分布图可以看出，悬浮颗粒含量主要在 6mg/L 左右，东北、东南部海域及少数沿岸地区悬浮颗粒含量相对较少，为 4~5mg/L。

13.7 练 习 题

（1）根据香港海域 3 月 CCD 影像数据<HK_321>，分析香港附近海域 3 月的悬浮颗粒含量与各波段相关性，获得相关性好的波段组合。

（2）根据香港海域 3 月 CCD 影像数据<HK_321>和 1 月 CCD 影像数据<HK_115>，选用(b2+b3)/b1，(b2×b3)/(b1+b3)，(b2+b3)/(b2/b3)三种水体指数与悬物颗粒浓度进行相关性分析，观察拟合效果。

13.8 实 验 报 告

（1）练习练习题（1），完成表 13.3。

表 13.3　各波段与悬浮物浓度相关性分析

波段	b1	b2	b3	b4
相关系数 *R*				

（2）练习练习题（2），完成表 13.4。

表 13.4　波段组合与悬浮物浓度相关性分析（R^2 值）

波段组合	(b2+b3)/b1	(b2×b3)/(b1+b3)	(b2+b3)/(b2/b3)
1 月	0.6312	0.6467	0.7182
3 月			

（3）利用(b2+b3)/(b2/b3)水体指数构建悬浮颗粒浓度的遥感反演模型，分析香港海域 3 月的悬浮颗粒浓度空间分布，并与香港海域 1 月的悬浮颗粒浓度空间分布进行比较。

13.9 思 考 题

（1）分析香港海域 3 月（春季）和 1 月（冬季）悬浮颗粒浓度空间分布有何不同，试分析其差异的原因。

（2）常用水质参数光谱反演模型有哪些？

（3）运用遥感探测水质时，如何提高水质参数的反演精度？

（4）谈谈遥感技术在水质检测中的优越性。

第五篇 地质遥感

实验14 滑坡遥感识别

14.1 实验要求

根据实验区域的高空间分辨率遥感影像与DEM数据，完成下列分析：

（1）运用支持向量机（SVM）对实验区域的滑坡进行遥感初步识别。

（2）在遥感自动识别滑坡基础上，运用DEM数据精确识别滑坡区域。

14.2 实验目标

（1）掌握滑坡遥感识别方法。

（2）采用DEM数据排除道路、村庄等对滑坡识别的干扰。

14.3 实验软件

ENVI 5.2、ArcGIS 10.2。

14.4 实验区域与数据

14.4.1 实验数据

【Qingchuan】：四川省青川县石板沟地区WorldView-3多光谱影像。

【DEM】：四川省青川县石板沟地区DEM数据。

14.4.2 实验区域

青川县地处四川盆地北部边缘，白龙江下游，地理坐标为104°36′E～105°38′E，32°12′N～32°56′N，面积3216 km²。其地形西高东低，山脉纵横，谷深坡陡，地形切割深度为500～1500m，按地貌成因可分为侵蚀堆积河谷和侵蚀构造地形。周围与陕西汉中市宁强县、甘肃省陇南市文县、武都区、四川省绵阳市、江油市、平武县、广元市利州区、朝天区、剑阁县等八县（区）相邻，素有“鸡鸣三省”“金三角”之称。青川县位于两条地震带上，龙门山脉断裂带贯穿青川县全境150 km，青川县城内有一大一小两条地震带穿过，一条南起映秀，北抵青川，另一条在这条地震带的北侧，相对较小。青川县最高海拔 3837m，90%以上的土地是陡坡绝壁。特殊的地形地质条件及在汶川大地震的影响下，发生了很多大规模的滑坡。实验区域如图 14.1 所示。

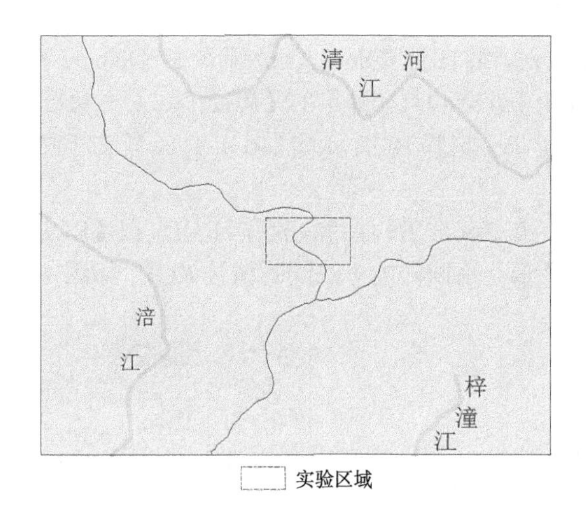

图 14.1　实验区示意图

14.5　实验原理与分析

滑坡遥感识别是基于遥感图像，利用人机交互和目视解译方式来获取滑坡相关信息的技术方法，其原理是基于滑坡体与其背景地质体之间存在的色调、形状、阴影、纹理及图形的差异。从高分辨率遥感影像上，容易识别新生的滑坡体颜色与周围地物的颜色存在明显的差异；从形状上判断，滑坡壁在平面上一般呈圈椅状或其他形状，陡峭的滑坡壁及其形成的围谷，在影像上表现为弯曲的弧形；地震后，滑坡重要的解译标志之一是植被的变化，滑坡体受到重力作用向下滑动时，对植被的影响是巨大的，会造成滑坡体周围的植被与其他植被不相同；不正常河流弯道、局部河流突然变得异常窄小等，这些异常的水文现象也是滑坡的解译特征之一。

目前，滑坡遥感识别的方法主要是目视解译和人机交互式解译。目视解译主要针对高分辨率遥感影像，但目视解译的方法解译效率较低，且不能充分有效利用遥感影像数据所包含的大量信息；人机交互式解译根据遥感影像的纹理、色调、地形、地貌等特征，辅以软件对图像进行增强处理和叠加 DEM 来识别滑坡灾害。

实验要求（1）是利用支持向量机分类（SVM）进行初步分类，支持向量机分类方法在解决小样本上有显著优势，滑坡区域相对较少，因而，相比传统分类方法，SVM 在滑坡提取分类中性能较好。实验要求（2）结合 DEM 数据计算坡度和地形起伏度进行滑坡精确识别。滑坡与道路、村庄在影像上色调一致，均为亮色，导致计算机出现错分。然而，不同的地物坡度特征不一样，一般来说，坡度大于 10°，小于 45°，下陡中缓上陡、上部成环状的坡形是产生滑坡的有利地形；地震产生的滑坡大多发生在 40°~50°，而道路与村庄均处于平缓地带，坡度小于一定值，因而利用坡度，可以消除道路和村庄对滑坡识别的影响。

14.6 实验步骤

14.6.1 绘制感兴趣区

（1）打开 ENVI 软件，将图像<Qingchuan>显示在 Display 中，在主图像窗口，点击【Overlay】→【Region of Interest】，在弹出的【ROI Tool】对话框，【Window】选项中选择【Zoom】，表示在 Zoom 窗口下选择 ROI。点击【ROI_Type】，在下拉菜单中选择【Rectangle】，表示以矩形绘制 ROI。

（2）绘制水体 ROI。在 Zoom 窗口绘制完水体 ROI，在【ROI Tool】对话框中修改 ROI 名称和颜色，如图 14.2 所示。用同样的方法绘制植被 ROI，如图 14.3 所示。

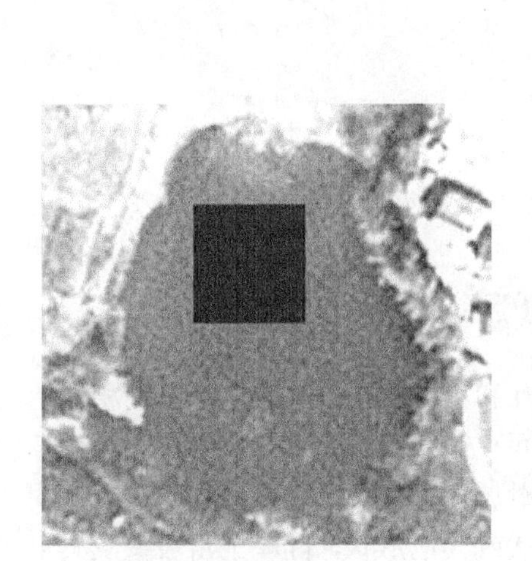

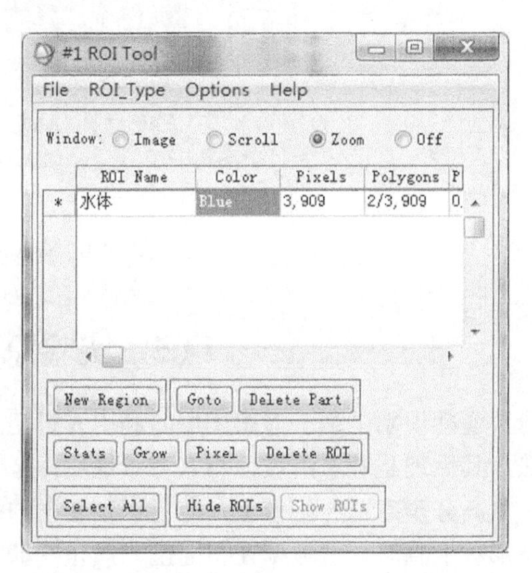

图 14.2 水体 ROI

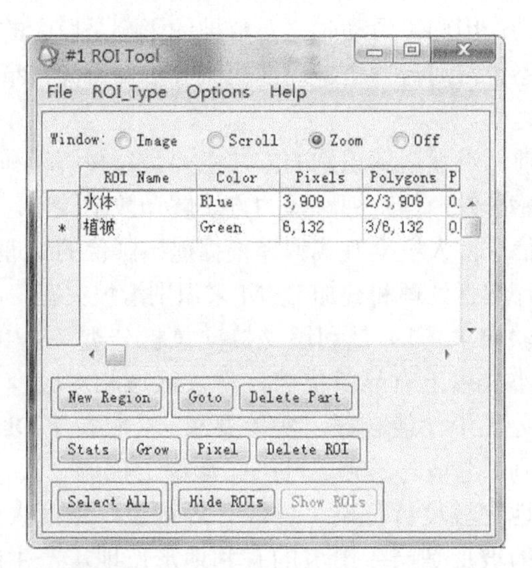

图 14.3 植被 ROI

（3）因为在遥感影像上道路、滑坡和村庄三类地物表现为相似色调，所以将此三类作为一类绘制 ROI，图 14.4 所示为该类 ROI 绘制完成后的情况。

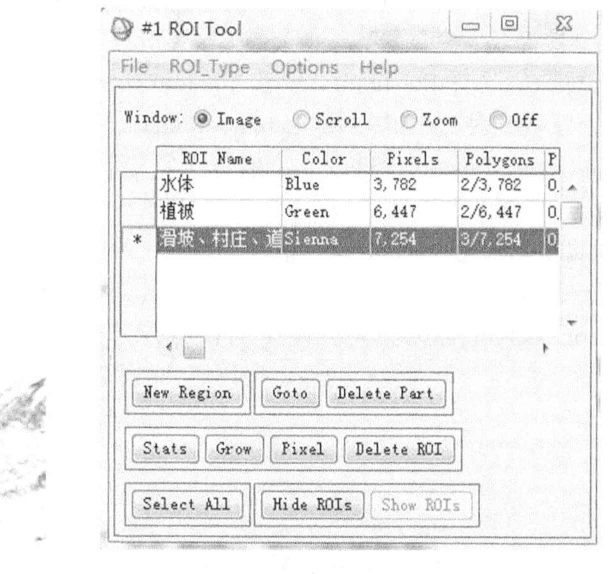

图 14.4　滑坡、村庄、道路 ROI

（4）在【ROI Tool】对话框中，点击【File】→【Save ROIs】，在弹出的对话框中点击【Select All Items】，设置存储路径，点击【OK】，保存 ROI 文件。

14.6.2　采用支持向量机分类方法

（1）在 ENVI 主菜单中，点击【Classification】→【Supervised】→【Support Vector Machine】，在文件输入对话框中选择图像<Qingchuan.tif>，点击【OK】，弹出【Support Vector Machine Classification Parameters】参数设置对话框，如图 14.5 所示。

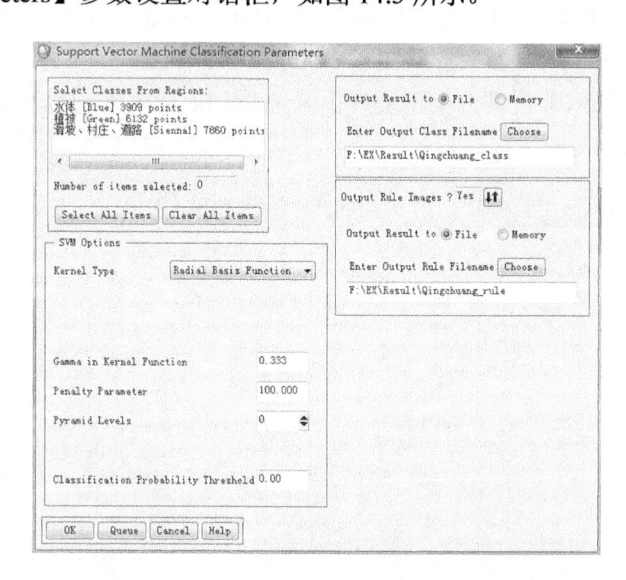

图 14.5　【Support Vector Machine Classification】参数设置对话框

@注意：在 SVM 参数设置对话框中，参数意义如下。

Kernel Type（核函数类型）下拉列表里选项有 Linear（线性函数）、Polynomial（多项式核函数）、Radial Basis Function（径向基函数），以及 Sigmoid（Sigmoid 函数）。选择 Polynomial 核函数，需要设置一个核心多项式（Degree of Kernel Polynomial）的次数用于 SVM，最小值是 1，最大值是 6；选择 Polynomial 或者 Sigmoid 核函数，需要使用向量机规则为 Kernel 指定 the Bias，默认值为 1；选择 Polynomial、Radial Basis Function、Sigmoid 核函数，需要设置 Gamma in Kernel Function 参数。这个值是一个大于 0 的浮点型数据。默认值是输入图像波段数的倒数。

（2）Radial Basis Function 核函数是识别效果最好、性能也最稳定的核函数，而且样本的大小对它分类性能的影响不大，是比较理想的分类核函数。因此，本实验选择使用 Radial Basis Function 核函数作为 SVM 模型的核函数进行分类。相关参数设置如下：Penalty Parameter，这个值是一个大于 0 的浮点型数据。这个参数控制了样本错误与分类刚性延伸之间的平衡， 默认值是 100。Pyramid Levels，设置分级处理等级，用于 SVM 训练和分类处理过程。如果这个值为 0，将以原始分辨率处理，最大值随着图像的大小而改变。Pyramid Reclassification Threshold（0~1），当 Pyramid Levels 值大于 0 时，需要设置这个重分类阈值。Classification Probability Threshold，为分类设置概率域值，如果一个像素计算得到所有的规则概率小于该值，该像素将不被分类，范围是 0~1，默认是 0。

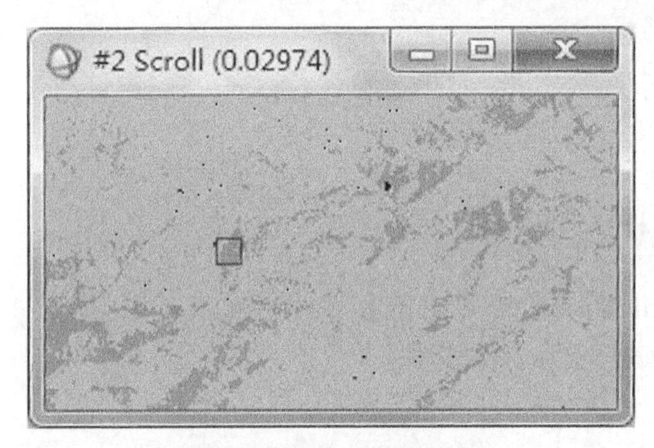

图 14.6　SVM 分类结果图

（3）点击【Select All Items】，设置分类结果和规则图像的存储路径，点击【OK】执行分类，分类结果如图 14.6 所示。

（4）在 ENVI 主菜单点击【Classification】→【Post Classification】→【Confusion Matrix】→【Using Ground Truth ROIs】，选择图像<Qingchuan_class>，在弹出的【Match Classes Parameters】窗口点击【OK】，得到分类精度评价表，如图 14.7 所示，总体分类精度为 98.0504%，Kappa 系数为 0.9696。

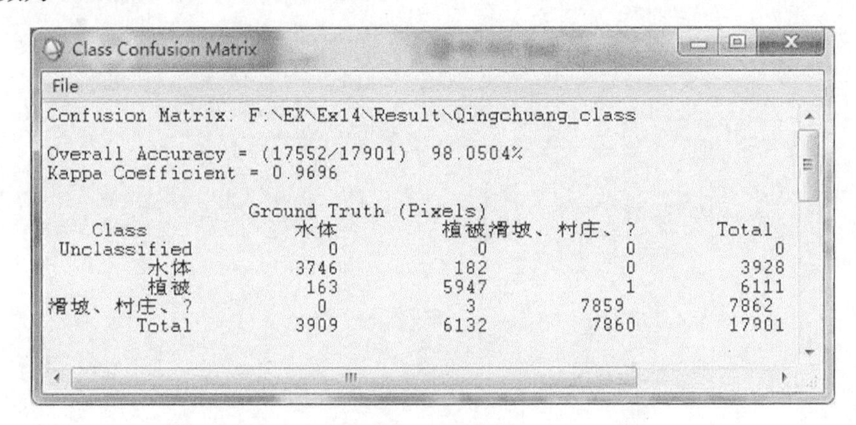

Class Confusion Matrix

File

Confusion Matrix: F:\EX\Ex14\Result\Qingchuang_class

Overall Accuracy = (17552/17901) 98.0504%

Kappa Coefficient = 0.9696

Ground Truth (Pixels)

Class	水体	植被	滑坡、村庄、?	Total
Unclassified	0	0	0	0
水体	3746	182	0	3928
植被	163	5947	1	6111
滑坡、村庄、?	0	3	7859	7862
Total	3909	6132	7860	17901

图 14.7　混淆矩阵

14.6.3　计算坡度

（1）打开 ArcMap，点击【Add Data】，加载数据<Qingchuan.tif>和<DEM.tif>，在【ArcToolbox】中点击【Spatial Analyst】→【Surface】→【Slope】，在【Slope】对话框中选择输入文件，设置输出路径，如图 14.8 所示。

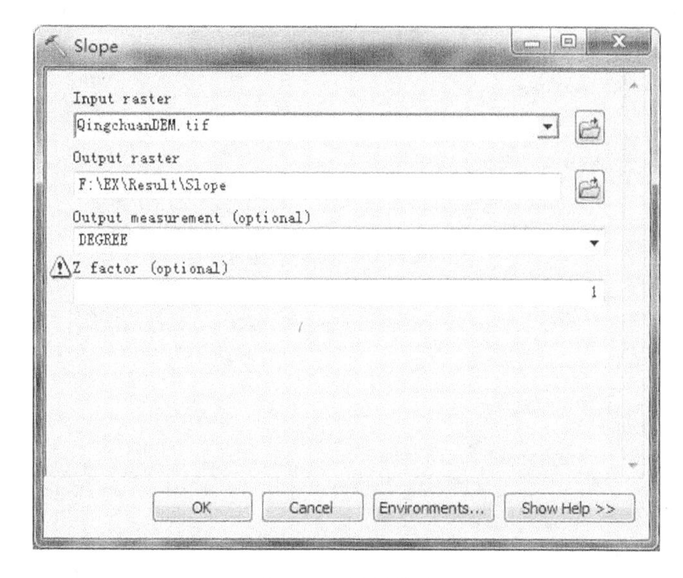

图 14.8　计算坡度

@注意：在【Z factor】选项中，当输入栅格文件后出现 Warning，说明 x、y 单位和 z 单位采用了不同的测量单位，则必须将 Z 因子设置为适当的因子，否则会得到错误的结果。查看<DEM>投影坐标系为 D_WGS_1984，本实验研究区域纬度在 30°左右，根据表 14.1 选择对应的 Z 因子。

表 14.1　Z 因子与纬度换算

Latitude（纬度）	Z-factor（Z 因子）
0°	0.00000898
10°	0.00000912
20°	0.00000956
30°	0.00001036
40°	0.00001171
50°	0.00001395
60°	0.00001792
70°	0.00002619
80°	0.00005156

（2）在【ArcToolbox】中点击【Spatial Analyst】→【Map Algebra】→【Raster Calculator】，根据“实验原理与分析”，在【Raster Calculator】对话框输入表达式："Slope">=40，即筛选出坡度大于 40°的区域。设置输出路径，点击【OK】，执行分析，如图 14.9 所示。

（3）加载上一步分析得到的数据，该栅格影像包含两个值“0”和“1”，“0”表示坡度小于 40°，“1”表示坡度大于 40°。在【ArcToolbox】中点击【Conversion Tools】→【From Raster】→【Raster to Polygon】，在【Raster to Polygon】对话框中选择输入文件<Calculator>，设置输出路径，点击【OK】，如图 14.10 所示。

（4）将坡度大于 40°的区域在图像上高亮显示。加载上一步得到的矢量数据，右击图层，点击【Open Attribute Table】→【Select by Attributes】，在【Select by Attributes】对话框中双击【GRIDCODE】，再点击【Get Unique Values】，选择值 1，点击【Apply】，如图 14.11 所示。

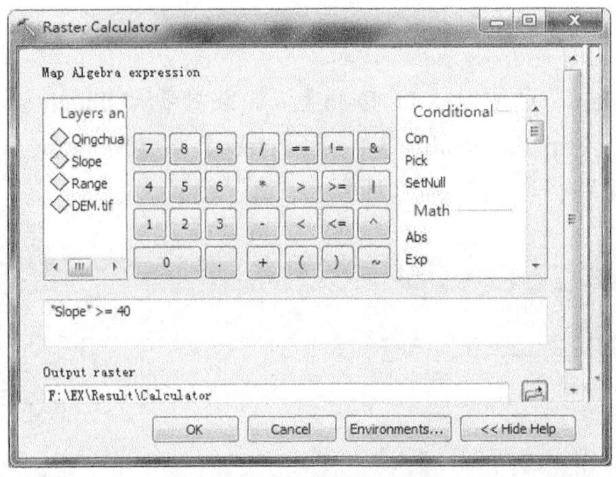

图 14.9　栅格计算

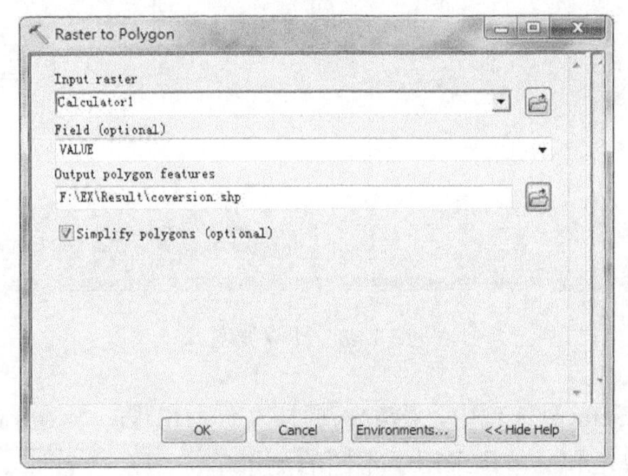

图 14.10　栅格转面

图 14.11　按属性选择

（5）将筛选出的区域生成新的图层。右击上一步得到的图层，点击【Selection】→【Create Layer From Selected Features】，生成新的图层，如图 14.12 所示。

图 14.12　坡度大于 40°区域

14.6.4　结合 SVM 分类结果和坡度提取滑坡

（1）在 ENVI【Available Bands List】中右击 SVM 分类后的结果<Qingchuan_class>，点击【Edit Header】，打开头文件，在【File Type】下拉菜单中选择【TIFF】，如图 14.13 所示，点击【OK】。

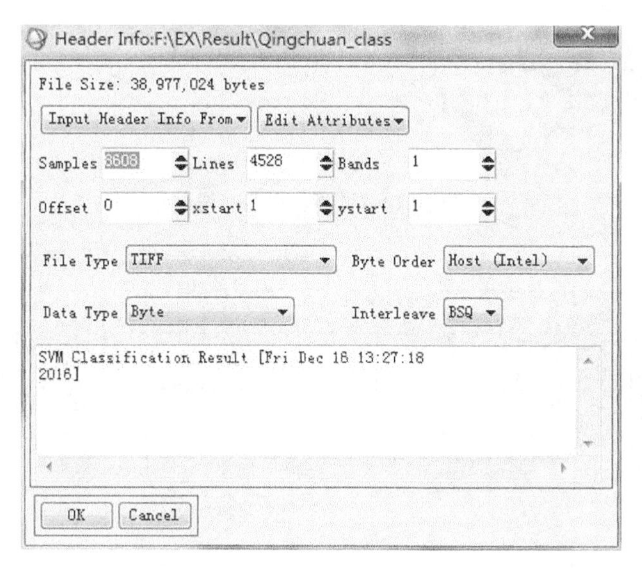

图 14.13　编辑头文件

（2）在 ENVI 主菜单点击【File】→【Save File As】→【TIFF/GeoTIFF】，在弹出的对话框中选择图像<Qingchuan_class>，点击【OK】，在接下来的窗口中设置输出路径及文件名<class_tiff>，点击【OK】。

（3）打开 ArcMap，在【ArcToolbox】中点击【Conversion Tools】→【From Raster】→【Raster to Polygon】，在【Raster to Polygon】对话框选择转为 TIFF 格式后的图像<class_tiff>，

设置输出路径及文件名，图层命名为<conversion selection>，点击【OK】。

（4）在【Layer】数据框中右击上一步得到的图层，点击【Open Attribute Table】→【Select by Attributes】，在【Select by Attributes】对话框中双击【GRIDCODE】，再点击【Get Unique Values】，选择值 3（3 代表道路、村庄和滑坡区域），点击【Apply】，图层命名为<conversion2 selection>。

（5）在【Layer】数据框右击该图层，点击【Selection】→【Create Layer From Selected Features】，生成新的图层，修改图层的颜色，如图 14.14 所示，黑色部分即为道路、村庄和滑坡区域。

（6）剔除道路和村庄，提取出滑坡。在【ArcToolbox】中点击【Analysis Tools】→【Extract】→【Clip】，在【Clip】对话框中，【Input Features】选择图层<conversion2 selection>，【Clip Features】选择图层<conversion selection>，设置输出路径及文件名，点击【OK】，结果如图 14.15 所示。

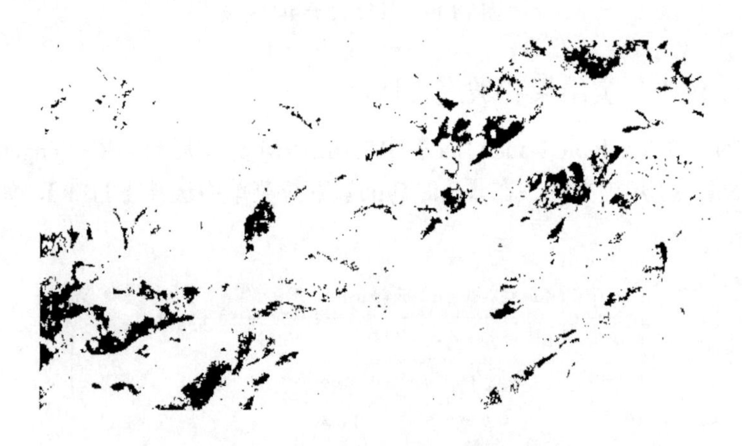

图 14.14　道路、村庄、滑坡

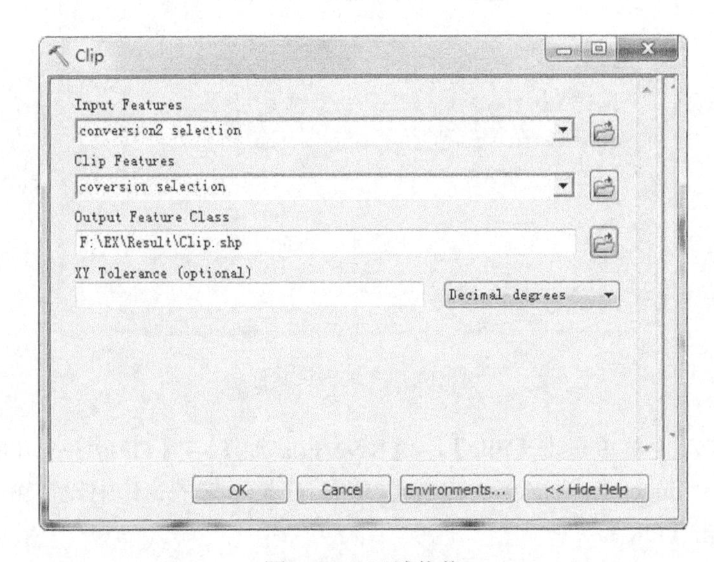

图 14.15　区域裁剪

（7）在 ArcMap 中加载裁剪后的滑坡区域图层<Clip>和青川县影像<Qingchuan.tif>，如图 14.16 所示，黑色区域则为最终提取的滑坡区域。

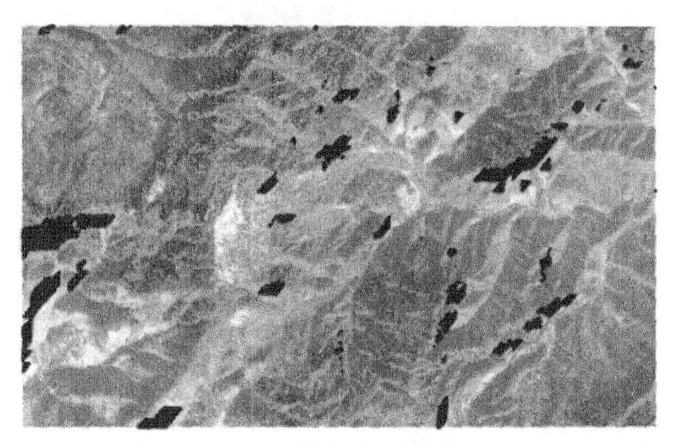

图 14.16　滑坡区域

14.7 练 习 题

（1）根据数据<Qingchuan.tif>，用最大似然分类对实验区域进行分类，建立三类样本：水体、植被和滑坡。在【Maximum Likelihood Parameters】参数设置对话框中，【Set Probability Threshold】选择【Single Value】，其他设置为默认值。

（2）在练习题（1）初步识别滑坡区域的基础上，利用 DEM 数据<DEM>计算地形起伏度，并提取出地形起伏度大于 15°的区域。

提示：在【ArcToolbox】中点击【Spatial Analyst】→【Neighborhood】→【Focal Statistics】，在【Focal Statistics】对话框选择输入文件，在【Neighborhood】选项的下拉菜单中选择【Rectangle】作为邻域分析窗口，窗口大小选择默认的 3×3 单元，统计类型选择【RANGE】。

14.8 实 验 报 告

（1）根据 SVM 对实验区域的地物分类结果，完成表 14.2。

表 14.2　像元误差统计

		被评价图像			
		水体	植被	滑坡、村庄、道路	总和
参	水体				
考	植被				
图	滑坡、村庄、道路				
像	总和				

（2）练习练习题（1），完成表 14.3。

表 14.3 类别面积统计

类别	百分比（%）	面积（km^2）
水体		
植被		
滑坡		

（3）练习练习题（2），完成表 14.4。

表 14.4 滑坡像元个数统计

地形起伏度值	像元个数
<15°	
≥15°	

（4）比较支持向量机分类和最大似然分类的总体分类精度，完成表 14.5。

表 14.5 不同分类方法分类精度对比

分类方法	总体分类精度	Kappa 系数
支持向量机分类		
最大似然分类		

14.9 思 考 题

（1）本实验是如何利用 GIS 空间分析功能精确提取滑坡的？

（2）遥感影像上滑坡表现出来的特征有哪些？

（3）除了坡度数据，还有哪些数据可以辅助遥感数据进行滑坡区域的精确识别？

（4）相比于传统的分类方法，SVM 分类在识别滑坡时有哪些优势？

实验 15　矿化蚀变信息提取

15.1　实 验 要 求

根据青海省祁连县某区域的遥感和地质数据，完成下列分析：

（1）利用波段比值法提取实验区的矿化蚀变信息。

（2）利用主成分分析法提取实验区的矿化蚀变信息。

（3）对两种方法得到的遥感异常信息进行分级。

15.2　实 验 目 标

（1）掌握遥感提取矿化蚀变信息的基本原理。

（2）掌握遥感矿化蚀变信息增强和提取的常用方法。

15.3　实 验 软 件

ENVI 5.2、ArcGIS 10.2。

15.4　实验区域与数据

15.4.1　实验数据

【Qhql】文件夹

<Geologicalmap>：青海省祁连县某区域的地质矢量数据。

<Qhqlaster>：2004 年 8 月青海省祁连县某区域的 ASTER 遥感数据。

<Qhqtm>：2004 年 8 月青海省祁连县某区域的 Landsat 7 ETM+影像数据。

【Nmg】文件夹

<Nmgwg>：2000 年 8 月内蒙古自治区温根地区 TM 影像遥感数据。

<Nmgdlm>：2000 年 8 月内蒙古自治区达来庙 TM 影像遥感数据。

15.4.2　实验区域

1）温根地区

温根地区位于内蒙古自治区西部狼山地区，属于内蒙古西部戈壁荒漠基岩裸露区，大地构造位置属华北地台北缘中西段，狼山隆起东段中元古代裂陷槽，位于狼山铁、铅、锌、铜和金成矿带的中段。该成矿带内已发现多处大中型铜多金属矿床，区内华力西期岩浆侵入十分强烈，为铁、铜、铅、锌多金属的形成提供了良好的运、储空间和物质来源。该区属于温带干旱半干旱大陆性气候，植被覆盖率小于 10%，出露的基岩基本以物理风化为主。

2）达来庙地区

达来庙地区位于内蒙古高原的北东缘，属中北部半覆盖草原区，地势较平坦，北与蒙古国接壤，该区大地构造位置属西伯利亚板块东南大陆边缘晚古生代陆缘增生带，位于二连—贺根山板块对接带的西北侧。经野外调查发现 3 条(北部、中部、南部成矿带)呈北东向展布的构造蚀变带，有铁、铜、钼、铅锌、萤石矿化带，蚀变主要为褐铁矿化、硅化、局部绿泥石化、萤石矿化，局部青磐岩化。该区地表以褐铁矿化、硅化为主，青磐岩化较弱，规模小。达来庙地区植被覆盖率为 30%~50%，基岩断续出露，受植被和土壤覆盖的影响较强（图 15.1）。

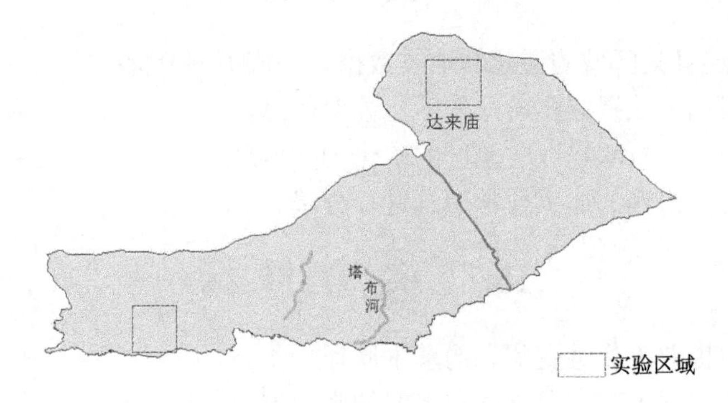

图 15.1　实验区示意图（温根和达来庙地区）

3）青海省北部祁连县某区域

青海省北部祁连山，行政区划隶属青海省祁连县，如图 15.2 所示，地貌上属青藏高原，平均海拔 4200 m，构造上位于西域板块祁连山构造带中祁连陆块，区域及周缘内生矿产主要有铬铁矿、磁铁矿、铅、锌、铜、金、钨和钼等，外生矿产主要有石膏、大理岩和砂金等。其自然环境恶劣，经济条件差，地质调查程度相对较低。属于高原大陆性气候，最佳的遥感岩性解译时期为夏季，其他季节有大量冰雪覆盖地表。实验区岩石出露较好，包括铁镁质-超铁镁质岩（辉长岩和蛇纹岩）、长英质岩（钾长花岗岩）、石英岩（砂岩）等。

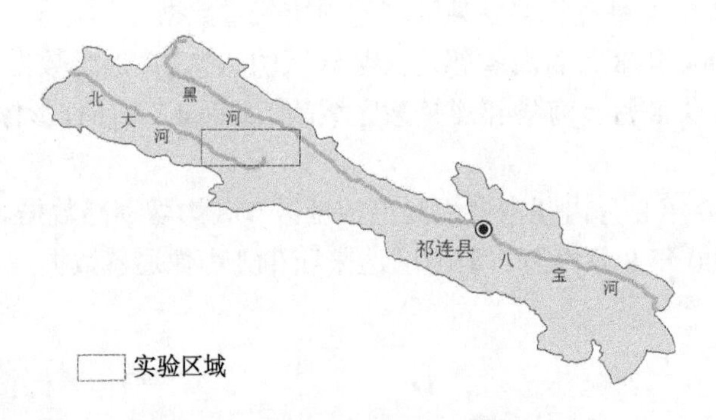

图 15.2　实验区示意图（祁连县某区域）

15.5　实验原理与分析

矿化蚀变是指在热液作用的影响下，矿物成分、化学成分、结构、构造等发生变化的岩石。这些蚀变的矿物经常见于热液矿床的周围，因此被称为蚀变围岩，蚀变围岩是一种重要的找矿标志。主要的蚀变类型有：含铁矿物，铁矿物以次生氧化物为主，部分作为热液蚀变带的原生矿物，如常见的褐铁矿、针铁矿、赤铁矿等含大量的 Fe^{3+}，也有少量 Fe^{2+}的铁氧化矿物。含羟基基团和含水的矿物，如高岭石、绿泥石、绿帘石及云母类等次生蚀变矿物。含碳酸根的矿物，如方解石、白云石、菱铁矿、石膏等。常用于提取矿化蚀变信息的遥感数据有 ASTER 数据、TM 数据、ETM+数据和高光谱数据等。提取矿化蚀变信息的方法主要有波段加减组合运算法、波段比值法、主成分分析法和光谱角法等。

本实验采取波段比值法和主成分分析法提取矿化蚀变信息。ASTER 和 TM 数据波段特征如表 15.1 所示。实验要求（1）利用波段比值法提取矿化蚀变信息。波段比值法是根据代数运算的原理，当波段间差值相近但斜率不同时利用反射波段与吸收波段的比值处理增强各种岩性之间的波段差异，抑制地形的影响，并显示出动态的范围。因而以矿物的特征光谱为基础，选用适当的波段比值进行彩色合成可增强矿化蚀变信息。蚀变矿物信息提取就是分析蚀变矿物的波谱曲线，找出斜率变化最大的区间和曲线中的反射峰、吸收谷，确定波谱范围，作比值增强处理，形成突出蚀变信息的图像。目前，利用 ASTER 数据波段比值法提取的热液蚀变矿物类型主要有：基于 Mg-OH 在 2.3μm 附近的吸收特性提取 Mg-OH 蚀变矿物，使用(B6+B9)/(B7+B8)；基于 Al-OH 在 2.2μm 附近的吸收特性提取 Al-OH 蚀变矿物，使用(B5+B7)/B6；基于 Fe^{3+}在 0.5μm 和 0.9μm 附近的吸收特性，使用(B2+B4)/(B1+B3)；基于 CO_3^{2-} 在 2.35μm 处一个强吸收峰和 2.16μm 处一个微小吸收峰提取碳酸盐矿物，使用(B7+B9)/B8 等。对于 TM 遥感数据，基于 Fe^{3+}在 0.55μm 附近的吸收特性，利用 TM3/TM1 可增强铁氧化物类蚀变；基于 Fe^{2+}在 1.1μm 附近的强吸收特性，使用 TM5/TM4 可增强亚铁矿物类蚀变；TM5/TM7 可增强碳酸盐化和羟基蚀变。

表 15.1　ASTER 和 TM 数据波段特征

ASTER		TM	
波段	波段范围(μm)	波段	波段范围(μm)
4	1.60~1.70	1	0.43~0.45
5	2.145~2.18	2	0.45~0.51
6	2.185~2.225	3	0.53~0.59
7	2.235~2.285	4	0.64~0.67
8	2.295~2.36	5	0.85~0.88
9	2.36~2.43	6	1.57~1.65
		7	2.11~2.29

实验要求（2）利用主成分分析法提取矿化蚀变信息。主成分分析法（PCA）是现在广泛使用的提取岩石蚀变信息的方法。这种方法是对图像数据的集中和压缩，它将多光谱图像中各个波段那些高度相关的信息集中到少数的几个波段，并且尽可能地保证这些波段的信息互不相干，即用几个综合性波段代表多波段的原图像，使处理的数据量减少。对于 ASTER 数据，含 Mg-OH 矿物在 2.3μm 存在强吸收特性，对应 ASTER 数据 Band 8，所以通过 Band 1、3、4、8 波段提取 Mg-OH 蚀变信息，对该组主成分判断准则是：Band 4 系数与 Band 8 系数符号相反，且 Band 4 为负；含 Al-OH 矿物在 2.2μm 存在强吸收特性，通过 Band1、4、6、7

提取 Al-OH 蚀变信息，对该组主成分判断准则是，Band 4 系数与 Band 6 系数符号相反，且 Band 4 为正；铁染矿物在 0.5μm 和 0.9μm 存在强吸收特征，对应 ASTER 数据 Band 1 和 Band 3，所以通过 Band 1、2、3、4 波段提取铁染蚀变信息，对该组主成分判断准则是：Band 3 系数与 Band 4 系数相反，且 Band 3 为负。对于 TM 数据，本实习基于 Crosta 方法，即由 TM1、TM3、TM4、TM5 作为输入波段组合进行主成分分析，变换后的某个新的组分图像可能集中了铁矿化蚀变信息，对代表铁矿化主分量的判断准则是：TM3 的系数应与 TM1、TM4 的系数相反；由 TM1、TM4、TM5、TM7 作为输入波段进行主成分分析，对代表羟基(OH^-)和碳酸根离子(CO_3^{2-})主分量的判断准则是：TM5 系数应与 TM7、TM4 的系数符号相反，TM1 一般与 TM5 系数符号相同。

实验要求（3）是对遥感异常信息进行分级，异常信息分级时，利用($X+n\sigma$)确定异常下限和划分异常强度等级。X 是某一成分的统计均值代表区域背景；σ 是该成分的标准差；n 取值一般是 1～4，有了这一标准，提取异常时可以减少主观任意性，并使操作较为规范化。

15.6 实验步骤

15.6.1 基于波段比值法矿化蚀变信息的提取

1. 用 ASTER 数据进行波段比值运算

（1）打开 ArcMap，点击【Add Data】，加载数据<Geologicalmap.shp>和<Geologicalmap.dbf>，在【Table of Contents】栏中，右击【Geologicalmap】，在弹出的选项中选择【Open】，打开属性表，如图 15.3 所示，有多种岩石类型，接下来对这些岩石中的 Mg-OH 异常信息、Al-OH 异常信息、碳酸盐和铁染异常信息进行提取。

Table

Geologicalmap_

OID	FID_rock_u	Id	rock_type	diceng
0	9	9		砂岩板岩组
1	0	0	结晶灰岩、千枚岩	
2	0	0	石英片岩、石英岩	
3	0	70	花岗岩	
4	0	58	石英二长岩	
5	0	9	辉长岩	
6	0	0	石英片岩、石英岩	
7	0	9	辉长岩	
8	103	9		下火山岩组
9	0	9	辉长岩	
10	0	0	蛇纹岩	

图 15.3　岩石类型属性表

（2）在 ENVI 主菜单点击【File】→【Open Image File】，打开 ASTER 遥感数据<Qhqlaster>，点击【Load Band】，在主图像窗口显示。

（3）Mg-OH 异常信息的提取。根据实验原理，采用（B6+B9）/（B7+B8）的方法。在主菜单中点击【Basic Tools】→【Band Math】，在输入栏里输入：(float(b6)+float(b9))/(float(b7)+float(b8))，点击【Add to List】，点击【OK】，在弹出的对话框中选择波段，b6 选择 band 6， b9 选择 band 9，b7 选择 band 7，b8 选择 band 8，点击【OK】，如图 15.4 所示。

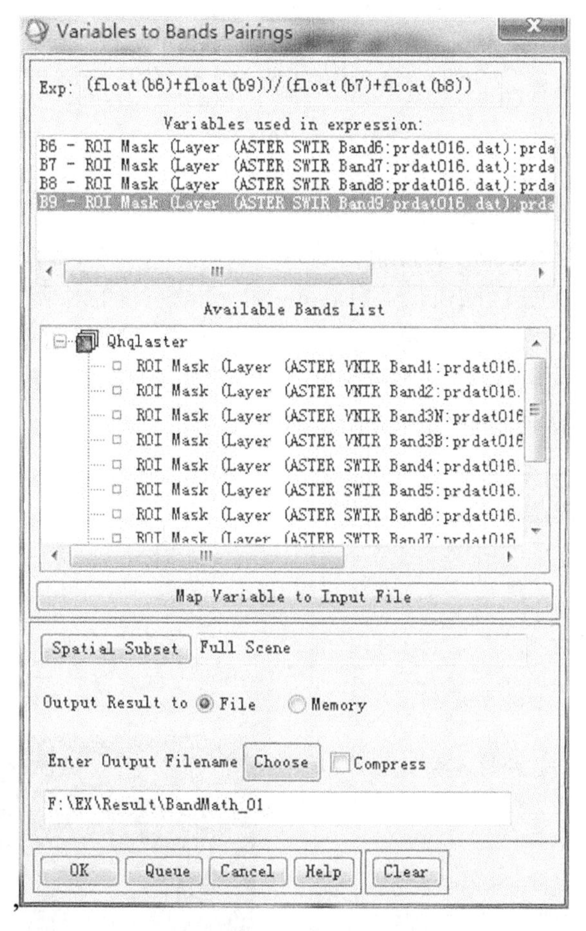

图 15.4　波段选择

（4）在【Available Bands List】中选择上一步得到的图像，点击【Load Band】，显示在 Display 中，如图 15.5 所示。接下来进行数据统计，在主图像中右击选择【Quick Stats】，得到最小值、最大值、标准差和平均值，如图 15.6 所示，其中均值为 0.988793，标准差为 0.044696。

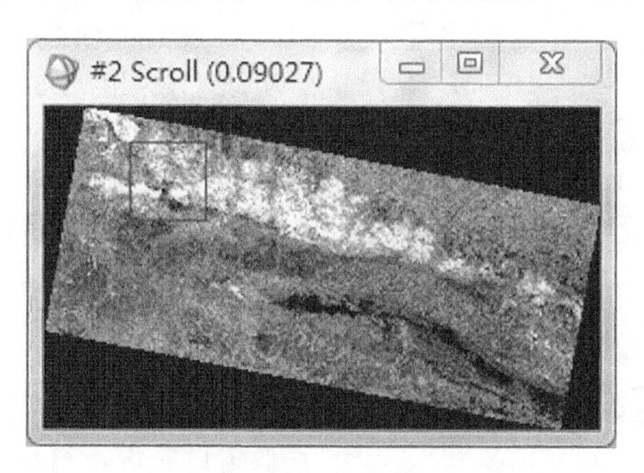

图 15.5　波段运算后的图像

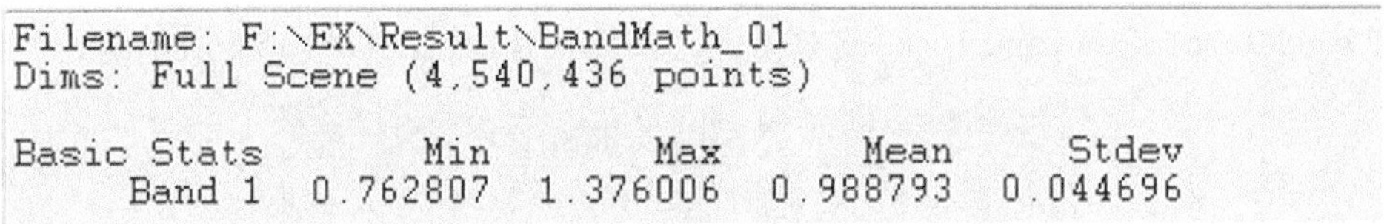

```
Filename: F:\EX\Result\BandMath_01
Dims: Full Scene (4,540,436 points)

Basic Stats        Min        Max       Mean      Stdev
     Band 1   0.762807   1.376006   0.988793   0.044696
```

图 15.6　统计数据

计算“$X+n\sigma$”，n 取 1、2、3、4，将 Mg-OH 异常信息分为三个等级，如起始值为 0.988793+0.044696 约为 1.0335，终止值为 0.988793+4×0.044696 约为 1.1676.

（5）在主图像窗口点击【Overlay】→【Density Slice】，在弹出的对话框中选择<BandMath_01>，点击【OK】，在【Density Slice】对话框中，点击【Clear Ranges】，点击【Options】→【Add New Ranges】，在接下来的对话框中设置相关参数，如图 15.7 所示。点击【OK】，在【Density Slice】对话框中点击【Apply】，得到如图 15.8 所示的结果。

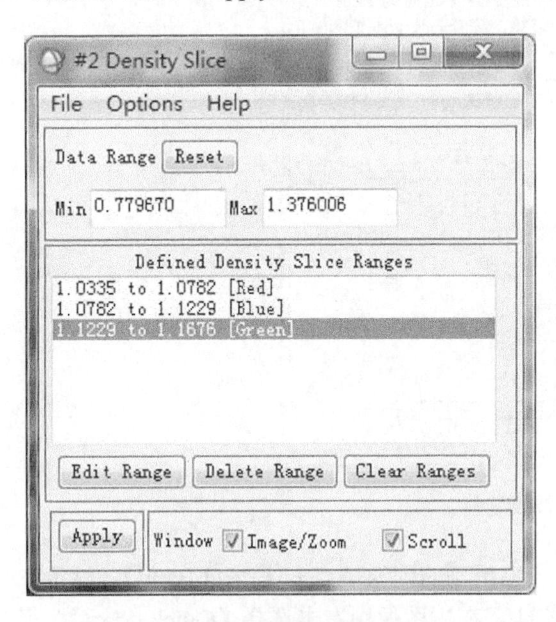

图 15.7　密度分割区间

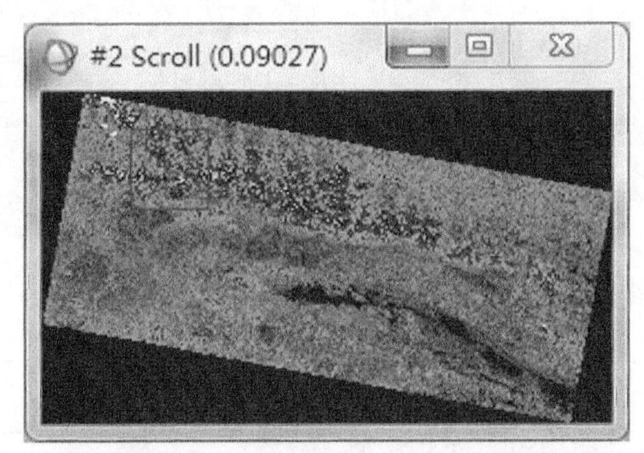

图 15.8　Mg-OH 异常信息提取结果

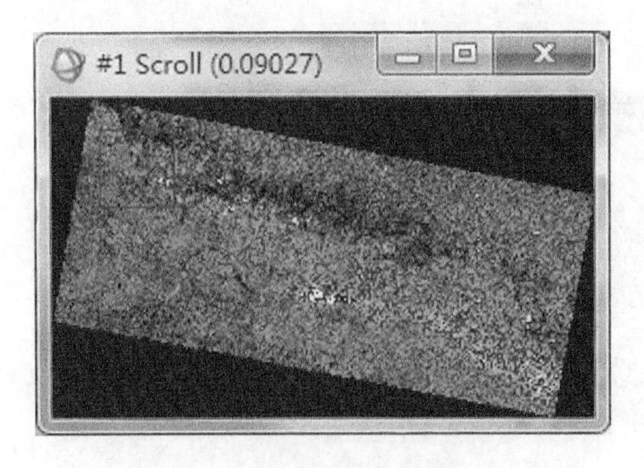

图 15.9　Al-OH 异常信息提取结果

（6）Al-OH 异常信息的提取。根据实验原理，采用（B5+B7）/B6 方法。在主菜单中点击【Basic Tools】→【Band Math】，在输入栏里输入：(float(b5)+float(b7))/float(b6)，点击【Add to List】，点击【OK】，在弹出的对话框中选择波段，b5 选择 band 5，b7 选择 band 7，b6 选择 band 6，点击【OK】。

（7）加载上一步得到的图像，在主图像窗口右击，查看统计结果得到均值为 1.944495，标准差为 0.071451，计算“$X+n\sigma$”

值，异常信息分级参考 Mg-OH 分级步骤，图 15.9 所示为 Al-OH 异常信息结果图。

（8）铁染蚀变信息提取。在主菜单中点击【Basic Tools】→【Band Math】，在输入栏里输入：(float(b2)+float(b4))/(float(b1)+float(b3))，点击【Add to List】，点击【OK】，在弹出的对话框中选择波段，b2 选择 band 2，b4 选择 band 4，b1 选择 band 1，b3 选择 band3N，点击【OK】。

（9）加载上一步得到的图像，在主图像窗口右击，查看统计结果得到均值为 0.473401，标准差为 0.093345。计算“$X+n\sigma$”值，在【Density Slice】对话框中，点击【Clear Ranges】，点击【Options】→【Add New Ranges】，在接下来的对话框中设置相关参数，如图 15.10 所示。图 15.11 所示为铁染蚀变信息结果。

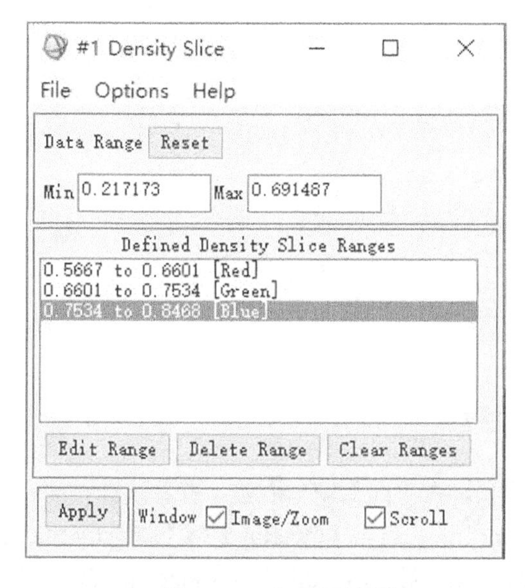

图 15.10　密度分割区间

图 15.11　铁染异常信息提取结果

（10）碳酸盐蚀变信息提取。在主菜单中点击【Basic Tools】→【Band Math】，在输入栏里输入：(float(b7)+float(b9))/float(b8)，点击【Add to List】，点击【OK】，在弹出的对话框中选择波段，b7 选择 band 7，b9 选择 band 9，b8 选择 band 8，点击【OK】。

（11）加载上一步得到的图像，在主图像窗口右击，查看统计结果得到均值为 2.204037，标准差为 0.083944，计算“$X+n\sigma$”值，接下来，异常信息分级参考 Mg-OH 分级步骤，图 15.12 所示为碳酸盐蚀变信息结果。

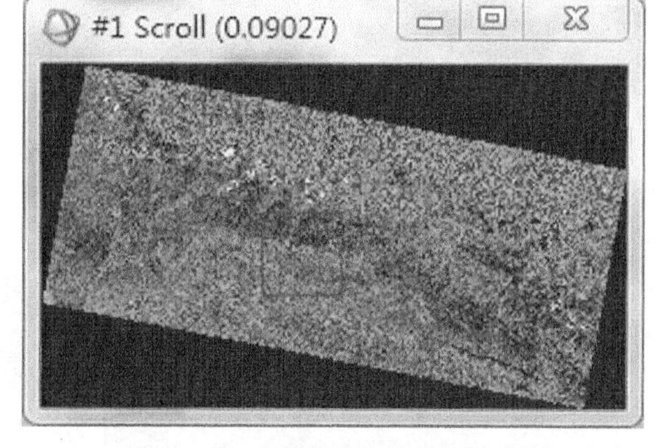

图 15.12　碳酸盐异常信息提取结果

2. 用 TM 数据进行波段比值运算

（1）铁染蚀变信息的提取。在 ENVI 主菜单点击【File】→【Open Image File】，打开 Landsat

遥感数据<Qhqtm>，点击【Load Band】，在主图像窗口显示。在主菜单点击【Basic Tools】→【Band Math】，在对话框中输入：float(b1)/float(b2)，点击【Add To List】，点击【OK】，在【Variables to Bands Pairings】对话框，b1 选择图像<Qhqtm>的 band 3，b2 选择 band 1，设置输出路径，结果命名为<BandMath_04>，如图 15.13 所示，点击【OK】。

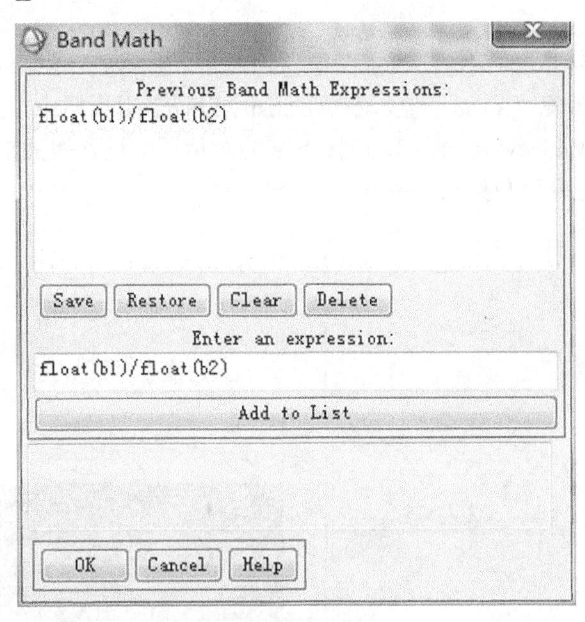

图 15.13　波段运算

（2）将图像<BandMath_04>显示在主图像窗口，在主图像窗口右击，查看统计结果得到均值为 1.771305，标准差为 0.995243，计算“$X+n\sigma$”值。点击【Overlay】→【Density Slice】，在接下来的对话框点击【Clear Ranges】，再点击【Options】→【Add New Ranges】，如图 15.14 所示。设置区间，点击【Apply】，图 15.15 所示为铁氧化物类蚀变信息提取结果。

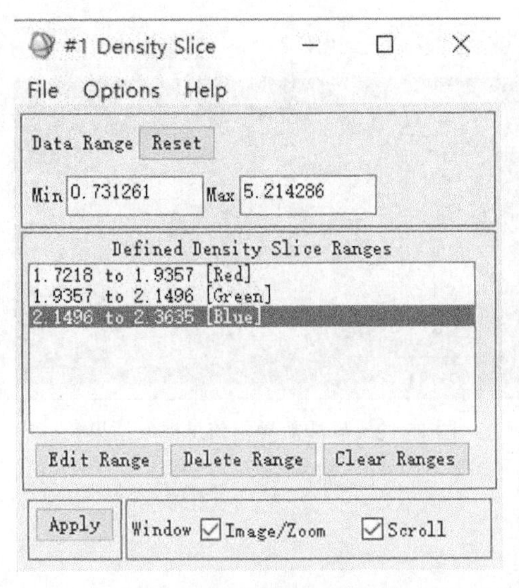

图 15.14　添加分割区间

图 15.15　铁氧化物蚀变信息提取结果

（3）亚铁矿物类蚀变信息提取。在主菜单点击【Basic Tools】→【Band Math】，在对话框中输入：float(b1)/float(b2)，点击【Add To List】，点击【OK】，在【Variables to Bands Pairings】对话框，b1 选择图像<Qhqtm>的 band 5，b2 选择 band 4，设置输出路径，结果命名为<BandMath_05>，其余步骤参考“铁氧化物类蚀变信息的提取”，结果如图 15.16 所示。

（4）碳酸盐蚀变信息提取。利用实验原理“band 5/band 7”，参考上述“铁氧化物类蚀变信息的提取”，得到如图 15.17 所示的结果。

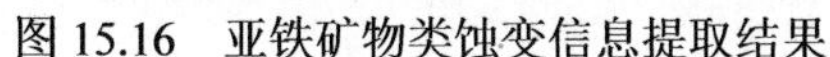

图 15.16　亚铁矿物类蚀变信息提取结果

图 15.17　碳酸盐蚀变信息结果图

15.6.2　基于主成分分析法矿化蚀变信息的提取

1. 用 ASTER 数据进行主成分分析

（1）Mg-OH 蚀变信息提取。在 ENVI 主菜单点击【Transform】→【Principal Components】→【Forward PC Rotation】→【Compute New Statistics and Rotate】，在弹出的对话框中选择图像<Qhqlaster>，点击【Spectral Subset】选项，在接下来的对话框中按住 Ctrl 键，选择 1、3、4、8 波段，点击【OK】，如图 15.18 所示，再点击【OK】。在【Forward PC Parameters】对话框设置文件的存储路径，点击【OK】。

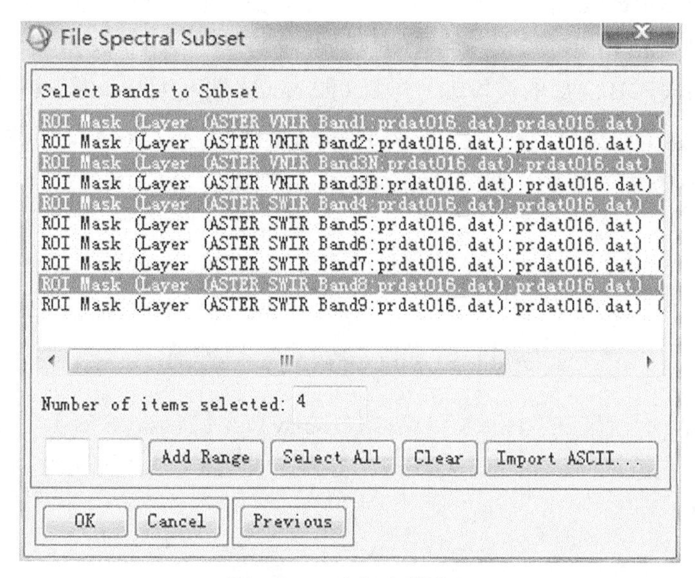

图 15.18　选择光谱波段

（2）在 ENVI 主菜单中点击【Basic Tools】→【Statistics】→【View Statistics File】，打开上一步得到的统计文件（图 15.19），根据实验原理与分析，第四主成分中特征向量满足要求：Band 4 系数与 Band 8 系数符号相反，且 Band 4 为负。

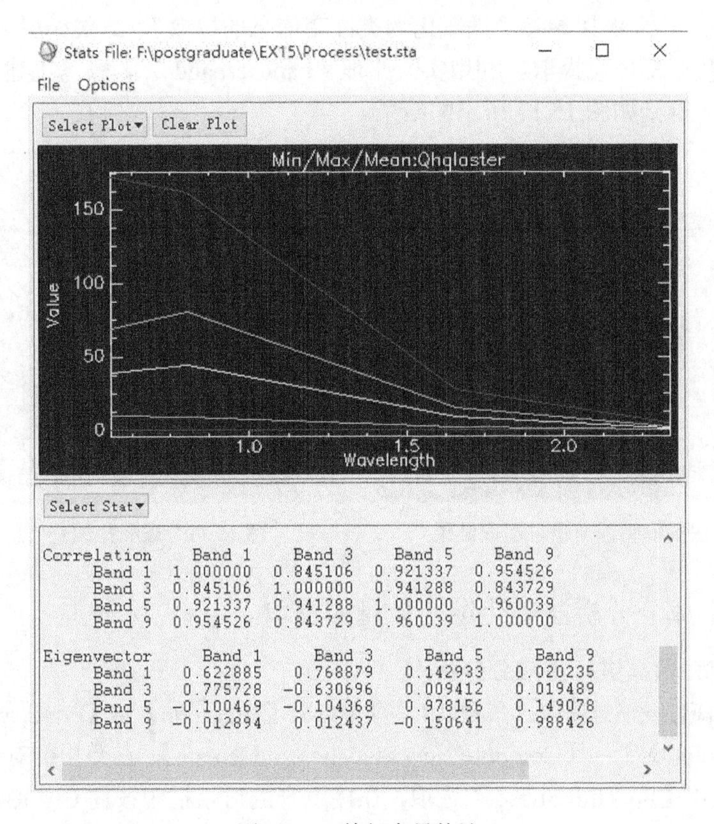

图 15.19　特征向量统计

@注意：Eigenvector 表示特征向量，该矩阵中，第一行~第四行分别对应第一主成分~第四主成分，每一列对应相应的波段（加载的数据波段）。对于 ASTER 数据，由于存在 band3N 和 band3B 两个波段，3B 之后的波段编号顺延（如 band4 顺延为 band5，band8 顺延为 band9）。

（3）异常信息等级划分。在主图像窗口打开第四主成分（PC 4），点击【QuickStats】得到第四主成分的均值、标准差，如图 15.20 所示。

Basic Stats	Min	Max	Mean	Stdev
Band 4	-1.355528	0.922884	-0.000000	0.149089

图 15.20　第四主成分均值及标准差

（4）计算“$X+n\sigma$”值。在主图像窗口点击【Overlay】→【Density Slice】，点击【Clear Ranges】，如图 15.21 所示。设置区间，点击【Apply】，得到提取结果，如图 15.22 所示。

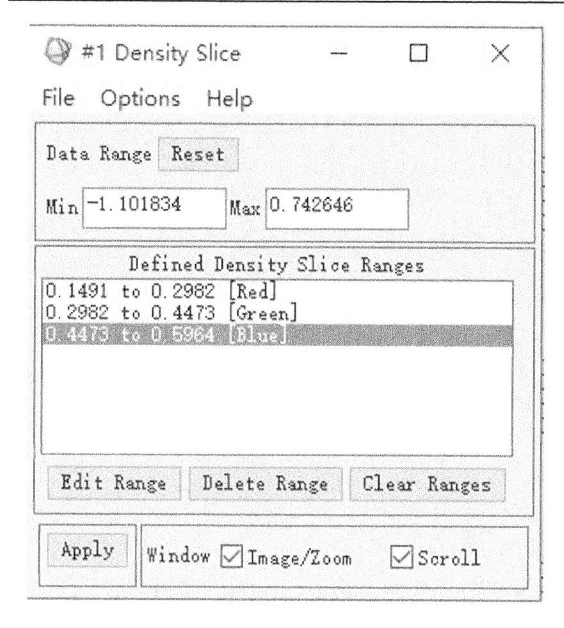

图 15.21　等级划分

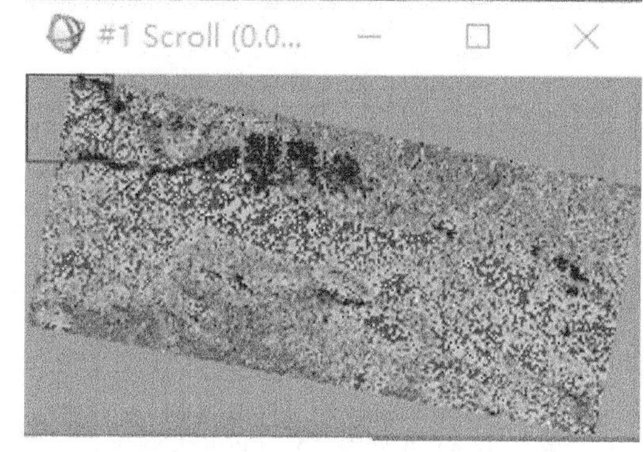

图 15.22　蚀变信息提取结果

（5）Al-OH 蚀变信息提取。参照 Mg-OH 蚀变信息的提取步骤，选择 1、4、6、7 波段进行主成分分析，并进行异常信息分级。图 15.23 所示为分级后的结果。

（6）铁染蚀变信息提取。选取 1、2、3、4 波段进行主成分分析，并进行异常信息分级，图 15.24 所示为分级后的结果。

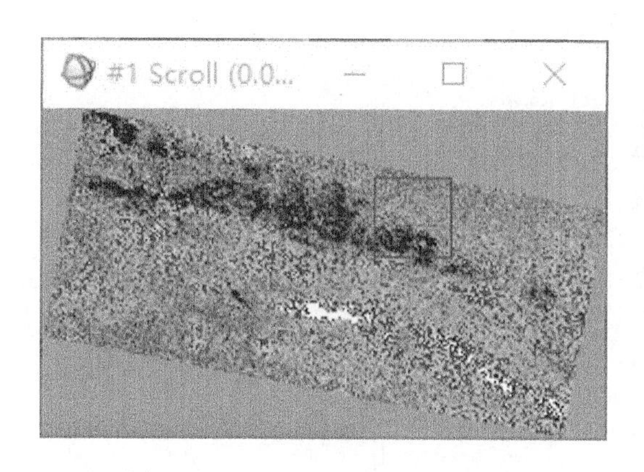

图 15.23　Al-OH 蚀变信息提取结果

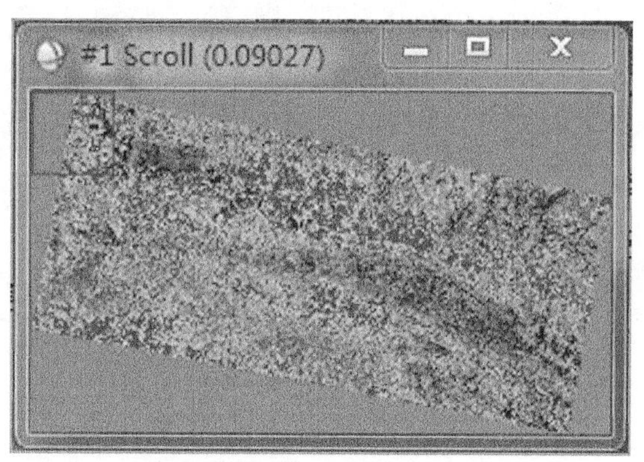

图 15.24　铁染蚀变信息提取结果

2. 用 TM 数据进行主成分分析

（1）羟基和碳酸盐蚀变信息提取。在 ENVI 主菜单点击【Transform】→【Principal Components】→【Forward PC Rotation】→【Compute New Statistics and Rotate】，在弹出的对话框中选择图像<Qhqtm>，点击【Spectral Subset】选项，在接下来的对话框中按住 Ctrl 键，选择 1、4、5、7 波段，如图 15.25 所示，点击【OK】。

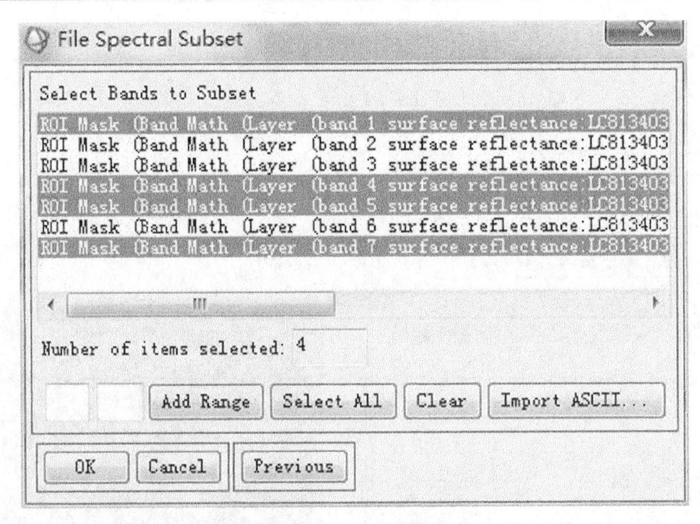

图 15.25　选择光谱波段

（2）在【Forward PC Parameters】对话框，设置文件的存储路径，并命名为<PCA_TM.sta>和< PCA_TM>，点击【OK】，如图 15.26 所示。

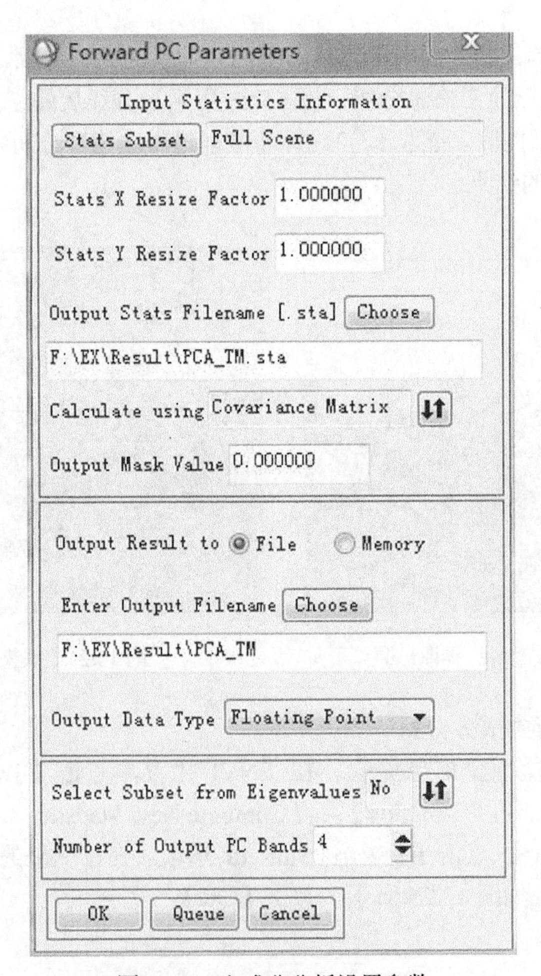

图 15.26　主成分分析设置参数

（3）在 ENVI 主菜单中点击【Basic Tools】→【Statistics】→【View Statistics File】，打开文件<PCA_TM.sta>，根据统计文件制作表格，如表 15.2 所示，根据实验原理的判别规则，可知羟基和碳酸根离子蚀变信息在主成分的第二分量。

表 15.2　特征向量表

主成分	Band 1	Band 4	Band 5	Band 7
PC 1	−0.244440	−0.391583	−0.716360	−0.523202
PC 2	−0.490611	−0.544869	0.637703	−0.236121
PC 3	−0.512082	−0.209557	−0.282925	0.783461
PC 4	0.661303	−0.711243	−0.010772	0.238108

（4）异常信息等级划分。在主菜单点击【Basic Tools】→【Statistics】→【Compute Statistics】，选择<PCA_TM>，点击【OK】，在【Compute Statistics Parameters】对话框按默认设置，点击【OK】，得到 PC 2 的标准差为 0.051998，如图 15.27 所示。

Basic Stats	Min	Max	Mean	Stdev
Band 2	-0.370060	0.297118	-0.000000	0.051998

图 15.27　PC 2 标准差

（5）根据异常信息分级方法，计算“X+$n\sigma$”值，在主图像窗口打开<PCA_TM>的 PC 2，点击【Overlay】→【Density Slice】，点击【Clear Ranges】，如图 15.28 所示。设置区间，点击【Apply】，得到提取结果，如图 15.29 所示。

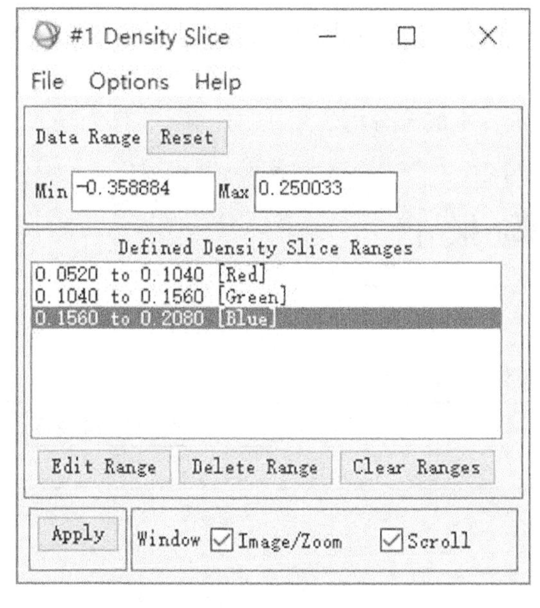

图 15.28　等级划分

图 15.29　羟基和碳酸盐化蚀变信息提取结果

（6）铁染蚀变信息的提取。参照羟基蚀变信息的提取步骤，选择 1、3、4、5 波段进行主成分分析，结果命名为<PCA2_TM.sta>和< PCA2_TM >。打开统计数据，根据判别规则，可知铁矿化蚀变信息在第三分量，查看第三分量的标准差。

（7）根据异常信息分级方法，计算“$X+n\sigma$”值，在主图像窗口打开<PCM2_TM>的 PC 3，点击【Overlay】→【Density Slice】，点击【Clear Ranges】，设置区间，点击【Apply】，得到提取结果，如图 15.30 所示。

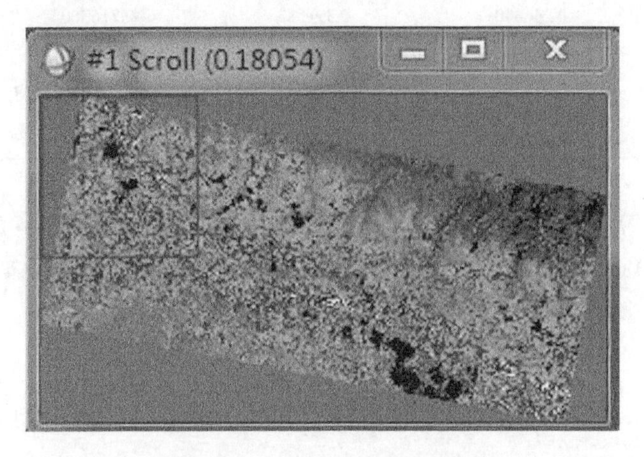

图 15.30　铁染蚀变信息提取结果

15.7　练　习　题

（1）利用温根地区 TM 遥感数据<Nmgwg>进行波段比值分析，利用“Band 3/Band 1”对铁染矿化蚀变信息进行提取。

（2）利用温根地区 TM 遥感数据<Nmgwg>进行主成分分析，用 1、4、5、7 作为输入波段，对羟基和碳酸盐蚀变信息进行提取。

（3）利用达来庙 TM 遥感数据<Nmgdlm>进行主成分分析，用 1、3、4、5 作为输入波段，对铁矿化蚀变信息进行提取。

15.8　实 验 报 告

（1）练习练习题（1），完成表 15.3。

表 15.3　均值标准差计算表

	均值+标准差	均值+2×标准差	均值+3×标准差	均值+4×标准差
Fe^{3+}				

（2）练习练习题（2），完成表 15.4，并判断羟基和碳酸盐蚀变信息在第几分量。

表 15.4 特征向量表

主成分	Band 1	Band 4	Band 5	Band 7
PC 1				
PC 2				
PC 3				
PC 4				

（3）根据基于 TM 数据的波段比值法和主成分分析法的结果，分别制作铁染蚀变信息提取专题图。

15.9 思 考 题

（1）遥感矿化蚀变信息提取的方法主要有哪些？

（2）为什么常用 ASTER 数据和 TM 数据进行矿化蚀变信息的提取？

（3）利用遥感数据提取矿化蚀变信息，在裸露地区和植被覆盖的区域处理方法有何不同？

（4）当实验区域包含植被和水体时，提取矿化蚀变信息，如何剔除这些干扰信息？

（5）制作蚀变信息专题地图时应注意哪些方面？

（6）在本实验中，为什么用 ASTER 数据能够提取出 Mg-OH、Al-OH 等异常信息而 TM 数据只能提取出羟基异常信息？

第六篇　城市与人居环境遥感

实验 16　城市热岛效应评估

16.1　实 验 要 求

根据实验区域的遥感数据，完成下列分析：

（1）计算实验区域的地表温度。

（2）比较不同温度遥感反演算法的结果差异。

（3）根据地表温度的分布特征，分析城市热岛效应。

16.2　实 验 目 标

（1）掌握地表温度遥感反演算法。

（2）掌握运用遥感技术监测城市热岛效应的思路与方法。

16.3　实 验 软 件

ENVI 5.2、ArcGIS 10.2。

16.4　实验区域与数据

16.4.1　实验数据

【RTETCM】文件夹

<Shanghai>：2013 年 7 月上海市 Landsat 8 第 1~7 波段预处理好的数据。

<Shanghairhw>：上海市 Landsat 8 辐射定标后的热红外第 10 和 11 波段数据（band 10,band 11），用于辐射传输方程法和劈窗算法反演地表温度数据。

【SCM】文件夹

<band10>：上海市 Landsat 8 数据第 10 波段原始值（未辐射定标），用于单通道算法反演温度。

【Feilei】文件夹

<SH_Supervised>：上海市监督分类图。

【Hanzhoulandsat7】文件夹

<Hangzhou>：2016 年 7 月杭州市 Landsat 7 1~7 波段数据。

<HangzhouB6>：2016 年 7 月杭州市 Landsat 7 第 6 波段数据。

16.4.2　实验区域

1）上海市

上海市地处 30°40′N～31°53′N，120°52′E～122°12′E，位于太平洋西岸，亚洲大陆东沿，中国南北海岸中心点，长江和黄浦江入海汇合处。北界长江，东濒东海，南临杭州湾[图 16.1（a）]。除西南部有少数丘陵山地外，全市基本为平原，由东向西略微倾斜，相对高差不大。气候属北亚热带季风性气候，雨热同期，日照充分，上海夏季最热月为 7 月。境内河湖众多，水网密布，除外围的长江、东海水体外，市内河流主要有黄浦江及其支流苏州河、川扬河、淀浦河等，形成了交织成网的水系。境内河道（湖泊）面积约 500 多平方千米，河面积率为 9%～10%；上海市河道长度 2 万余千米，河网密度平均每平方千米 3～4km。

上海因人口密集，工业集中，市内交通拥挤，高大建筑物林立，能源消耗量大，这些人为热散发及同时排放到空气中的温室气体，形成市区的特殊局地气候。

2）杭州市

杭州市，位于中国东南沿海、浙江省北部、钱塘江下游、京杭大运河南端，如图 16.1（b）所示。杭州市域面积为 16596km^2，辖 9 个区、2 个县，代管 2 个县级市。杭州有着江、河、湖、山交融的自然环境。全市丘陵山地占总面积的 65.6%，平原占 26.4%，江、河、湖、水库占 8%，世界上最长的人工运河——京杭大运河和钱塘江穿过。杭州处于亚热带季风区，四季分明，雨量充沛。全年平均气温 17.8℃，平均相对湿度 70.3%，年降水量 1454mm，年日照时数 1765 小时。夏季气候炎热，湿润，是新四大火炉之一。相反，冬季寒冷、干燥。春秋两季气候宜人，是观光旅游的黄金季节。杭州地处长江三角洲南沿和钱塘江流域，地形复杂多样。杭州市西部属浙西丘陵区，主干山脉有天目山等。东部属浙北平原，地势低平，河网和湖泊密布，物产丰富，具有典型的“江南水乡”特征。

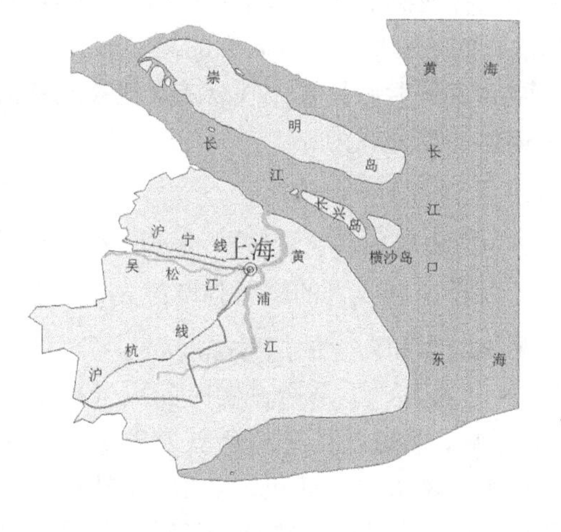

(a) 上海市

(b) 杭州市

图 16.1　实验区示意图

16.5　实验原理与分析

热红外遥感是利用热红外波段研究地球物质特性的技术手段，可以获取地球表面温度（land surface temperature），在城市热岛效应、林火监测、旱灾监测、土壤湿度、全球环流模式、区域气候模型、天气预报等领域有重要的应用价值。本实验以城市热岛效应评估为目标，使学生学习和掌握热红外遥感在地表温度反演上的基本思路与方法。

城市热岛效应分析本质上是计算城市地表温度。地表温度是区域和全球尺度地表物理过程中的一个关键因子，也是研究地球和大气之间物质交换和能量交换的一个重要参数。实验采用不同的温度反演算法计算两个城市的地表温度，并分析城市的热岛效应。

目前遥感反演地表温度的方法主要有辐射传输方程法（radiative transfer equation method，RTE）、单窗算法、劈窗算法。这些算法最基本的理论依据是维恩位移定律和普朗克（Planck）定律。

根据 Planck 定律,黑体的光谱发射特性可以表示为

$$B_\lambda(T)=\frac{C_1}{\lambda^5\left(\mathrm{e}^{\frac{C_2}{\lambda T}}-1\right)} \tag{16.1}$$

式中，$B_\lambda(T)$为绝对黑体辐射强度，单位为 $\mathrm{W/(m^2 \cdot sr \cdot \mu m)}$，$\lambda$ 为波长；C_1 和 C_2 为辐射常数，$C_1=3.7418\times10^{-16}\mathrm{W/m^2}$，$C_2=1.4388\times10^{4}\mathrm{\mu m \cdot K}$；$T$ 为温度，单位是 K。Planck 函数给出了黑体辐射的辐射强度与温度和波长的定量关系。从式（16.1）中可以看出，温度确定后，由 Planck 函数可以确定辐射源的能量谱分布，进而可以推算出物体的能量谱峰值的波长。反之，从物体的能量谱分布及辐射强度也可计算出物体的实际温度，即为地表温度反演的理论基础。

16.5.1　辐射传输方程法

地表热辐射传输方程是描述热辐射传播通过介质时与介质发生相互作用(吸收、散射、发射等)而使热辐射能按一定规律传输的方程。遥感器所接收到的热辐射主要有由地表热辐射经大气衰减后被遥感器接受的热辐射 (即被测目标本身的热辐射)、大气向上的热辐射(大气直接热辐射)和大气向下热辐射(大气向地面的热辐射)经地表反射后又被大气衰减最终被遥感器接收的热辐射三部分，所以传感器所接收的地表热辐射计算公式为

$$B_i(T_i)=\tau_i(\theta)\cdot\left[\varepsilon_i\cdot B_i(T_\mathrm{s})+(1-\varepsilon_i)\cdot L_i{\downarrow}\right]+L_i{\uparrow} \tag{16.2}$$

式中，T_i 为通道 i 的亮度温度；T_s 为地表温度；ε_i 为地表辐射率；$\tau_i(\theta)$ 为通道 i 在遥感器视角 θ 下从地面到遥感器的大气透射率；$B_i(T_i)$ 为遥感器所接收到的辐射强度；$B_i(T_\mathrm{s})$ 为地表温度为 T_s 时的黑体辐射强度；$L_i{\downarrow}$ 和 $L_i{\uparrow}$ 分别为大气向下和向上的辐射强度。

基于辐射传输模型的辐射传输方程法，又称大气校正法，是通过实时的大气探空数据或标准大气廓线数据，估算大气对地表热辐射的影响，然后从传感器所获取的热辐射减去这部分大气对地表的热辐射影响，最后根据地表比辐射率进行订正，获取真实地表温度。辐射传输方程法反演地表温度算法物理基础明确，计算结果精度较高，但所需要的卫星过境时刻的实时大气剖面数据（包括不同高度的气温、气压、水汽含量等）较难获取，因此辐射传输方程法的应用受到了限制。本实验使用从美国国家航空航天局（National

Aeronautics and Space Administration，NASA）网站（http://atmcorr.gsfc.nasa.gov）获取的大气探空数据来代替实时大气剖面数据。从 NASA 查询获得大气向上（$L_i\uparrow$）、向下（$L_i\downarrow$）的辐射强度和大气透射率；根据植被覆盖度，计算地表比辐射率；$B_i(T_i)$从遥感器获取。根据式(16.2)，求 $B_i(T_s)$，然后根据普朗克公式推导出地表温度。辐射传输方程反演地表温度流程如图 16.2 所示。

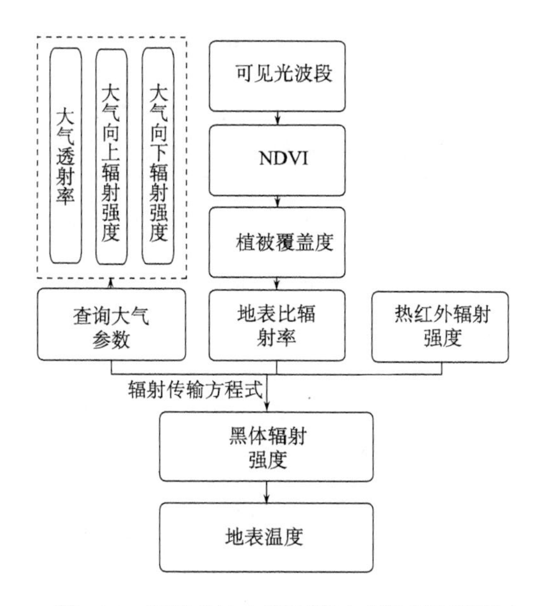

图 16.2　辐射传输方程反演地表温度流程图

16.5.2　单通道算法

单通道算法用于只有一个热红外波段数据，以 Jimenez-Munoz 等（2009）提出的普适性单通道算法（single-channel Method）为例，其算法过程如图 16.3 所示，方程为

$$T_s = \gamma\left[\frac{(\varphi_1 L_{sen} + \varphi_2)}{\varepsilon} + \varphi_3\right] + \delta \tag{16.3}$$

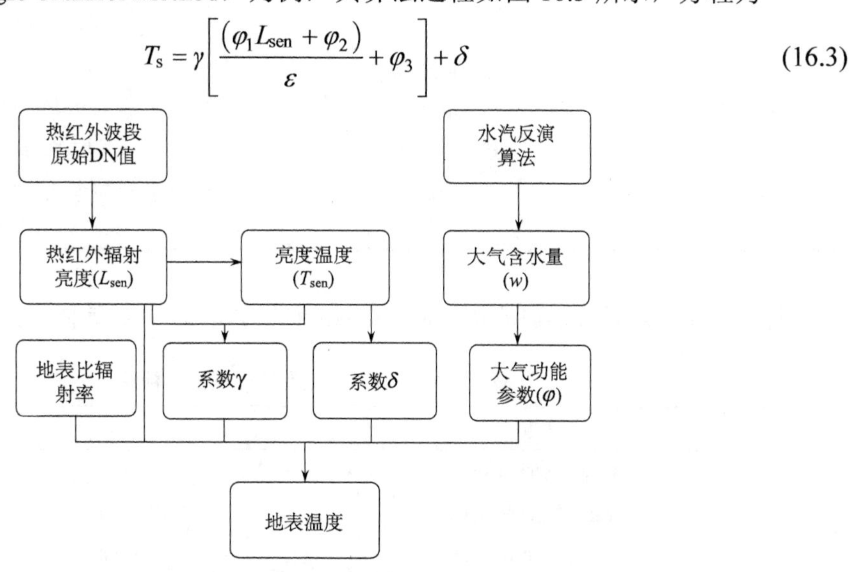

图 16.3　单通道反演地表温度流程图

$$\gamma \approx T_{sen}^2 / b_\gamma L_{sen} \tag{16.4}$$

$$\delta \approx T_{sen} - \left(T_{sen}^2\right) / b_\gamma \tag{16.5}$$

$$T_{sen} = \frac{k_2}{\ln\left(1+\frac{k_1}{L_{sen}}\right)} \tag{16.6}$$

$$L_{sen} = \mathrm{DN} \times \mathrm{Gain} + h \tag{16.7}$$

以上方程中各参数含义如表 16.1 所示。

表 16.1　各参数含义一览表

参数	含义	值或获取方式
T_s	地表温度	公式计算
L_{sen}	传感器接收的热辐射亮度，单位 W/(m²•sr•μm)	公式计算
T_{sen}	传感器接收的亮度温度，单位为 K	公式计算
DN	影像灰度值	影像获取
h	偏移量	h=0.1（通过查阅 Landsat 8/TIRS 热红外头文件）
Gain	绝对定标系数增益	$\mathrm{Gain} = 3.3420 \times 10^{-4}$
ε	比辐射率	植被覆盖度反演法
λ	中心波长	Landsat 8 的 10 波段中心波长为 10.9μm
k_1	传感器定标系数，为常数	$k_1 = 774.89$（对于 Landsat 8 的 10 波段）
k_2	传感器定标系数，为常数	$k_2 = 1321.08$（对于 Landsat 8 的 10 波段）
c	光速	$c = 2.99793 \times 10^8$ m/s
γ	Planck 方程过程参数	公式计算
δ	Planck 方程过程参数	公式计算
b_γ	Planck 方程过程参数	$b_\gamma = c_2\left(\frac{\lambda^4}{c_1}+\frac{1}{\lambda}\right)$ c_1 和 c_2 是辐射常量，其中 $c_1 = 1.92204 \times 10^8\ \mu\mathrm{m}\cdot\mathrm{K}$ $c_2 = 14387.7\ \mu\mathrm{m}\cdot\mathrm{K}$
φ_1	大气功能参数	$\varphi_1 = 0.04019\omega^2 + 0.02916\omega + 1.01523$
φ_2	大气功能参数	$\varphi_2 = -0.38333\omega^2 - 1.50294\omega + 0.20324$
φ_3	大气功能参数	$\varphi_3 = 0.00918\omega^2 + 1.36072\omega - 0.27514$
ω	大气含水量	大气含水量算法，可以利用与 Landsat 8 影像同一天的 MODIS 数据反演大气含水量

另外，k_1 和 k_2 是发射前的预设值，Landsat 数据中 k_1 和 k_2 具体值如表 16.2 所示。

表 16.2　Landsat 卫星的传感器定标系数

数据	k_1	k_2
Landsat 5 TM(band6)	607.76	1260.56
Landsat 7 ETM+(band6)	666.09	1282.71
Landsat 8 TIRS (band10)	774.89	1321.08
Landsat 8 TIRS (band11)	480.89	1201.14

16.5.3　劈窗算法

在地表温度反演的众多算法中，劈窗算法是一种精度较高的代表性算法。该算法利用10～13μm 大气窗口内两个相邻热红外通道对大气吸收的作用不同，通过两个通道测量值的各种组合来剔除大气的影响，进行大气和地表比辐射率的修正。劈窗算法反演地表温度流程如图 16.4 所示。

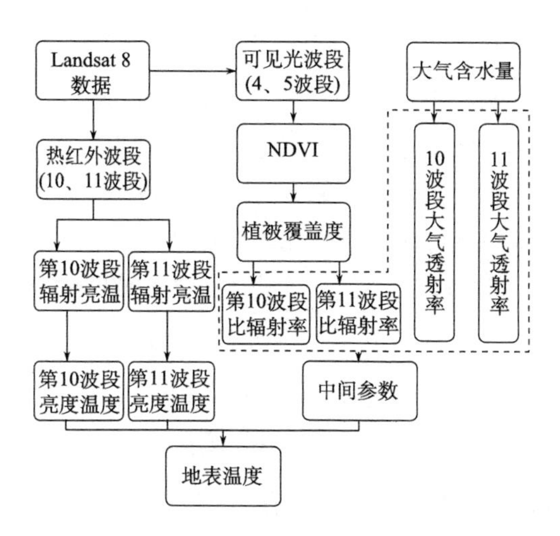

图 16.4　劈窗算法反演地表温度流程图（以 Landsat 8 数据为例）

1. 地表热辐射传输方程的构建

根据辐射传输模型中辐射传输方程式(16.2)。用大气向上平均辐射强度代替大气向下辐射强度不会产生较大的地表温度差异：

$$\mathrm{L}_i\uparrow \approx \left[1-\tau_i(\theta)\right]\cdot B_i(T_\mathrm{a}) \tag{16.8}$$

$$L_i\downarrow \approx \left[1-\tau_i(\theta)\right]\cdot B_i(T_\mathrm{a}\downarrow) \tag{16.9}$$

用 T_a 代替 $T_\mathrm{a}\downarrow$ 对方程的计算不产生实质性的影响，将 $L_i\uparrow$ 与 $L_i\downarrow$ 代入传感器所接收的地表热辐射计算公式，化简得到

$$B_i(T_i)=\varepsilon_i\cdot\tau_i(\theta)\cdot B_i(T_\mathrm{s})+\left[1-\varepsilon_i(\theta)\right]\cdot\left[1+(1-\varepsilon_i)\cdot\tau_i(\theta)\right]B_i(T_\mathrm{a}) \tag{16.10}$$

式中，T_i 和 T_s 含义同式(16.2)；ε_i 和 $\tau_i(\theta)$、$B_i(T_i)$ 和 $B_i(T_s)$ 含义同式(16.2)；T_a 为大气向上平均作用温度；$B_i(T_\mathrm{a})$ 为通道 i 的大气向上平均辐射强度。

针对 Landsat 8 数据的 10 和 11 波段，则有

$$B_{10}(T_{10})=\varepsilon_{10}\cdot\tau_{10}\cdot B_{10}(T_\mathrm{s})+\left[1-\tau_{10}(\theta)\right]\cdot\left[1+(1-\varepsilon_{10})\cdot\tau_{10}(\theta)\right]B_{10}(T_\mathrm{a}) \tag{16.11}$$

$$B_{11}(T_{11})=\varepsilon_{11}\cdot\tau_{11}\cdot B_{11}(T_\mathrm{s})+\left[1-\tau_{11}(\theta)\right]\cdot\left[1+(1-\varepsilon_{11})\cdot\tau_{11}(\theta)\right]B_{11}(T_\mathrm{a}) \tag{16.12}$$

式中，$B_{10}(T_{10})$、$B_{10}(T_\mathrm{s})$ 和 $B_{10}(T_\mathrm{a})$ 分别为波段 10 对应于亮度温度、地表温度和大气向上平均温度的辐射强度；$B_{11}(T_{11})$、$B_{11}(T_\mathrm{s})$ 和 $B_{11}(T_\mathrm{a})$ 分别为波段 11 对应于亮度温度、地表温度和大气向上平均温度的辐射强度；ε_{10} 和 ε_{11} 分别为波段 10 和波段 11 的地表比辐射率；τ_{10} 和 τ_{11} 分别为波段 10 和波段 11 从地面到遥感器的大气透过率。

2. Planck 辐射函数的线性展开

由式（16.1）可以看出，Planck 是复杂的非线性函数，从方程组中直接求出地表温度很难，而用 Taylor 展开式的前两项来表示它的近似值，是推导劈窗算法的通用做法。在具体研究中，常需要知道某个传感器的宽通道黑体辐射函数，依据 Planck 方程中辐射强度与温度之间的线性关系，通过对 Planck 方程的泰勒展开并取前两项得到下式：

$$B_i\left(T_j\right)=B_i(T)+\frac{\left(T_j-T\right)\Delta B_i(T)}{\Delta T}=\left(L_i+T_j-T\right)\Delta B_i(T)/\Delta T \tag{16.13}$$

针对 Landsat 8 波段 10 或波段 11 数据，若上式中 i=10 或 11，j=10 或 11，则 T_j 表示波段 10 或 11 的亮度温度；若 j=s，则 T_j 表示所要求解的地表温度；若 j=a，则 T_j 表示大气向上平均作用温度；T 是任意确定的一个亮度温度；$B_i\left(T_j\right)$ 和 $B_i(T)$ 分别是温度为 T_j 和 T 时的第 i 波段的辐射强度。参数 L_i 是辐射强度随温度变化率的比值。

针对 Landsat 8 波段 10 和波段 11，建立下式的计算 L_i 的表达式：

$$L_i=B_i(T)/\left[\Delta B_i(T)/\Delta T\right] \tag{16.14}$$

$$L_{10}=a_{10}+b_{10}T_{10} \tag{16.15}$$

$$L_{11}=a_{11}+b_{11}T_{11} \tag{16.16}$$

在式(16.13）中令 T=T_{10}、i=10、j=10，则有

$$B_{10}\left(T_{10}\right)=\left(L_{10}+T_{10}-T_{10}\right)\Delta B_{10}\left(T_{10}\right)/\Delta T=L_{10}B_{10}\left(T_{10}\right)/\Delta T \tag{16.17}$$

同理，针对波段 10 和波段 11 其他各个温度，有如下的表达式：

$$B_{10}\left(T_{\mathrm{s}}\right)=\left(L_{10}+T_{\mathrm{s}}-T_{10}\right)\Delta B_{10}\left(T_{10}\right)/\Delta T \tag{16.18}$$

$$B_{10}\left(T_{\mathrm{a}}\right)=\left(L_{10}+T_{\mathrm{a}}-T_{10}\right)\Delta B_{10}\left(T_{10}\right)/\Delta T \tag{16.19}$$

$$B_{10}\left(T_{11}\right)=\left(L_{10}+T_{11}-T_{10}\right)\Delta B_{11}\left(T_{10}\right)/\Delta T \tag{16.20}$$

$$B_{10}\left(T_{\mathrm{s}}\right)=\left(L_{10}+T_{\mathrm{s}}-T_{10}\right)\Delta B_{11}\left(T_{10}\right)/\Delta T \tag{16.21}$$

$$B_{10}\left(T_{\mathrm{a}}\right)=\left(L_{10}+T_{\mathrm{a}}-T_{10}\right)\Delta B_{11}\left(T_{10}\right)/\Delta T_i \tag{16.22}$$

3. 劈窗算法的推导

本实验的劈窗算法建立在辐射传输式（16.11）和式（16.12）的基础上。为了简化起见，将式（16.11）和式（16.12）的方程组中的系数定义如下：

$$C_i=\varepsilon_i\tau_i(\theta) \tag{16.23}$$

$$D_i=\left[1-\tau_i(\theta)\right]\cdot\left[1+\left(1-\varepsilon_i\right)\cdot\tau_i(\theta)\right] \tag{16.24}$$

则方程组（16.11）和（16.12）改成下式：

$$B_{10}\left(T_{10}\right)=C_{10}B_{10}\left(T_{\mathrm{s}}\right)+D_{10}B_{10}\left(T_{\mathrm{a}}\right) \tag{16.25}$$

$$B_{11}\left(T_{11}\right)=C_{11}B_{11}\left(T_{\mathrm{s}}\right)+D_{11}B_{11}\left(T_{\mathrm{a}}\right) \tag{16.26}$$

将式(16.15）~式(16.22)代入式(16.25）和式(16.26）中，两式相减并消减方程，最终得到劈窗算法反演地表温度的公式：

$$T_{\mathrm{s}}=A_0+A_1T_{10}-A_2T_{11} \tag{16.27}$$

式中，T_{s}、T_{10}、T_{11} 含义同上，单位为 K；A_0、A_1 和 A_2 为系数；T_{s} 为地表温度；T_{10} 和 T_{11}

分别为热通道 10 和 11 的亮度温度。

最终公式推演如下：

$$A_0 = a_{10}E_1 - a_{11}E_2 \tag{16.28}$$

$$A_1 = 1 + A + b_{10}E_1 \tag{16.29}$$

$$A_2 = A + b_{11}E_2 \tag{16.30}$$

$$E_1 = D_{11}(1 - C_{10} - D_{10}) / E_0 \tag{16.31}$$

$$E_2 = D_{10}(1 - C_{11} - D_{11}) / E_0 \tag{16.32}$$

$$A = D_{10} / E_0 \tag{16.33}$$

$$E_0 = D_{11}C_{10} - D_{10}C_{11} \tag{16.34}$$

表 16.3 给出了不同温度范围系数 a_i 和 b_i 的值。为了获得准确的地表反演温度，根据地表温度范围选择系数。本实验中取温度在 10～40℃时所对应的回归系数，即 $a_{10} = -62.806$，b_{10}=0.434，a_{11}= – 67.173，　b_{11}=0.470。

表 16.3　不同温度范围内的热红外传感器（TIRS）的反演回归系数

T(℃)	a_{10}	b_{10}	a_{11}	b_{11}
0～30	–59.139	0.421	–63.392	0.457
0～40	–60.919	0.428	–65.224	0.463
10～40	–62.806	0.434	–67.173	0.470
10～50	–64.608	0.440	–69.022	0.476

辐射强度(radiant intensity)：点辐射源在某一给定方向 θ 上单位立体角内的辐射通量，称为辐射强,单位是 W/sr。

辐射亮度（radiance）：辐射源在某一方向的单位投影面积在单位立体角内的辐射通量，称为辐射亮度，单位是 W/(m^2·sr)。

点辐射源辐射强度能力的测量仅使用辐射强度；面源辐射，尤其是在考虑微分面元或有限面积的辐射时，既可使用辐射强度，也可以使用辐射亮度。

16.6　实 验 步 骤

@注意：由于本实验涉及的参数较多，在计算中间步骤的各参数时，文件名直接以参数名称命名。

16.6.1　关键参数的计算

1. 地表比辐射率计算

地表比辐射率是物体与黑体在同温度、同波长下的辐射出射度的比值，其值大小与地表的物质结构密切相关。地球表面不同区域的地表结构虽然很复杂，但大体视作由 4 种类型构成：水体、建筑、裸土和植被。本实验的地表比辐射率的计算使用混合像元法。

（1）Sobrino 基于地表覆盖类型的加权混合模型认为地表由植被和裸地构成。用 NDVI 进行分类：①当 NDVI＜0.2 时，认为全部由裸地覆盖，则地表比辐射率取裸地典型发射率值

0.973；②当 0.2≤NDVI≤0.5 时，认为地表是由植被和裸土构成的混合像元，则地表比辐射率由简化公式 $\varepsilon=0.004P_{\mathrm{v}}+0.986$ 来表示，其中，P_{v} 表示植被覆盖度；③当 NDVI≥0.5 时，认为地表完全为植被覆盖，则地表比辐射率取植被典型发射率（全覆盖灌木叶冠的热波段辐射比率）0.986。

在本实验中，遥感影像大部分像元的 NDVI 都在 0.2～0.5，为了简化计算，地表比辐射率由 $0.004P_{\mathrm{v}}+0.986$ 计算，其中植被覆盖度（P_{v}）即植被占混合像元的比例。植被覆盖度的计算公式为 $P_{\mathrm{v}}=\dfrac{\mathrm{NDVI}-\mathrm{NDVIs}}{\mathrm{NDVIv}-\mathrm{NDVIs}}$，其中，NDVIs 指完全植被归一化植被指数，取经验值 0.7；NDVIv 指完全裸土归一化植被指数，取经验值 0.05。

（2）覃志豪等的混合模型认为，计算地表比辐射率，除了要考虑自然表面外，还应考虑城镇、水体这两种地表类型。城镇像元可以看成植被和建筑表面的混合，自然像元可以看成植被和裸土的混合。

对于自然表面比辐射率：

$$\varepsilon_i=P_{\mathrm{v}}R_{\mathrm{v}}\varepsilon_{i\mathrm{v}}+(1-P_{\mathrm{v}})R_{\mathrm{s}}\varepsilon_{i\mathrm{s}}+d_{\varepsilon} \tag{16.35}$$

式中，P_{v} 为植被覆盖度，即植被的构成比例。R_{v} 和 R_{s} 分别为植被和裸土的温度比率。其中，$R_i=\left(\dfrac{T_i}{T}\right)^4$。$R_i$ 为植被或裸土温度比率；T_i 为植被或裸土的温度；T 为像元的平均温度。$\varepsilon_{i\mathrm{v}}$、$\varepsilon_{i\mathrm{s}}$ 分别为植被和裸土在第 i 波段的地表比辐射率，分别取 $\varepsilon_{10\mathrm{v}}$=0.98672，$\varepsilon_{11\mathrm{v}}$=0.98990，$\varepsilon_{10\mathrm{s}}$=0.96767，$\varepsilon_{11\mathrm{s}}$=0.97790。$d_{\varepsilon}$ 为地表的几何分布和内部散射效应，在地表相对平整的条件下，一般可取 $d_{\varepsilon}=0$。

对于城镇表面的地表比辐射率；

$$\varepsilon_i=P_{\mathrm{v}}R_{\mathrm{v}}\varepsilon_{i\mathrm{v}}+(1-P_{\mathrm{v}})R_{\mathrm{m}}\varepsilon_{i\mathrm{m}}+d_{\varepsilon} \tag{16.36}$$

式中，R_{v} 和 R_{m} 分别为植被和建筑的温度比率；其他同上式；$\varepsilon_{i\mathrm{v}}$ 和 $\varepsilon_{i\mathrm{m}}$ 分别为植被和建筑在第 i 波段的地表比辐射率，分别取 $\varepsilon_{10\mathrm{v}}$=0.98672，$\varepsilon_{11\mathrm{v}}$=0.98990，$\varepsilon_{10\mathrm{m}}$=0.964885，$\varepsilon_{11\mathrm{s}}$=0.975115。

为了确定典型地物的地表比辐射率，覃志豪等提出估计植被、裸土和建筑表面的温度比率的方法，公式如下：

$$R_{\mathrm{v}}=0.9332+0.0585P_{\mathrm{v}} \tag{16.37}$$

$$R_{\mathrm{s}}=0.9902+0.1068P_{\mathrm{v}} \tag{16.38}$$

$$R_{\mathrm{m}}=0.9886+0.1287P_{\mathrm{v}} \tag{16.39}$$

本实验中，对于辐射传输方程和单通道反演地表温度算法，地表比辐射率计算依据 Sobrino 提出的方法。对于劈窗算法反演城市温度，地表比辐射率计算依据覃志豪提出的方法，即根据式(16.36)，按城镇像元来计算地表比辐射率。

2. 大气含水量的计算

除了辐射传输方程反演温度不要求已知大气含水量外，本实验中另外两种反演地表温度的算法均要求大气含水量参数。大气含水量的求解有许多反演算法，其中广泛使用 MODIS 数据进行大气含水量反演，在本实验中，使用与 Landsat 8 影像准同步的 MODIS 数据。根据毛克彪的方法，利用 MODIS 第 2 和第 19 波段来反演大气含水量，推算公式为

$$\omega = \left\{ \left[\alpha - \ln\left({\rho_{19}}/{\rho_2} \right) \right] \Big/ \beta \right\}^2 \tag{16.40}$$

式中，ω 为大气含水量；α 和 β 为常量，α=0.02，β=0.6321；ρ_{19} 和 ρ_2 分别为 MODIS 第 19 和第 2 波段的地面反射率。为了简化实验计算步骤，这里直接通过公式计算得到 ω=5.14g/cm^2。

如图 16.4 所示，在劈窗算法中，大气含水量是计算大气透过率的基本参数。由于 Landsat 8 第 10 通道和第 11 通道的中心波长与 MODIS 第 31 通道和第 32 通道的中心波长基本相对应，因而，被用于 MODIS 的第 31 通道和第 32 通道的大气透过率计算公式，对 Landsat 8 的第 10 通道和第 11 通道也基本适用。所以参考 MODIS 大气透过率的计算，分别给出 Landsat 第 10 波段大气透过率和第 11 波段大气透过率：

$$\tau_{10} = 2.89798 - 1.88366\,\mathrm{e}{-}\left({\omega}/{-21.22704} \right) \tag{16.41}$$

$$\tau_{11} = -3.59289 + 4.60414\,\mathrm{e}{-}\left({\omega}/{-32.70639} \right) \tag{16.42}$$

式中，τ_{10} 和 τ_{11} 分别为第 10 波段大气透过率和第 11 波段大气透过率；ω 为大气含水量。

16.6.2　地表温度反演算法的选取

1. 辐射传输方程

（1）打开 ENVI，加载图像数据<Shanghai>。在主菜单点击【Transform】→【NDVI】，在弹出的对话框中选择输入文件类型为【Landsat OLI】，在【NDVI Bands】选项中，【Red】输入 4，【Near IR】输入 5，设置输出路径，如图 16.5 所示。

（2）将<NDVI>图像加载到主图像窗口，图 16.6 所示为计算 NDVI 后的结果。

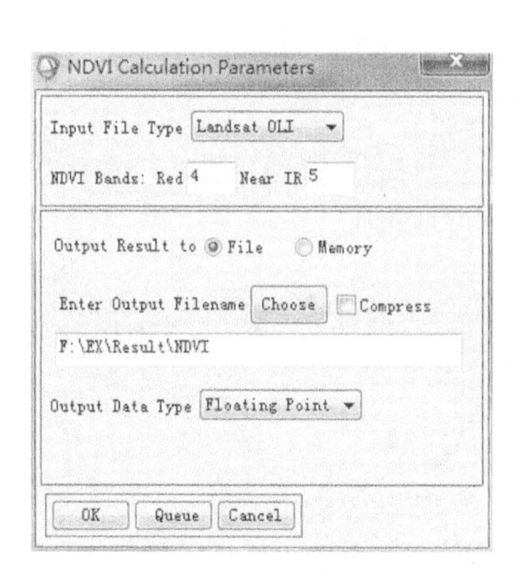

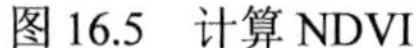
图 16.5　计算 NDVI

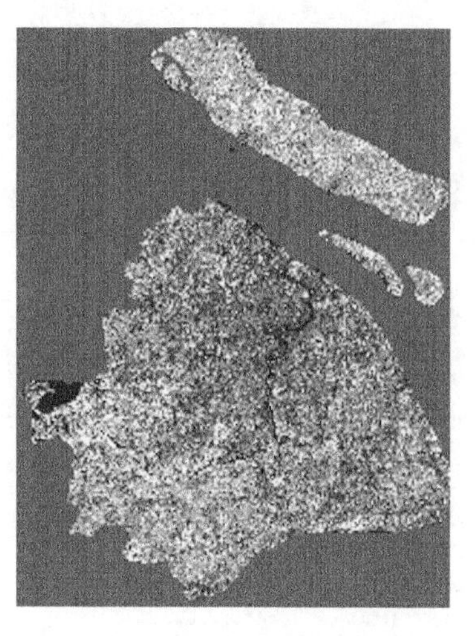
图 16.6　NDVI 结果图

（3）计算植被覆盖度。打开【Band Math】，在输入栏中输入表达式：(float(b1) gt 0.7)×1+(float(b1) lt 0.05)×0+(float(b1) ge 0.05 and float(b1) le 0.7)×((float(b1)–0.05)/(0.7–0.05))，其中，lt、gt、ge、le 分别表示小于、大于、大于等于、小于等于的含义。公式的含义：当括号内值为真时，返回 1，当括号内值为假时，返回 0。在弹出的【Variables to Bands Pairings】对话框中为 b1 选择 NDVI 波段。

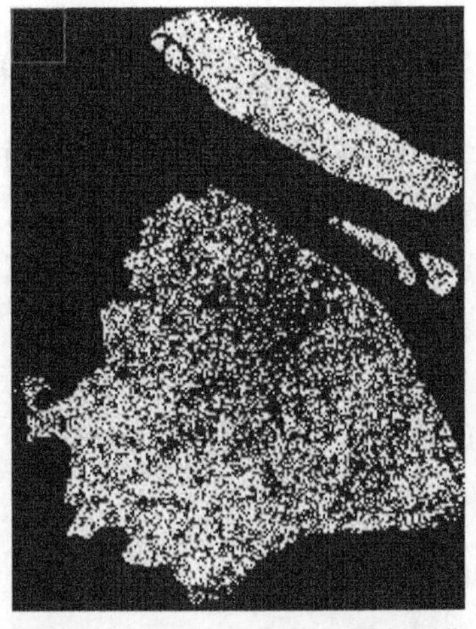

图 16.7　上海市地表比辐射率图像

（4）计算地表比辐射率。在【Band Math】中，输入表达式：(b2 lt 0.2)×0.973 + ((b2 ge 0.2) and (b2 le 0.5))×(0.004×b1+0.986) + (b2 ge 0.5)×0.986，其中，b1 选取植被覆盖度图像；b2 选择 NDVI 波段。图 16.7 所示为上海市地表比辐射率图像。

（5）查询大气透过率。在地理空间数据云查询此影像的中心经纬度，在 ENVI 中的元数据中查看成像时间。打开 NASA 公布的网站（http://atmcorr.gsfc.nasa. gov）查询（图 16.8），输入成影时间：2013-07-12 02:26 和中心经纬度（Lat：31.7424，Lon：121.9349），以及其他相应的参数，得到大气剖面信息为大气在热红外波段的透过率 τ 为 0.62，大气向上辐射亮度 $L\uparrow$：3.29W/(m^2 · sr · μm)，大气向下辐射亮度 $L\downarrow$：4.95W/(m^2 · sr · μm)。

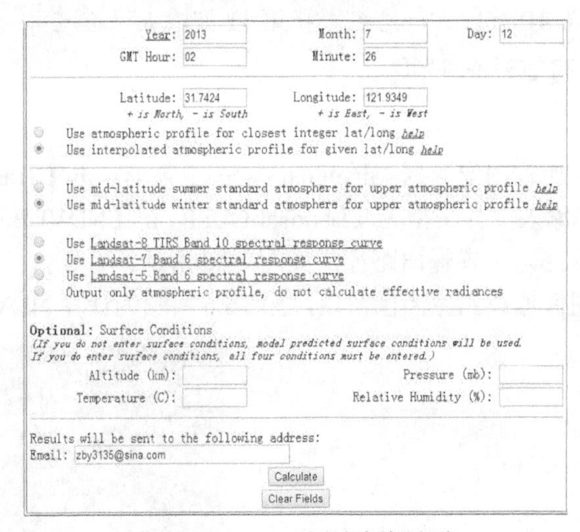

图 16.8　NASA 网站查询界面

```
Date (yyyy-mm-dd):                          2013-07-12
Input Lat/Long:                               31.742/ 121.935
GMT Time:                                   2:26
L7 Spectral Response Curve from handbook
Mid-latitude winter standard atmosphere
User input surface conditions
Surface altitude (km):              -999.000
Surface pressure (mb):              -999.000
Surface temperature (C):      -999.000
Surface relative humidity (%):       -999.000

Band average atmospheric transmission:    0.62
Effective bandpass upwelling radiance:    3.29 W/m^2/sr/um
Effective bandpass downwelling radiance:  4.95 W/m^2/sr/um
```

（a）

Atm Profiles for: 13.07.12 2:26 31.7424/121.93

Altitude (km)　Pressure (mb)　Atm Temperature (C)　Rel Humidity (%)

t = 0.62
Lu = 3.29
Ld = 4.95

Generated for: zby3135 at t2017.6.7.4.31.8

（b）

图 16.9　NASA 查询结果

（6）计算黑体辐射亮度。根据式（16.2）的辐射传输方程，则温度为 T 的黑体在热红外波段的辐射亮度 $B_i(T_s)$为

$$B_i(T_s)=\left[B_i(T_i)-L\uparrow-\tau_i(\theta)(1-\varepsilon_i)L\downarrow\right]/\tau_i(\theta)\varepsilon_i \tag{16.43}$$

式中，各参数含义同式（16.2）。由图 16.9 可得，$\tau_i(\theta)=0.62$，$L\uparrow=3.29$，$L\downarrow=4.95$。将在 NASA 网站上查询得到的参数代入式(16.43)，即可得到黑体辐射亮度的式子。在【Band Math】中，输入表达式：(b2–3.29–0.62×(1–b1) ×4.95)/(0.62×b1)，其中，b1 为地表比辐射率图像，b2 为 Band 10 辐射亮度图像。图 16.10 所示为得到同温度下的黑体辐射亮度图像。

（7）计算地表温度。地表温度 T_s 可以用普朗克公式的函数获取：

$$T_s=\frac{k_2}{\ln\left(1+\frac{k_1}{B(T_s)}\right)}$$

其中，k_1= 774.89 W/(m^2·μm·sr)，k_2 = 1321.08 W/(m^2·μm·sr)。在【Band Math】中输入表达式：(1321.08)/alog(774.89/b1+1)–273。其中，b1 为同温度下的黑体辐射亮度图像。图 16.11 所示为单位为摄氏度的地表温度图像。

图 16.10　黑体辐射亮度图像

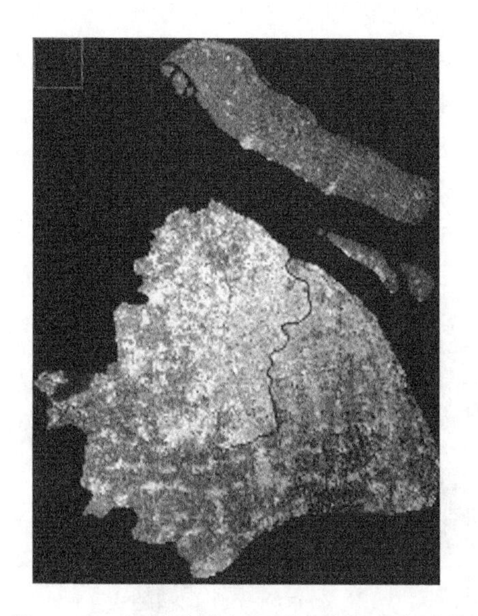

图 16.11　辐射传输方程反演地表温度图像

（8）打开地表温度图像，在主图像窗口右击即可查看上海市北部地区温度图的值，如图 16.12 所示。

2. 单通道算法

（1）加载图像数据文件夹【SCM】中的<Band10>，点击【Load Band】在主图像窗口显示。

（2）计算系数 φ。根据 16.6.1 中“2. 大气含水量的计算”来计算大气功能参数，即 φ_1、φ_2 和 φ_3 分别为

$$\varphi_1=0.04019\omega^2+0.02916\omega+1.01523 \tag{16.44}$$

$$\varphi_2=-0.38333\omega^2-1.50294\omega+0.20324 \tag{16.45}$$

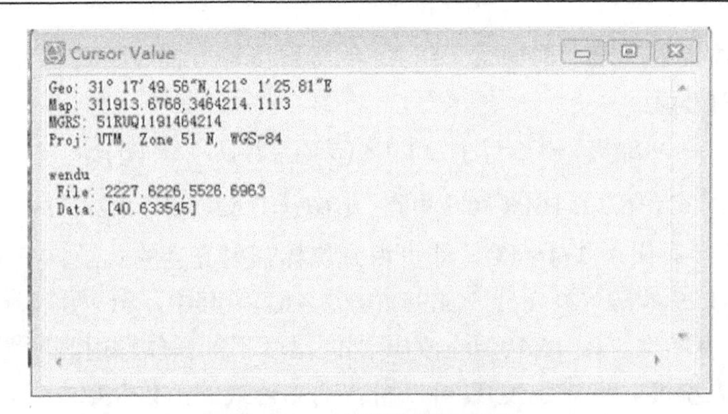

图 16.12　查看地表温度值

$$\varphi_3 = 0.00918\omega^2 + 1.36072\omega - 0.27514 \tag{16.46}$$

式中，ω 为含水量，值为 5.14g/cm^2。根据上式，计算得到 $\varphi_1 = 2.2269$ ，$\varphi_2 = -17.6493$ ，$\varphi_3 = 6.9615$ 。

（3）计算 L_{sen}。L_{sen} 为卫星高度上遥感器所测辐射强度。根据式(16.7)，L_{sen}=DN×Gain+h。式中，DN 为影像灰度值；h 为偏移量，Landsat 8 数据取 0.1；Gain 为绝对定标系数增益，取 0.0003342。在【Band Math】对话框中输入公式：b1×0.0003342+0.1，b1 为图像数据<Band10>。

（4）计算亮温 T_{sen}。根据式(16.6)，$T_{sen}=k_2/\ln(1+k_1/L_{sen})$。其中，Landsat 8 的 10 波段 k_1=774.89，k_2=1321.08，在【Band Math】对话框中输入公式：1321.08/alog(1+774.89/b2)，为 b2 选择上一步的结果<L_{sen}>。

（5）计算系数 δ 。根据式(16.5)，$\delta \approx T_{sen}-(T_{sen}^2)/b\gamma$，其中 $b\gamma=C_2(\lambda^4/C_1+1/\lambda)$（$\lambda$ 为 10 波段中心波长，值为 10.9μm），$c_1 = 1.92204\times10^8$ μm·K，$c_2 = 14387.7$ μm·K，经计算 b_γ为1309.068 。在【Band Math】中输入公式：b3–(b3×b3)/1309.068，b3 为选择上一步的结果<T_{sen}>。

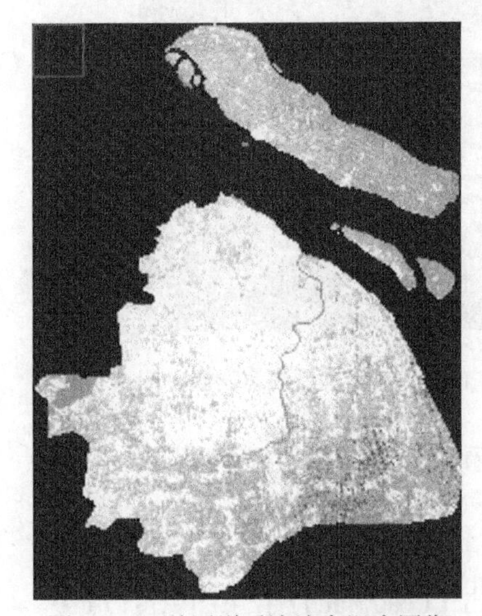

图 16.13　单通道反演地表温度图像

（6）计算系数 γ。根据式(16.4)，$\gamma \approx T_{sen}^2/b\gamma L_{sen}$。在【Band Math】中输入公式：(b3×b3)/(b2×1309.068)，b2 为选择图像<L_{sen}>，b3 为选择图像<T_{sen}>。

（7）计算温度 T_s。根据式（16.3），$T_s = \gamma\left[\frac{(\varphi_1 L_{sen} + \varphi_2)}{\varepsilon} + \varphi_3\right] + \delta$ 。在【Band Math】中输入公式：b5×((2.2269×b2–17.6493)/b6+6.9615)+b4–273，其中 b2 选择图像<L_{sen}>，b4 选择图像<δ>，b5 选择图像<γ>，b6 选择 16.6.1 节中的“1. 地表比辐射率计算”，图 16.13 所示为最后得到的温度图。

3. 劈窗算法

（1）计算大气透过率。根据 16.6.1 节中“2. 大气含水量的计算”来计算大气透过率，大气透过率与大气水汽含量的关系主要通过大气模拟来确定。实验中所用到的影像的大气含水量 ω=5.14g/cm^2，分别代入式(16.41)和式(16.42)，可计算第 10 波段的大气透过率 τ_{10} 为 1.27，第 11 波段的大气透过率 τ_{11} 为 1.17。

（2）计算地表比辐射率。根据 16.6.1 节中“1. 地表比辐射率计算”，组成城镇的像元可以简单看成由各种建筑表面和分布其中的绿化植被所组成，即混合像元。根据式(16.36)，在【Band Math】中输入公式，如表 16.4 所示。

表 16.4　地物比辐射率的计算

名称	植被覆盖度	植被温度比率	裸土温度比率	混合像元比辐射率	
公式	(b1–0.15)/(0.90–0.15)	0.9332+0.0585×b1	0.9902+0.1068×b1	10 通道 b1×b21×0.98672+(1–b1)×b22×0.96767	11 通道 b1×b21×0.98990+(1–b1)×b22×0.97790
	b1:NDVI	b1:植被覆盖度	b1:植被覆盖度	b1：植被覆盖度，b21：植被温度比率，b22：裸土温度比率	

（3）计算中间参数。根据劈窗算法的实验原理，本实验所用的 Landsat 8 影像的时间为 2013 年 7 月 12 日，参考上海市温度，反演回归系数选温度范围 10～40℃比较合适。则 a_{10}= –62.806，a_{11}= –67.173，b_{10}=0.434，b_{11}=0.470，将这些系数代入方程，再利用【Band Math】进行计算。计算公式如表 16.5 所示：①根据式（16.23）和式（16.24）计算系数 C、D。②根据式（16.27）~式（16.34)计算系数 E、A。

@注意：计算参数时，按序号顺序进行计算，前一个中间参数是后一个中间参数的输入，再计算每一步中间参数，文件名直接以参数名称命名。

（4）普朗克方程反演亮温。亮度温度指星上传感器所获得的辐射温度，将影像 DN 值定标为热辐射强度（$B(T_s)$）之后，可用 Planck 函数求解出星上亮度温度，计算公式如下：

表 16.5　中间参数在【Band Math】中的输入公式一览表

序号	中间参数	输入公式	公式中各波段说明	参考公式
①	C_{10}	b1×1.27	b1 为 10 通道比辐射率，1.27 为第 10 波段的大气透过率	(16.23)
②	D_{10}	(1–1.27)×(1+(1–b1)×1.27)		(16.24)
③	C_{11}	b1×1.17	b1 为 11 通道比辐射率，1.17 为第 11 波段的大气透过率	(16.23)
④	D_{11}	(1–1.17)×(1+(1–b1)×1.17)		(16.24)
⑤	E_0	b22×b11–b21×b12	b11 为 C_{10}，b12 为 C_{11}，b21 为 D_{10}，b22 为 D_{11}	(16.34)
⑥	A	b1/b2	b1 为 D_{10}，b2 为 E_0	(16.33)
⑦	E_1	b22×(1–b11–b21)/b0	b11 为 C_{10}，b21 为 D_{10}，b22 为 D_{11}，b0 为 E_0	(16.31)
⑧	E_2	b21×(1–b12–b22)/b0	b12 为 C_{11}，b21 为 D_{10}，b22 为 D_{11}，b0 为 E_0	(16.32)
⑨	A_0	–62.806×b1+67.173×b2	b1 为 E_1，b2 为 E_2	(16.28)
⑩	A_1	1+b0+0.434×b1	b0 为 A，b1 为 E_1	(16.29)
⑪	A_2	b0+0.470×b2	b0 为 A，b2 为 E_2	(16.30)

$$T_s = \frac{K_{i2}}{\ln\left(1 + K_{i1} / B(T_s)\right)} \quad (16.47)$$

式中，K_{i2} 和 K_{i1} 为常量，其中 $K_{i1} = \frac{2h \cdot c^2}{\lambda_i^5}$，$K_{i2} = \frac{h \cdot c}{(k \cdot \lambda_i)}$；$h$ 为普朗克常数，约为 $6.62606896 \cdot 10^8$m/s，k 为玻尔兹曼常数，约为 $1.3806505 \cdot 10^{-23}$J/K，λ_i 为第 i 通道内的中心波长。Landsat 8 在第 10 波段的中心波长 λ_{10}=10.9μm；在第 11 波段中心波长 λ_{11}=12.0μm，根据 Planck 公式得出 Landsat 8 的 K_{i2} 和 K_{i1} 常量。对于第 i=10 波段，经计算，分别为 $K_{10\,1}$=774.89W/(m^2·2sr·μm)，$K_{10\,2}$=1321.08K。对于第 i=11 波段，分别为 $K_{11\,1}$= 480.89W/(m^2·2sr·μm)，$K_{11\,2}$=1201.14K。在【Band Math】中进行计算：

计算 10 通道辐射亮温。

公式：1321.08/alog(1+774.89/b1)

b1：band 10。

计算 11 通道辐射亮温。

公式：1201.14/alog(1+480.89/b2)

b2：band 11。

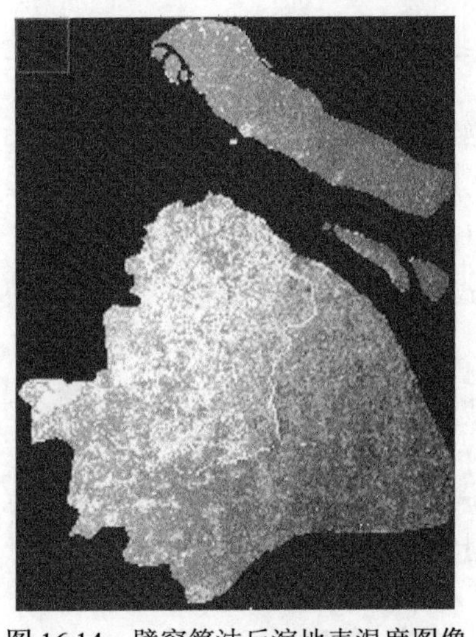

图 16.14　劈窗算法反演地表温度图像

（5）普朗克方程反演亮温。地表温度计算。根据式(16.27)，劈窗算法最终反演公式为 $T_s = A_0 + A_1T_{10} - A_2T_{11}$。式中，$T_s$ 为地表温度；T_{10} 和 T_{11} 分别为热红外通道 10 和 11 的亮度温度；A_0、A_1 和 A_2 分别为参数，由大气透过率和地表比辐射率等因子确定。在【Band Math】中的计算公式为：b0+b1×b11–b2×b12–273，其中 b0 为 A_0，b1 为 A_1，b2 为 A_2，b11 为 10 通道辐射亮温，b12 为 11 通道辐射亮温。其中，A_0、A_1 和 A_2 为步骤（3）计算的结果，图 16.14 所示为劈窗算法反演得到的温度图像。

16.6.3　结果与分析

（1）将 16.6.2 节的结果分别导入 ArcGIS 中进行地图整饰，结果分布如图 16.15 所示，（a）、（b）和（c）分别表示由辐射传输方程法、单通道算法和劈窗算法反演出来的实验区地表温度图，从中可以看出 35~40℃主要集中在西北部。

（2）利用 ENVI 或者 ArcGIS 软件打开上海市的监督分类结果图像< Class2>，如图 16.16 所示。

将图 16.15 和图 16.16 对比分析可以看出，35℃以上的温度主要集中在上海市西北部，根据上海市监督分类结果可见，西部为上海市的主城区，主城区的温度高于周边温度，说明上海市的热岛效应较明显。通过对不同温度反演算法的结果进行对比，单通道算法反演的地表温度相对其他两种算法而言偏高，而劈窗算法相对偏低。目前 Landsat 8 TIRS 的第 11 波段存在一些问题，导致劈窗算法反演的温度不够准确，建议采用辐射传输方程法和单通道算法进行温度反演。

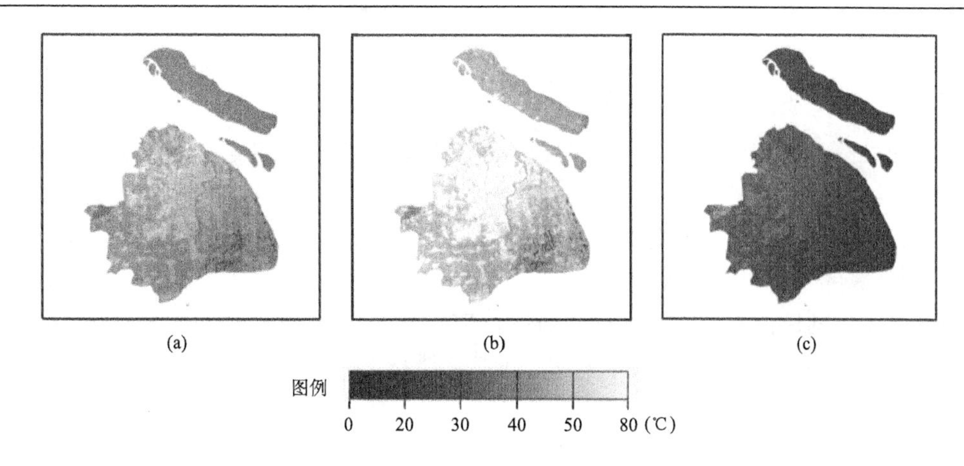

图 16.15 上海市不同温度反演算法计算的结果

图 16.16 上海市地物监督分类结果图

16.7 练 习 题

根据【Hanzhoulandsat7】文件夹的数据，采用辐射传输方程法计算杭州市的温度分布状况。

16.8 实 验 报 告

（1）根据【RTETCM】文件中的<Shanghai>和<Shanghairhw>数据，按照实验步骤，采用劈窗算法计算上海市的温度，分析其热岛效应。

（2）根据【Hanzhoulandsat7】文件夹的数据，采用辐射传输方程法计算杭州市的温度，并分析杭州市的热岛效应。

16.9 思 考 题

（1）比较分析辐射传输方程、单通道算法和劈窗算法三种遥感温度反演算法中，哪些参数是需要共同反演的?

（2）在辐射传输方程、单通道算法和劈窗算法三种遥感温度反演算法中，地物的地表温度是怎样计算的，列出其方程式。

（3）目前，遥感温度反演算法面临哪些问题?

（4）什么是城市热岛效应?为什么会产生热岛效应?

实验 17　城市不透水面提取

17.1　实 验 要 求

根据实验区域的影像数据，完成下列分析：

（1）利用主成分分析法提取太原市不透水面。

（2）构建城市建成区指数，并利用该指数提取太原市不透水面。

17.2　实 验 目 标

（1）了解城市不透水面概念。

（2）掌握城市不透水面的遥感提取方法。

（3）了解运用谷歌地球实现对地物遥感定性分类结果的验证。

17.3　实 验 软 件

ENVI5.2、ArcGIS10.2。

17.4　实验区域与数据

17.4.1　实验数据

<Taiyuan>：2010 年 8 月太原市 Landsat 7 ETM+多光谱影像数据。

<Taiyuan_boundary>：2010 年太原市矢量边界数据。

17.4.2　实验区域

太原，山西省省会，是中国优秀旅游城市、山西省政治、经济、文化、交通和国际交流中心。太原市地理坐标为 111°30′E～113°09′E，37°27′N～38°25′N，三面环山，黄河第二大支流汾河自北向南流经。太原市位于山西省中央，太原盆地的北端，华北地区黄河流域中部（图 17.1）。

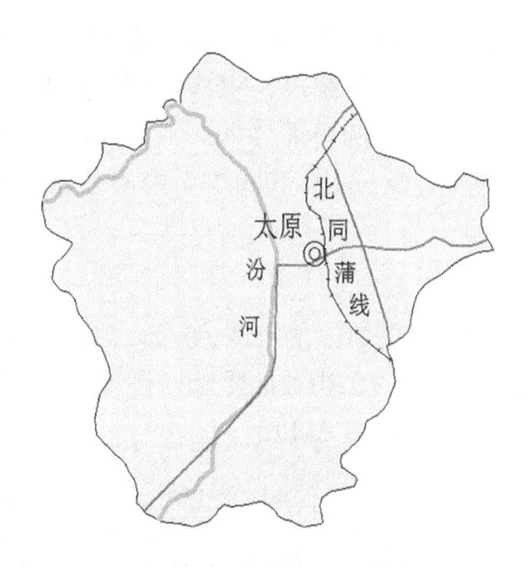

图 17.1　实验区示意图

近年来，太原市城市化的进程加快，城镇用地面积显著增加。太原市境内总面积为 6988km^2，市区总面积达 1460km^2，占太原境内总面积的 20.9%。截至 2013 年，绿地、耕地、水域、建设用地和未利用土地的面积分别约占城区面积的 40.82%、31.30%、0.95%、25.87% 和 1.06%。其中，绿地所占比例最大，其次是耕地，建设用地的比例增大至接近耕地的比例，水域比例增大至接近 1%，未利用土地的比例略大于 1%。

17.5 实验原理与分析

城市化水平的不断提高，城镇范围不断扩大，使周围的农田村庄中透水性较好的土地类型向透水性差的城市化用地转变，导致以植被覆盖为主要组成部分的自然景观被城市人工建筑所取代。城市化的一个突出特征就是不透水面（impervious surface，IS）覆盖度上升。不透水面是指一种阻止水分渗入下层地物的物质，主要包括自然不透水面（如裸岩）和人工不透水面，人工不透水面定义为如屋顶、沥青或水泥道路，以及停车场等具有不透水性的地表面。

实验要求（1）和（2）分别采用主成分分析法和构建城市建成区指数法，提取城市不透水面信息，并进行精度验证。

本实验采用的 TM 影像为多光谱数据，波段之间有着不同程度的相关性，通过主成分变换能将原来多波段中的有用信息集中到尽可能少的成分中，并使数据的方差达到最大，达到突出主要信息和压缩数据的目的，便于信息的提取。

建筑用地是城市不透水面的主要组成部分，在 NIR 和 MIR 两波段之间，只有城镇区域的灰度值是增高趋势，其他地物灰度值都是降低趋势。归一化建筑指数（NDBI）公式为

$$\mathrm{NDBI}=\frac{\mathrm{MIR}-\mathrm{NIR}}{\mathrm{MIR}+\mathrm{NIR}} \tag{17.1}$$

式中，NIR 和 MIR 为影像的近红外和中红外波段的反射率，对应 TM 传感器，MIR 为第 5 波段，NIR 为第 4 波段。NDBI 指数反映的是建筑用地信息，取值在–1 和 1 之间，某一像元的数值越大表明此像元为建筑用地的概率越高，理论上大于 0 的像元为建筑用地，小于 0 的像元为非建筑用地。归一化植被指数（NDVI）是遥感中监测植被覆盖度和生态指标最常用的方法，它增强了对植被的响应能力，使区域植被信息得到增强。

$$\mathrm{NDVI}=\frac{\mathrm{NIR}-\mathrm{Red}}{\mathrm{NIR}+\mathrm{Red}} \tag{17.2}$$

式中，NIR 和 Red 为影像的近红外和红光波段的反射率，对于 TM 图像，NIR 为第 4 波段，Red 为第 3 波段，NDVI 取值在–1 和 1 之间。当某一像元的 NDVI 为正值时，说明此处为植被覆盖区的可能性大；当某一像元的 NDVI 为负值时，说明其为非植被覆盖区，如不透水面等。结合 NDBI 和 NDVI 来增强城市不透水面信息的响应能力，构建城市建成区指数(BUAI)，即

$$\mathrm{BUAI}=\mathrm{NDBI}-\mathrm{NDVI} \tag{17.3}$$

BUAI 指数值的范围为[–2，2]。为了提高城市不透水面的提取精度，需要消除稀疏植被和水体对 NDBI 指数的影响。因此，需要对遥感影像进行水体掩膜处理，利用改进的归一化水体指数（MNDWI）：

$$\mathrm{MNDWI}=\frac{\mathrm{Green}-\mathrm{MIR}}{\mathrm{Green}+\mathrm{MIR}} \tag{17.4}$$

式中，MIR 波段为中红外波段，对应 TM 图像的第 5 波段；Green 波段为绿色波段，对应 TM 图像的第 2 波段。将 BUAI 二值化后的影像与 MNDWI 二值化后的影像相乘，以去除水体的影响。

17.6 实验步骤

17.6.1 主成分分析

（1）打开 ENVI 软件，加载图像<Taiyuan>，在 ENVI 主菜单点击【Transform】→【Principle Component】→【Forward PC Rotation】→【Compute New Statistics and Rotate】，在【Principle Component Input File】，选择图像<Taiyuan>，点击【OK】。

（2）在弹出的【Forward PC Parameters】对话框中，设置统计文件和图像的输出路径，点击【OK】，如图 17.2 所示。

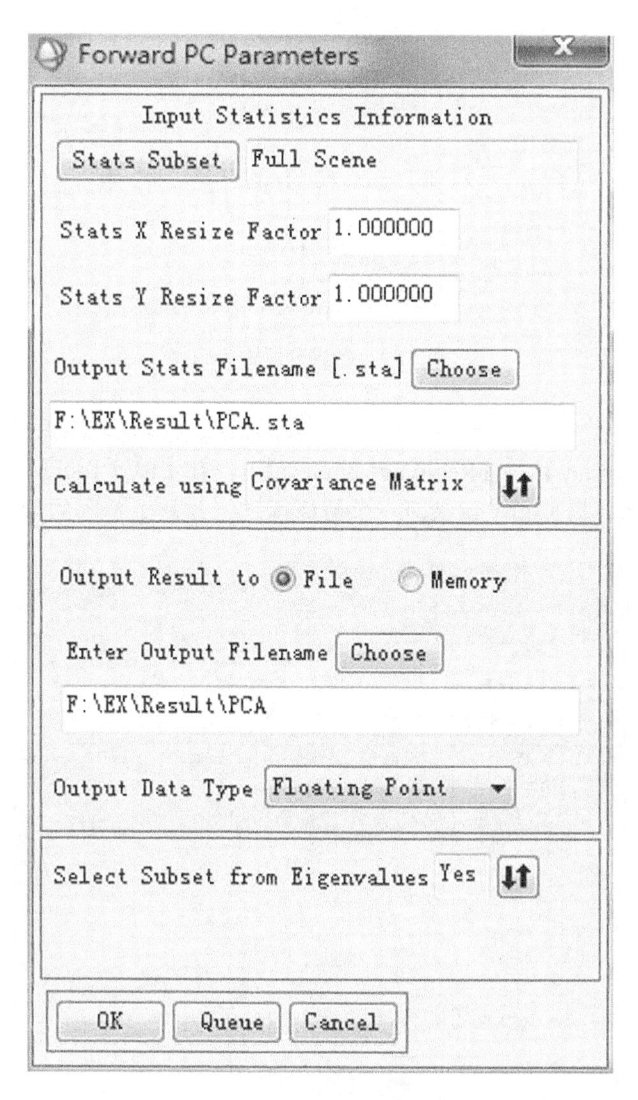

图 17.2　主成分分析

（3）执行完成后在弹出的<Select Output PC Bands>窗口可以看出，前三个主成分波段几乎包含了所有的信息，如图 17.3 所示，所以取主成分分量 PC1、PC2、PC3 波段组合后进行下一步研究。

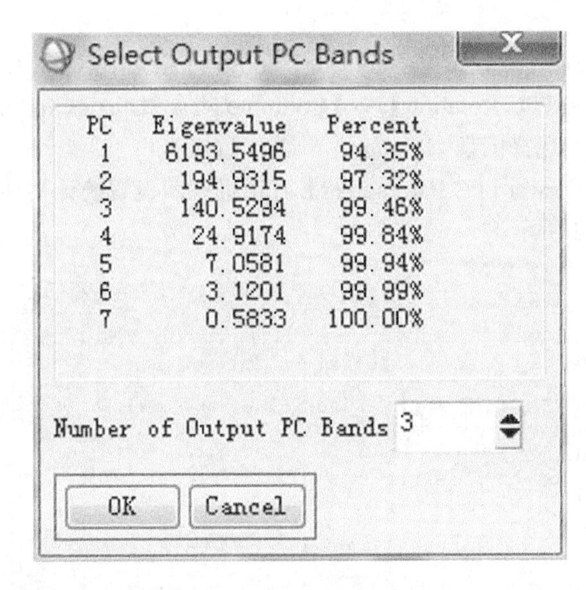

图 17.3　各成分所占比例

（4）加载主成分分析后的图像，以 PC3、PC2、PC1 合成 RGB 显示在 Display 中，在主图像窗口，单击【Overlay】→【Region of Interest】，打开【ROI Tool】窗口，选中【Zoom】选项，分别建立水体、植被和不透水面三个解译标志，并赋予不同的颜色，如图 17.4 所示。

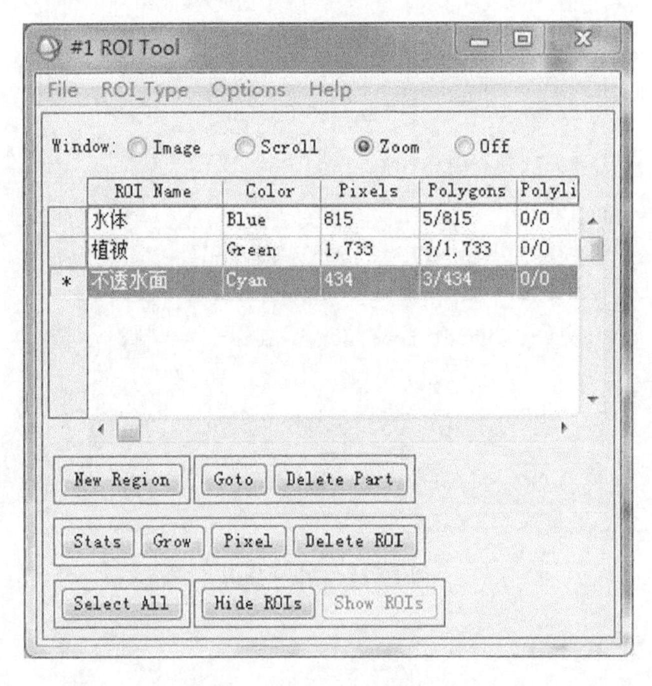

图 17.4　【ROI Tool】对话框

（5）选取好样本点后，为使分类结果更准确，应检查样本点精度。在【ROI Tool】窗口中单击【Options】→【Compute ROI Separability】，在弹出的窗口中选择主成分分析后的图像，单击【OK】。在弹出窗口中选择【Select All Items】，单击【OK】。图 17.5 所示分类精度大于 1.8，满足要求。

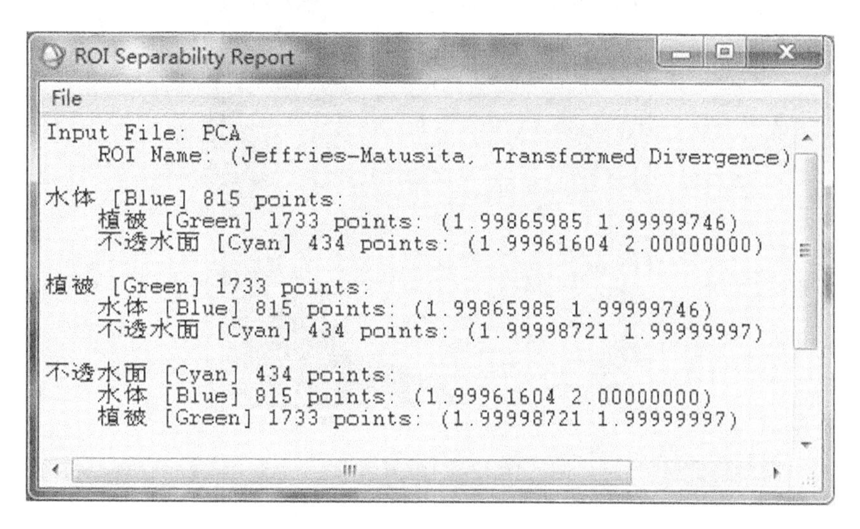

图 17.5　ROI 分类精度

（6）最大似然分类。在主菜单点击【Classification】→【Supervised】→【Maximum Likelihood】，在弹出的窗口中选择主成分分析后的图像，单击【OK】。如图 17.6 所示，在弹出的【Maximum Likelihood Parameters】对话框中选择【Select All Items】，其他设置为默认值，设置输出路径与输出名称，点击【OK】。图 17.7 所示为分类结果。

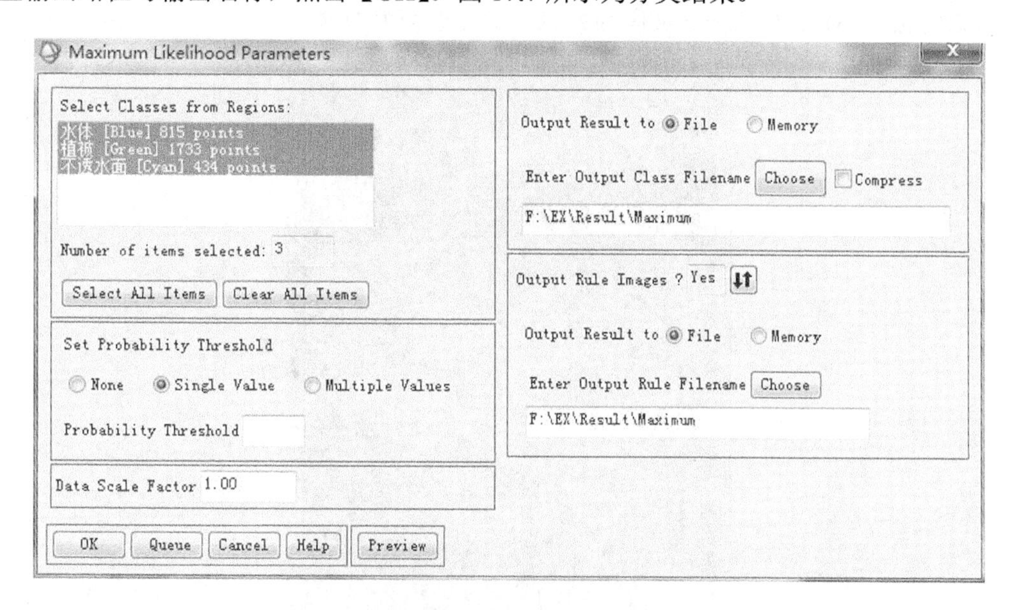

图 17.6　参数设置

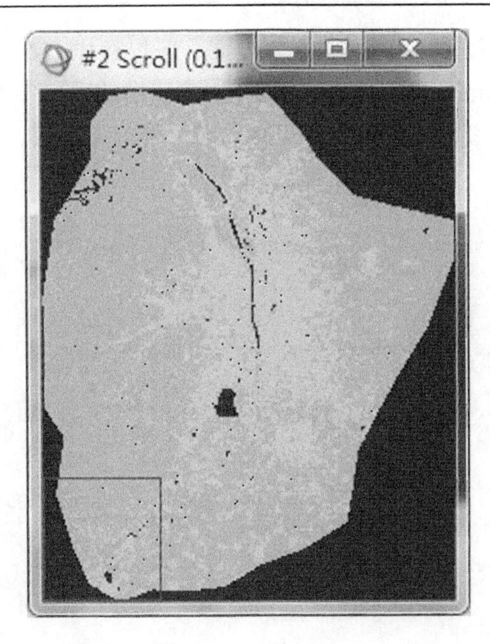

图 17.7　分类结果

17.6.2　城市建成区指数法（BUAI）

（1）计算 NDBI 指数。在 ENVI 主菜单中单击【Basic Tools】→【Band Math】，在输入栏中输入公式：(float(b5)–float(b4))/(float(b5)+float(b4))，点击【OK】。在弹出的【Variables to Bands Pairings】窗口中选择波段，设置存储路径，点击【OK】。图 17.8 所示为计算 NDBI 后的结果。

@注意：TM 传感器第 5 波段为 MIR，第 4 波段为 NIR。

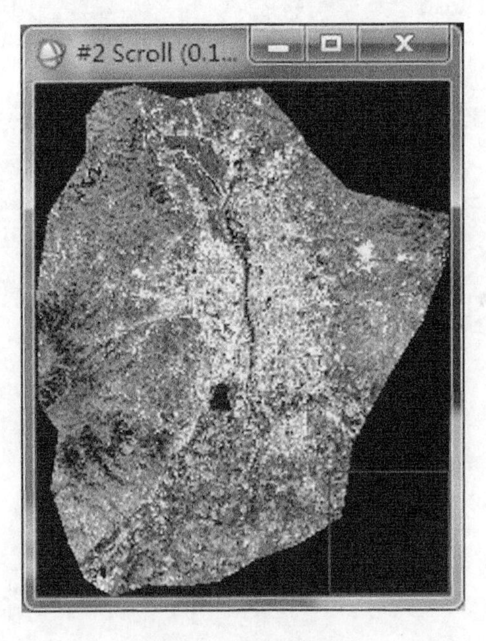

图 17.8　NDBI 结果

（2）计算 NDVI。在主菜单中点击【Transform】→【NDVI】，选择图像<Taiyuan>，点击【OK】，在弹出的【NDVI Calculation Parameters】对话框中选传感器类型【Landsat TM】，设置存储路径和文件名。

（3）计算 MNDWI。在主菜单中单击【Basic Tools】→【Band Math】，在输入栏中输入公式：(float(b2)–float(b5))/(float(b2)+float(b5))点击【OK】，在弹出的【Variables to Bands Pairings】窗口中选择波段，设置存储路径，点击【OK】。图 17.9 所示为计算 MNDWI 后的结果。

@注意：TM 传感器第 2 波段为 Green，第 5 波段为 MIR。

（4）计算 BUAI。在主菜单点击【Basic Tools】→【Band Math】，在输入栏中输入：float(b1)–float(b2)，点击【OK】。在弹出的【Variables to Bands Pairings】窗口中 b1 选择图像<NDBI>，b2 选择图像<NDVI>，设置存储路径，点击【OK】。图 17.10 所示为计算 BUAI 后的结果。

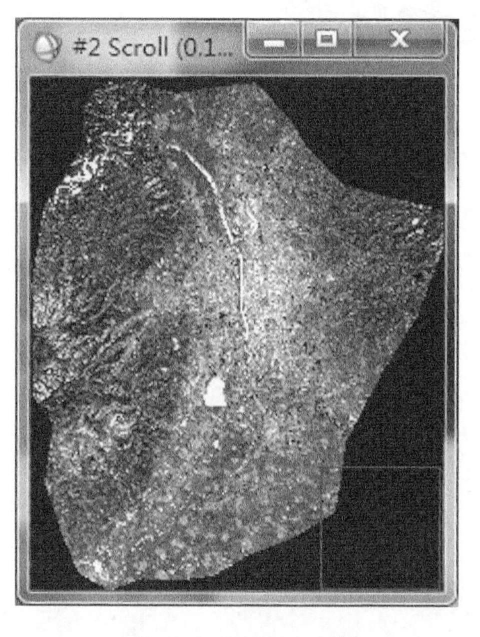

图 17.9　MNDWI 结果

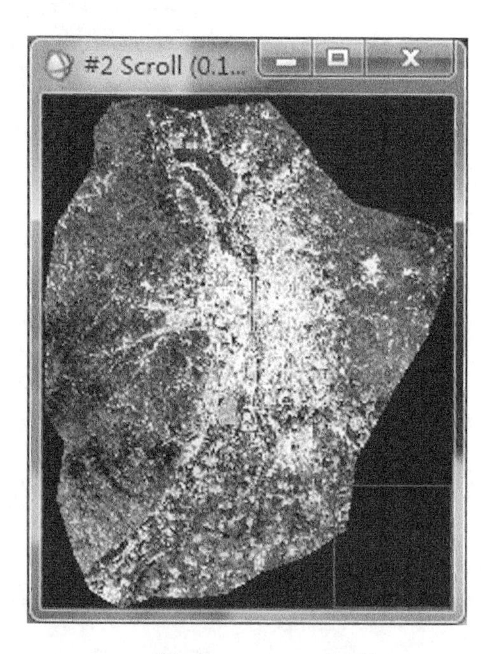

图 17.10　BUAI 结果

（5）二值化 BUAI，即不透水面值为 1，其余为 0。在主菜单中选择【Basic Tools】→【Band Math】，在输入栏输入：(b1 ge 0)×1+(b1 lt 0)×0，其中，ge 表示大于，lt 表示小于等于。点击【OK】，b1 选择图像<BUAI>，设置输出路径，单击【OK】。图 17.11 所示为二值化后的结果。

（6）将鼠标定位到图像中水体区域，双击鼠标，如图 17.12 所示，水体的值也为 1，即水体被划为不透水面值。为了排除水体的影响，对 MNDWI 进行二值化处理，将水体值设为 0，其余为 1。在主菜单点击【Basic Tools】→【Band Math】，输入栏输入：(b1 ge 0)×0+(b1 lt 0)×1，点击【OK】，b1 选择图像<MNDWI>，单击【OK】。图 17.13 所示为 MNDWI 二值化结果。

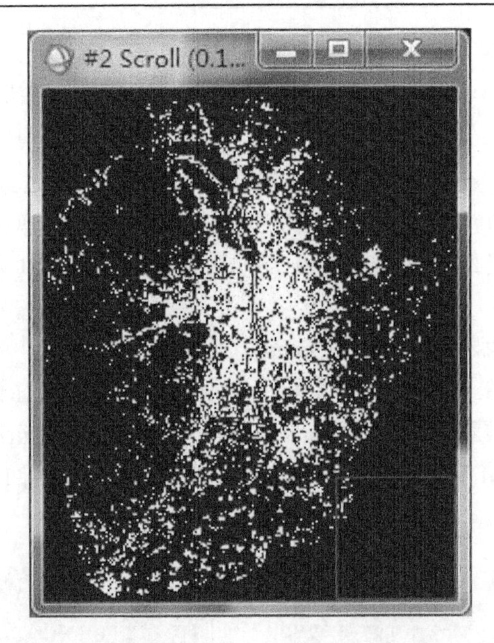

图 17.11　BUAI 二值化结果

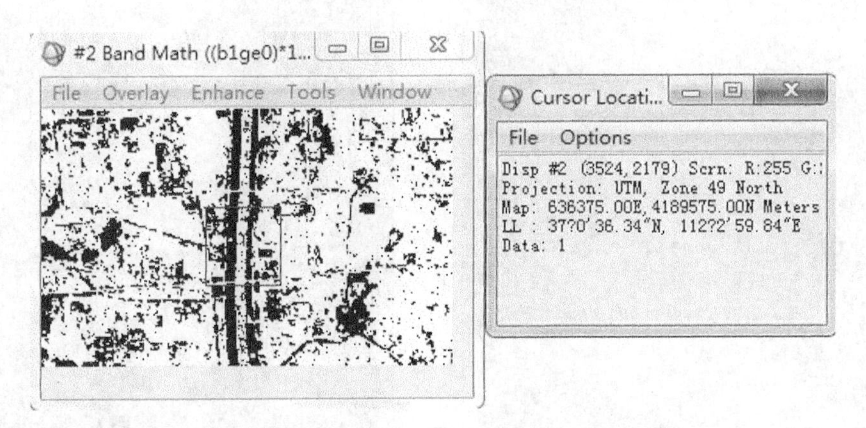

图 17.12　查看水体值

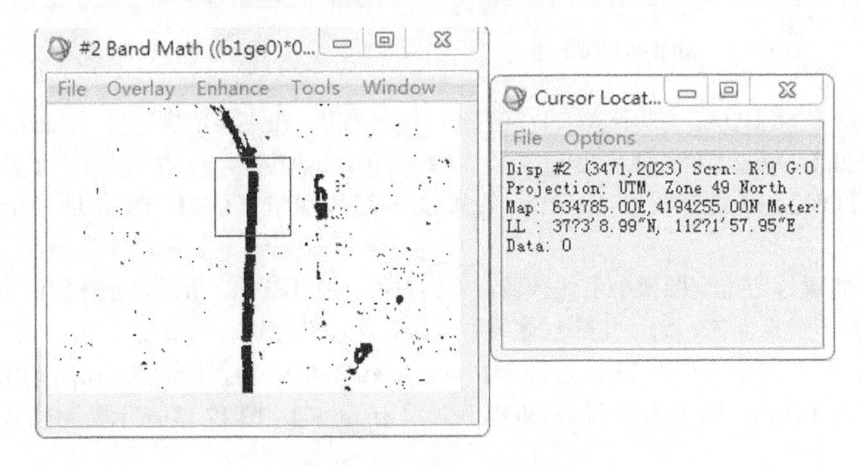

图 17.13　MNDWI 二值化结果

（7）将 BUAI 二值图与 MNDWI 二值图相乘，去除水体的影响。在主菜单点击【Basic Tools】→【Band Math】，在输入栏中输入：b1×b2，单击【OK】，b1 选择二值化后的 BUAI 图像，b2 选择二值化后的 MNDWI 图像，设置输出路径，点击【OK】。结果如图 17.14 所示。

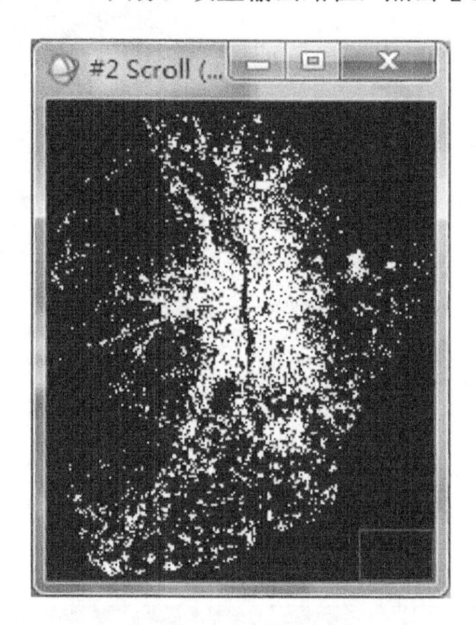

图 17.14　不透水面

17.6.3　精度验证

（1）在 ENVI 中加载图像<Taiyuan>，在主图像窗口点击窗口中选择【Tools】→【SPEAR】→【Google Earth】→【Jump to Location】，系统自动启动谷歌地球，在谷歌地球的菜单栏中点击 ，将时间条拉到 2010 年 12 月，如图 17.15 所示。

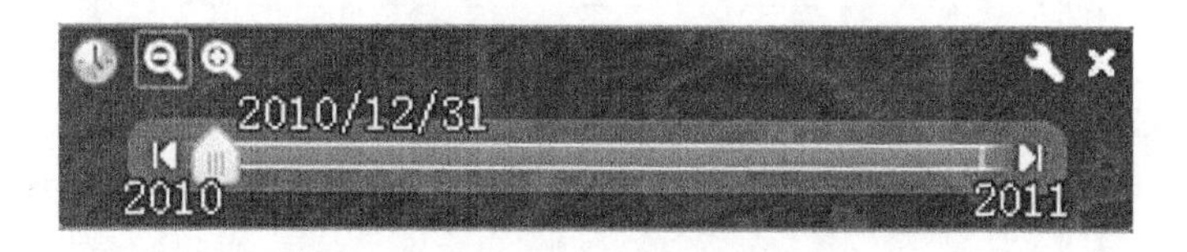

图 17.15　时间条

@注意：谷歌地球上影像能定位的时间根据读者的实际情况而定，本实验定位到的时间是 2010 年 12 月 31 日，用它对 8 月的影像进行精度验证。

（2）打开 ArcMap，点击【Add Data】，加载太原市矢量边界数据<Taiyuan_boundary>，将颜色改为空心（以更好地在谷歌地球上显示边界）。在【ArcToolbox】中点击【Conversion Tools】→【to KML】→【Layer to KML】，如图 17.16 所示，点击【OK】。

（3）在谷歌地球中点击【文件】→【打开】，在影像中加载转换后的边界<Taiyuan.kmz>，如图 17.17 所示。

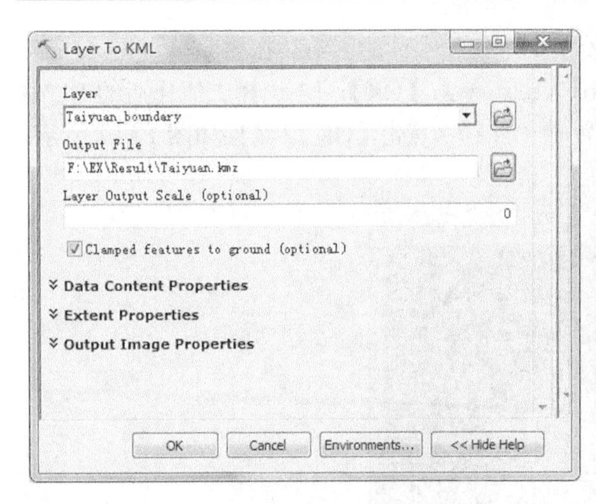

图 17.16　格式转换

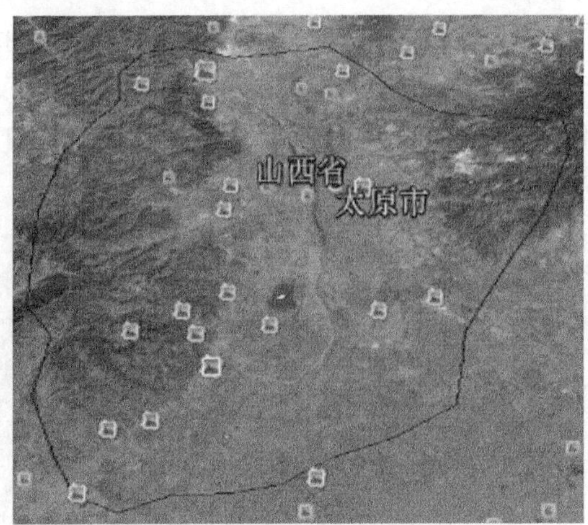

图 17.17　太原市边界

（4）在菜单栏点击图标 ，在影像上勾画地物类型，本实验需要建立水体、植被和不透水面三类地物类型。图 17.18 所示为“水体”多边形设置窗口，可以修改样式、颜色和名称等。

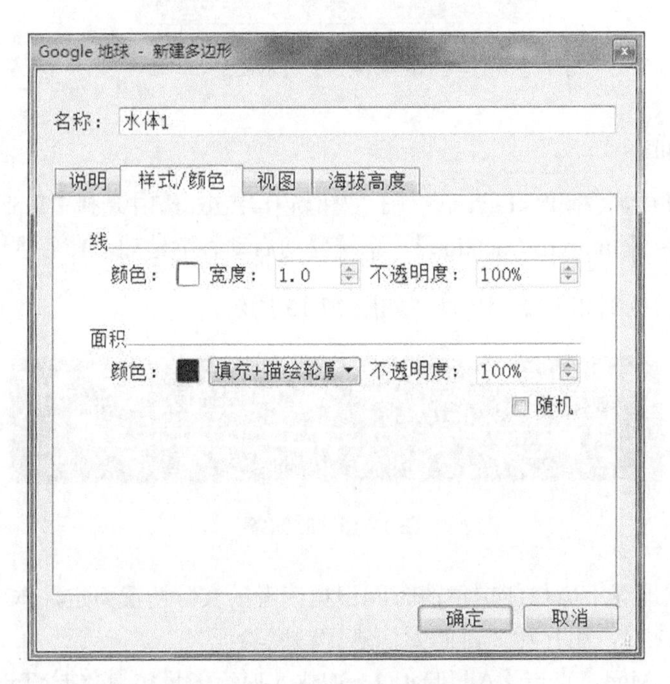

图 17.18　“水体”多边形设置窗口

（5）绘制完所有的地物类型后，在左侧【位置】下拉框中右击文件夹，将位置另存为 kmz 文件，如图 17.19 所示。

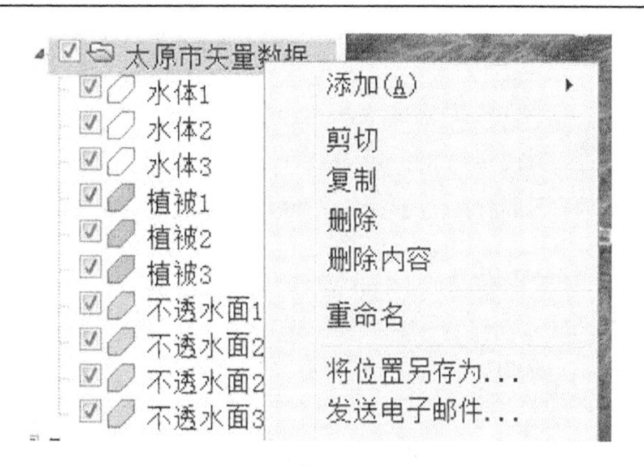

图 17.19　保存位置

（6）在 ArcGIS 的【ArcToolbox】中点击【Conversion Tools】→【From KML】→【KML to Layer】，选择输入文件，设置输出文件名，点击【OK】，如图 17.20 所示。再右击图层，点击【Data】→【Export Data】，如图 17.21 所示，点击【OK】。

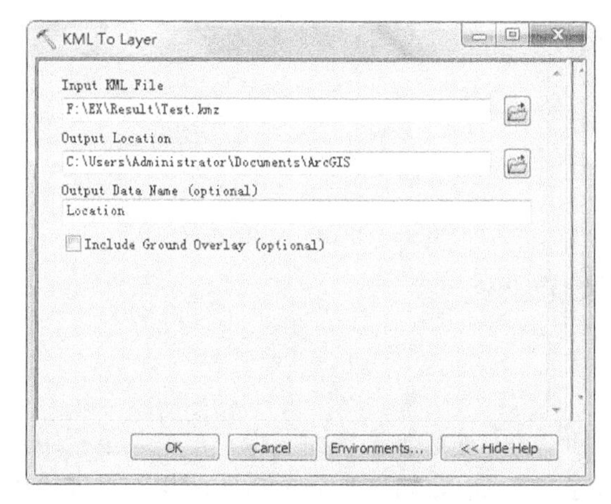

图 17.20　格式转换

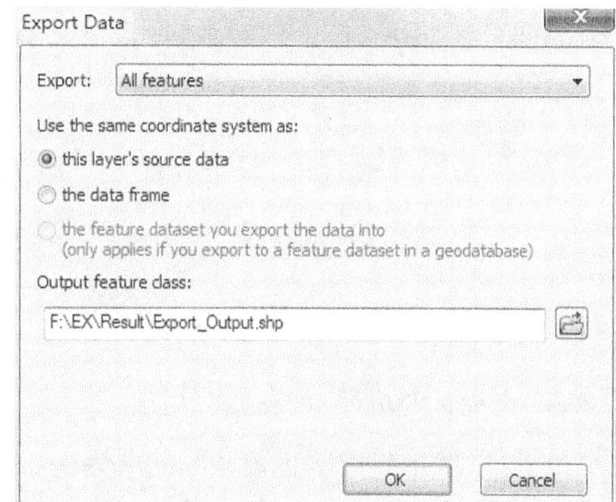

图 17.21　输出 shp 文件

（7）在 ENVI 中打开【File】→【Open Vector File】，打开上一步得到的矢量文件，在弹出的对话框中保持默认参数，点击【OK】。在弹出的【Available Vectors List】窗口点击【File】→【Export Layers to ROI】，在弹出的窗口中选择需要进行分类的影像，点击【OK】，在弹出的【Export EVF Layers to ROI】窗口选择第二项，属性选择【Name】，点击【OK】，如图 17.22 所示。

（8）在 ENVI 中打开最大似然分类后的结果，加载上一步得到的 ROI，修改 ROI 的名称和颜色，点击【File】→【Save ROIs】。在主菜单点击【Classification】→【Post Classification】→【Confusion Matrix】→【Using Ground Truth ROIs】，在弹出的窗口选择分类后的影像，点击【OK】。图 17.23 所示为分类精度评价。

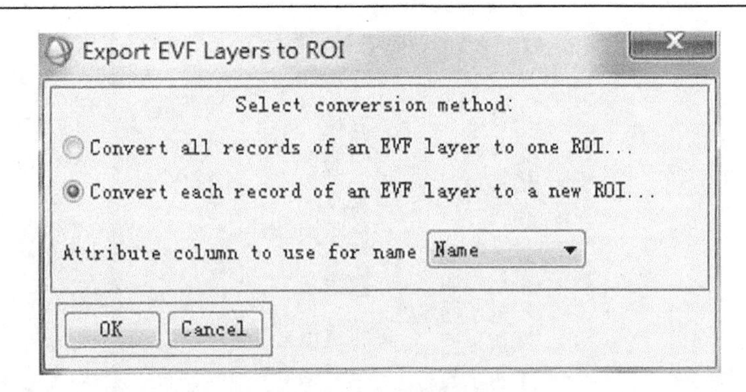

图 17.22　转换 ROI

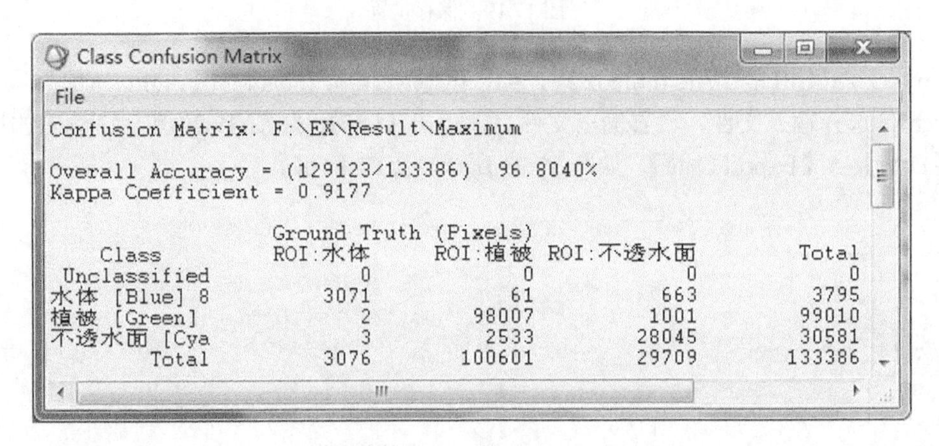

图 17.23　分类精度评价

17.6.4　制作不透水面专题图

（1）以城市建成区指数法的结果为例。在 ENVI 中加载不透水面图像，在主菜单栏中点击【File】→【Save File As】→【TIFF/Geo TIFF】，在弹出窗口选择分类后的图像，设置输出路径，点击【OK】。

@注意：排除背景被错分，可参考实验 7 的 7.6.3 节。

（2）打开 ArcMap，在【ArcToolbox】中点击【Conversion Tools】→【From Raster】→【Raster to Polygon】，如图 17.24 所示，点击【OK】，将栅格图像转换为矢量数据。

（3）用太原市矢量边界数据对上一步得到的图层进行裁剪，在主菜单栏中点击【Geoprocessing】→【Clip】，在【Input Features】中选择需要裁剪的数据，【Clip Features】选择太原市矢量数据，设置输出路径点击【OK】，如图 17.25 所示。

（4）打开编辑器，在主菜单栏中点击【Selection】→【Select by Attributes】，在弹出窗口单击“GRIDCODE”，双击选择“=”，再单击【Get Unique Values】选择 1,点击【OK】。在主菜单点击【Editors】→【Merge】，合并同类要素。

（5）右击合并后的图层，点击【Properties】→【Symbology】，在【Value Field】选项中选择“GRIDCODE”，点击【Add All Values】，选择不同的颜色，点击【确定】。

（6）为结果图添加标题、图例、指南针等。图 17.26 所示为 2010 年太原市市不透水面专题图。

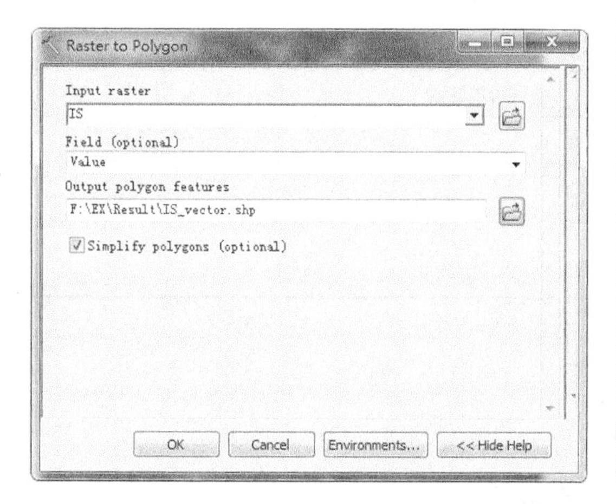

图 17.24　栅格转面

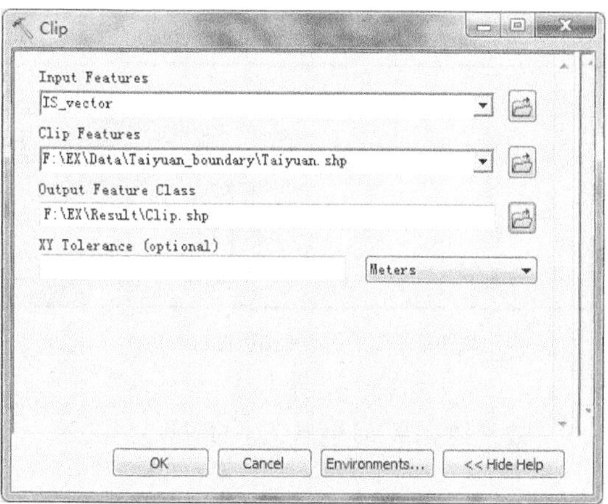

图 17.25　裁剪要素

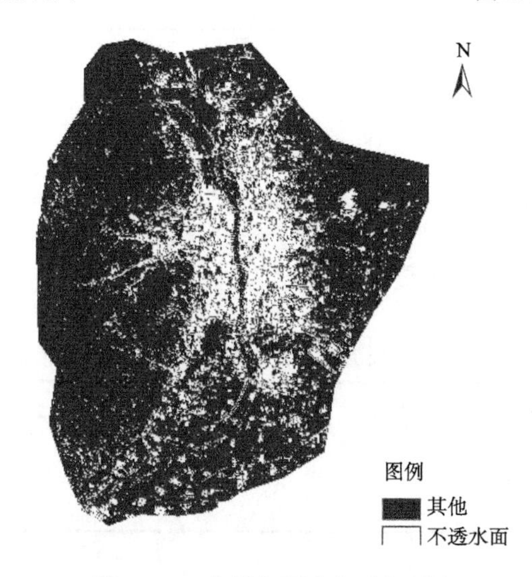

图 17.26　太原市不透水面专题图

17.7　练　习　题

（1）根据在谷歌地球上选取的地物类型，对城市建成区指数法得到的分类结果进行精度验证。

（2）统计主成分分析得到的地物类型面积。

（3）对比城市建成区指数法和主成分分析法两种分类方法提取的不透水面的分类精度。

17.8　实 验 报 告

（1）练习练习题（1），完成表 17.1。

表 17.1　误差矩阵

		被评价的影像		
参		不透水面	其他地物	总和
考	不透水面			
影	其他地物			
像	总和			

注：其他地物是指除了不透水面所有的地物。

（2）练习练习题（2），完成表 17.2。

表 17.2　统计地物面积

地物类型	百分比（%）	面积（km^2）
水体		
植被		
不透水面		
其他		

（3）练习练习题（3），完成表 17.3。

表 17.3　分类精度对比

分类方法	总体分类精度	不透水面生产者精度	不透水面用户精度
主成分分析			
城市建成区指数法			

（4）根据主成分分析得到的分类结果，绘制太原市不透水面专题图。

17.9 思 考 题

（1）对于城市建成区指数法得到的分类结果，如何评价分类精度？

（2）除了本节中提到的方法，利用遥感估算不透水面的方法还有哪些？

（3）本实验在谷歌地球中绘制多边形时有哪些注意事项？

（4）谷歌地球导出的影像为 kmz 格式，在转为 ArcGIS 可识别的 shapefile 文件时，有哪些注意事项？

（5）分析城市不透水面的应用现状。

主要参考文献

党安荣，贾海峰，陈晓峰, 等. 2010. ERDAS IMAGINE 遥感图像处理教程. 北京：清华大学出版社.

邓书斌. 2010. ENVI 遥感图像处理方法. 北京: 科学出版社.

董彦卿. 2012. IDL 程序设计: 数据可视化与 ENVI 二次开发. 北京: 高等教育出版社.

刘美玲. 2016. GIS 空间分析实验教程. 北京: 科学出版社.

毛克彪. 2004. 用于 MODIS 数据的地表温度反演方法研究. 南京大学: 南京大学硕士学位论文.

梅安新，彭望琭，秦其明, 等. 2001. 遥感导论. 北京: 高等教育出版社.

明冬萍，刘美玲.2017.遥感地学应用. 北京: 科学出版社.

覃志豪，ARNON K. 2001. 用 NOAA-AVHRR 热通道数据演算地表温度的劈窗算法. 国土资源遥感, (2): 33-42.

覃志豪，李文娟，徐斌, 等. 2004. 陆地卫星 TM6 波段范围内地表比辐射率的估计. 国土资源遥感, (3): 28-23.

韦玉春. 2011. 遥感数字图像处理实验教程. 北京: 科学出版社.

杨昕，汤国安，邓凤东, 等. 2009. ERDAS 遥感数字图像处理实验教程. 北京：科学出版社.

赵英时. 2012. 遥感应用分析原理与方法. 2 版. 北京: 科学出版社.

Jimenez-Munoz J C,Sobrino C J,Soria J A,et al. 2009. Revision of the single-channel algorithom for land surface temperature retrieval from landsat thermal-infrared data. IEEE Transaction on Geoscience and Remote Sensing, 47(1):339-349.

Rozenstein O, Qin Z, Derimian Y,et al. 2014. Derivation of land surface temperature for Landsat-8 TIRS using a split windowalgorithm. Sensors, (14):5768-5780.

Sobrino J A，Raissouni N，Li Z L. 2001. A comparative study of land surface emissivity retrieval from NOAA data. Remote Sensing Environment, 75(2):256-266.

附　　录

附录 1　实验所用数据

本书假定练习的数据存储为 F:\EX，结果保存数据存储为 F:\EX\Result，在练习时应按照实际路径操作。全书使用的实验数据及区域名称如附表 1 所示。

附表 1　相关软件

实验	建议课时/小时	数据	容量	实验区域
实验 1	2	Landsat 7 ETM 影像 土地利用类型	50M	北京市密云区
实验 2	4	Landsat 8 OLI 影像 DEM 数据	900M	西双版纳 梧州市
实验 3	2	HJ-1A CCD 影像	3M	渤海南部海域蓬莱油田
实验 4	4	IKONOS 影像	10M	北京市朝阳区奥运公园规划区
实验 5	6	Landsat 7 ETM 影像 MODIS 叶绿素产品	250M	曹妃甸 南海海域
实验 6	4	Landsat 8 OLI 影像 Radasat2 雷达数据 生物量实测数据 地理坐标	3.3G	株洲市株洲县
实验 7	4	Landsat 7 ETM 影像	40M	北京市海淀区
实验 8	6	遥感物候数据 气象数据 土地利用类型数据	1.7G	松嫩平原
实验 9	2	高分一号	600M	山西省忻州市
实验 10	2	MODIS 地表温度产品 MODIS NDVI 和 EVI 产品 降水数据	65M	若尔盖高原
实验 11	4	ASD 数据 Hyperion 影像 水稻冠层叶绿素含量	50M	长春市第一汽制造厂附近作物种植区域

续表

实验	建议课时/小时	数据	容量	实验区域
实验 12	4	Landsat TM 影像	20M	博斯腾湖 闽江中段 北京密云水库
实验 13	4	Landsat 5 TM 影像 HJ-1A CCD 影像 水体悬浮颗粒	170M	太湖 香港海域
实验 14	2	Worldview DEM 数据	150M	四川省青川县石板沟地区
实验 15	2	ASTER 影像 Landsat 8 OLI 影像 地质数据	280M	青海省祁连县 内蒙古自治区温根地区 内蒙古自治区达来庙
实验 16	4	Landsat 8 OLI 影像 Landsat 7 ETM 影像	2.2G	上海市 杭州市
实验 17	2	Landsat 7 TM 影像	18M	太原市

注：数据介绍可以参考网上提供的附录部分电子版。

附录 2　实 验 软 件

本书两个基础的软件为 ENVI 5.2、ArcGIS 10. 2，不同版本的软件界面可能会有些差异。遥感地学应用需要的相关软件较多，每个实验所需要软件不完全一样（见每个实验的实验软件），本书用到下列软件（附表 2）。

附表 2　实验相关软件

编号	软件名称	目的	具体实验	获取方式
1	ENVI 5.2	图像处理	除实验 4 外的所有实验	购买
2	ENVI+IDL	图像开发	实验 5、8	购买
3	ArcGIS 10. 2	专题地图制作	除实验 3、11 外的所有实验	购买
4	eCognition	面向对象分类	实验 4	http://www.rscloudmart.com/application/120085.htm
5	Nest-4C	雷达图像处理	实验 6	http://www.array.ca/nest.html
6	TVDI_main 插件	干湿边方程的拟合与计算	实验 10	http://blog.sina.com.cn/s/blog_764b1e9d0100wdrr.html

续表

编号	软件名称	目的	具体实验	获取方式
7	ViewSpecPro	ASD 数据处理	实验 11	①http://www.downza.cn/soft/214909.html#m_xgwz；②http://www.pc6.com/softview/SoftView_470912.html
8	EXCEL	方程拟合	实验 6、11、13	安装 Office 软件

注：软件获取网址仅供参考，读者可根据实际情况自行下载。